集成电路科学与工程丛书

碳化硅功率模块设计
——先进性、鲁棒性和可靠性

［日］阿尔贝托·卡斯特拉齐（Alberto Castellazzi）
［意］安德里亚·伊拉斯（Andrea Irace） 等著

曾　正　孙　鹏　牛富丽　邹铭锐　译

机械工业出版社

本书详细介绍了多芯片 SiC MOSFET 功率模块设计所面临的物理挑战及相应的工程解决方案，主要内容包括多芯片功率模块、功率模块设计及应用、功率模块优化设计、功率模块寿命评估方法、耐高温功率模块、功率模块先进评估技术、功率模块退化监测技术、功率模块先进热管理方案、功率模块新兴的封装技术等。本书所有章节均旨在提供关于多芯片 SiC MOSFET 功率模块定制开发相关的系统性指导，兼具理论价值和实际应用价值。本书是半导体学术界和工业界研究人员和专家的宝贵参考资料。

SiC Power Module Design: Performance, Robustness and Reliability
by Alberto Castellazzi, Andrea Irace

Original English Language Edition published by The Institution of Engineering and Technology

Copyright © The Institution of Engineering and Technology 2022
All Rights Reserved.

Simplified Chinese Translation Copyright © 2024 China Machine Press. This edition is authorized for sale in the Chinese mainland (excluding Hong Kong SAR, Macao SAR and Taiwan).

此版本仅限在中国大陆地区（不包括香港、澳门特别行政区及台湾地区）销售。

未经出版者书面许可，不得以任何方式抄袭、复制或节录本书中的任何部分。

北京市版权局著作权合同登记　图字：01-2022-6963 号。

图书在版编目（CIP）数据

碳化硅功率模块设计：先进性、鲁棒性和可靠性 /（日）阿尔贝托·卡斯特拉齐（Alberto Castellazzi）等著；曾正等译. -- 北京：机械工业出版社，2024.12.（集成电路科学与工程丛书）. -- ISBN 978-7-111-76654-4

Ⅰ. TN303

中国国家版本馆 CIP 数据核字第 20249L1F66 号

机械工业出版社（北京市百万庄大街 22 号　邮政编码 100037）
策划编辑：刘星宁　　　　　责任编辑：刘星宁　间洪庆
责任校对：李　婷　王　延　封面设计：马精明
责任印制：张　博
北京建宏印刷有限公司印刷
2024 年 12 月第 1 版第 1 次印刷
184mm×240mm · 16 印张 · 384 千字
标准书号：ISBN 978-7-111-76654-4
定价：119.00 元

电话服务　　　　　　　网络服务
客服电话：010-88361066　机 工 官 网：www.cmpbook.com
　　　　　010-88379833　机 工 官 博：weibo.com/cmp1952
　　　　　010-68326294　金 书 网：www.golden-book.com
封底无防伪标均为盗版　机工教育服务网：www.cmpedu.com

前　　言

宽禁带半导体器件已经成为众多新兴应用领域的首选，这些领域对我们当前和未来的社会基础设施至关重要，典型案例包括：多电/全电交通、可再生能源和无线电能传输。在所有技术方案和晶体管类型中，碳化硅（Silicon Carbide，SiC）功率 MOSFET 无疑是最成熟的解决方案，并覆盖最广泛的应用需求，650V ~ 6.5kV 电压等级的高性能器件已经得到很好的示范，多家供应商能够提供 650V ~ 1.7kV 电压等级的商业化器件。

虽然已有大量专业文献详细讨论并证明了碳化硅材料在功率变换应用中的优异特性，但是多芯片并联 SiC MOSFET 模块的开发仍需要特别的关注。实际上，为了推广 SiC 技术，早期的做法是将其设计为硅（Silicon，Si）产品的直接替代，因此 SiC 模块主要采用主流的、标准化的模块封装。然而，由于 SiC 和 Si 材料的固有差异以及不同的技术成熟度，为了充分发挥 SiC 的优异特性和潜力，SiC 功率模块迫切需要定制化的解决方案。具体来说，与 Si 功率模块相比，设计多芯片 SiC MOSFET 模块需要考虑以下电-热、电-磁和热-力方面的问题：

- 具有更高的热流密度和最大瞬态温度。
- 开关期间的 dv/dt 和 di/dt 是典型 Si 器件的 10 倍以上。
- 器件关键参数（如阈值电压、跨导和导通电阻）的分散性较大，且随时间/应用的退化程度更加明显。
- 随着工作温度的升高，在基于阿伦尼乌斯定律的技术验证测试中，可实现的加速因子显著降低。
- 具有一些完全不同的机械和结构特性。
- 制造成本更高。

为了满足预期的先进性、鲁棒性和可靠性要求，本书全面回顾了多芯片 SiC MOSFET 功率模块设计所面临的物理挑战及相应的工程解决方案。就宽禁带半导体及其在功率变换中的应用而言，相关最新技术一直在快速的迭代发展。本书所有章节均旨在提供关于多芯片 SiC MOSFET 功率模块定制开发相关的系统性指导，兼具理论价值和实际应用价值，供工程师和业内人士参考。本书所提供的方法和工具的有效性都已被实践证明，这些方法和工具将会为 SiC 功率模块的发展奠定一定的基础。

对我们来说，"SiC 之旅"始于 10 年前的日本京都，那里是最早研究采用 SiC 材料制造功率半导体的地方。本书旨在见证他们不断取得的杰出成就，以及我们对这项技术，以及众多热情的科学家、研究人员、合作伙伴和朋友努力的赞誉。我们要感谢所有为本书做出贡献的同事，包括制作和出版的工作人员。我们希望学生和从业人员都会觉得本书有趣且有用。

Alberto Castellazzi
日本京都
Andrea Irace
意大利那不勒斯

目 录

前言
第 1 章　SiC MOSFET 功率器件及其应用 ·· 1
　1.1　电力电子中的半导体器件 ·· 1
　　1.1.1　基本性能 ··· 1
　　1.1.2　热学性能 ··· 2
　　1.1.3　SiC 与 Si 对比 ··· 3
　　1.1.4　SiC MOSFET 功率器件 ··· 3
　1.2　应用中的先进性 ·· 4
　　1.2.1　效率 ·· 4
　　1.2.2　功率密度 ··· 5
　1.3　应用中的鲁棒性 ·· 7
　　1.3.1　短路能力 ··· 8
　　1.3.2　雪崩能力 ··· 9
　1.4　主流研究方向 ·· 11
　　1.4.1　轻载下的高频性能 ··· 11
　　1.4.2　器件参数的分散性 ··· 11
　　1.4.3　寿命验证 ··· 12
　　1.4.4　封装技术 ··· 12
　1.5　结论 ·· 13
　参考文献 ·· 13
第 2 章　多芯片功率模块的剖析 ·· 17
　2.1　封装的功能 ·· 17
　　2.1.1　电气连接和功能实现 ·· 18
　　2.1.2　电气隔离和环境绝缘 ·· 18
　　2.1.3　热 - 力完整性和稳定性 ··· 18
　2.2　选择标准 ·· 18
　　2.2.1　寄生电阻 ··· 18
　　2.2.2　寄生电感 ··· 19
　　2.2.3　寄生电容 ··· 19
　2.3　材料与工艺 ·· 19
　　2.3.1　芯片 ··· 19
　　2.3.2　钎焊技术 ··· 20
　　2.3.3　引线键合 ··· 21

2.3.4　衬底 22
   2.3.5　基板 24
   2.3.6　端子连接 24
   2.3.7　灌封 25
 2.4　发展趋势与 SiC 定制化开发 25
 参考文献 26

第 3 章　SiC 功率模块的设计及应用 28
 3.1　SiC MOSFET 的应用潜力 28
 3.2　高速开关振荡和过冲 30
   3.2.1　关断振荡的频率 32
   3.2.2　低回路电感设计 33
 3.3　短路能力 35
   3.3.1　短路耐受和失效机理 36
   3.3.2　基于功率模块内部寄生电感的短路检测 37
 3.4　功率与成本的折中 38
   3.4.1　Si IGBT 与 Si PiN 二极管方案 39
   3.4.2　Si IGBT 与 SiC SBD 方案 39
   3.4.3　基于传统焊接工艺的 SiC MOSFET 方案 41
   3.4.4　基于烧结连接工艺的 SiC MOSFET 方案 41
 3.5　SiC MOSFET 与 Si IGBT 的量化对比 43
   3.5.1　发掘 SiC 竞争力的分析方法 43
   3.5.2　案例分析：电气化交通应用 45
   3.5.3　开发潜力 47
 参考文献 50

第 4 章　SiC MOSFET 的温度依赖模型 54
 4.1　晶体管模型 54
 4.2　被测器件和实验平台 56
 4.3　参数提取过程 57
 4.4　界面陷阱的影响 60
 参考文献 61

第 5 章　功率模块优化设计 I：电热特性 63
 5.1　电 - 热仿真方法 63
   5.1.1　SPICE 子电路和被测器件的离散化 64
   5.1.2　被测器件的有限元模型 66
   5.1.3　基于 FANTASTIC 的热反馈模块推导 68
   5.1.4　构建被测器件的宏电路 72

5.2 静态和动态电-热仿真 ………………………………………………………………… 73
参考文献 ……………………………………………………………………………………… 75

第6章 功率模块优化设计Ⅱ：参数分散性影响 ……………………………………… 78
6.1 引言 ……………………………………………………………………………………… 78
6.2 参数分散性对并联器件导通和开关性能的影响 ……………………………………… 79
    6.2.1 芯片参数分散性的影响 ………………………………………………………… 81
    6.2.2 功率模块寄生参数分散性的影响 ……………………………………………… 85
6.3 SiC MOSFET 参数分散性的统计学分析 ……………………………………………… 86
6.4 蒙特卡罗辅助功率模块设计方法 ……………………………………………………… 88
    6.4.1 芯片参数分析 …………………………………………………………………… 89
    6.4.2 功率模块寄生参数分析 ………………………………………………………… 91
    6.4.3 高可靠功率模块设计指南 ……………………………………………………… 92
6.5 结论 ……………………………………………………………………………………… 94
参考文献 ……………………………………………………………………………………… 95

第7章 功率模块优化设计Ⅲ：电磁特性 ……………………………………………… 99
7.1 功率模块设计 …………………………………………………………………………… 99
    7.1.1 电气尺寸的设计 ………………………………………………………………… 99
    7.1.2 DBC 衬底的尺寸 ………………………………………………………………… 100
7.2 功率模块建模 …………………………………………………………………………… 100
    7.2.1 基于介电视角的建模：利用材料优化电应力 ………………………………… 100
    7.2.2 阻性材料 ………………………………………………………………………… 102
    7.2.3 容性材料和阻性材料的比较 …………………………………………………… 103
    7.2.4 基于电磁场的建模：电感和寄生参数建模 …………………………………… 106
7.3 结论 ……………………………………………………………………………………… 115
参考文献 ……………………………………………………………………………………… 115

第8章 功率模块寿命的评估方法 ……………………………………………………… 118
8.1 键合线失效 ……………………………………………………………………………… 119
    8.1.1 键合线跟部开裂 ………………………………………………………………… 119
    8.1.2 键合线脱落 ……………………………………………………………………… 120
8.2 芯片焊料层开裂 ………………………………………………………………………… 127
    8.2.1 不考虑裂纹扩展的寿命评估方法 ……………………………………………… 127
    8.2.2 考虑裂纹扩展的寿命评估方法 ………………………………………………… 129
    8.2.3 其他寿命评估方法 ……………………………………………………………… 133
    8.2.4 厚度方向上芯片焊料层失效的寿命评估方法 ………………………………… 134
8.3 功率循环测试和热循环测试 …………………………………………………………… 135
8.4 研究现状总结 …………………………………………………………………………… 136

8.5 未来研究方向 137
参考文献 138

第 9 章 金属界面银烧结的耐高温 SiC 功率模块 149
9.1 引言 149
9.2 SiC 半导体与功率模块 149
9.3 SiC 功率模块的芯片连接技术 150
9.3.1 高温焊料连接 151
9.3.2 瞬态液相键合 151
9.3.3 固态焊接技术 152
9.3.4 银烧结技术 153
9.4 不同金属表面的银烧结 155
9.4.1 钛/银金属化层上的银烧结连接 155
9.4.2 镀金表面的银烧结连接 159
9.4.3 直接铜表面的银烧结连接 166
9.4.4 铝衬底上的银烧结连接 169
9.5 结论 172
参考文献 172

第 10 章 芯片焊料层的先进评估技术 179
10.1 引言 179
10.1.1 先进功率模块对芯片连接材料特性的要求 179
10.1.2 先进功率模块的热阻评估 183
10.2 SiC 芯片与银烧结连接层的热可靠性测试 184
10.3 薄膜材料的力学特性分析 186
10.4 连接层的强度测量与薄膜的拉伸力学特性分析 193
10.5 结论 196
参考文献 197

第 11 章 功率模块的退化监测 204
11.1 功率模块的退化 204
11.2 功率模块退化的监测方法 206
11.2.1 热阻提取 206
11.2.2 结构函数 208
11.3 典型案例：牵引逆变器 211
11.3.1 加热方法 211
11.3.2 提取冷却曲线 214
11.3.3 测试结果 216
11.4 结论 218

参考文献 218

第 12 章 先进热管理方案 222
12.1 动态自适应冷却方法 222
12.1.1 热管理与可靠性 222
12.1.2 动态自适应冷却方法 223
12.2 热阻建模和状态观测器设计 224
12.2.1 实验提取功率模块热阻 225
12.2.2 热阻的分析建模 228
12.2.3 多变量反馈控制 229
12.2.4 温度观测 229
12.3 冷却系统设计对功率模块退化的影响 230
12.4 结论 231
参考文献 232

第 13 章 新兴的封装概念和技术 233
13.1 高性能散热器 233
13.2 用于 SiC 功率模块的高性能衬底 236
13.2.1 石墨嵌入式绝缘金属衬底 236
13.2.2 衬底的设计和制作 237
13.2.3 DBC 和嵌入石墨衬底之间的分析和比较 239
13.2.4 逆变器工况下的热分析 240
13.3 新兴的散热器优化技术 242
参考文献 246

第 1 章

SiC MOSFET 功率器件及其应用

Alberto Castellazzi, Andrea Irace

本章总结了 SiC MOSFET 功率器件的基本特性，讨论了其在实际应用中的先进性和鲁棒性。SiC MOSFET 功率器件的工业应用已经成为现实。相对于 Si 基功率器件，SiC 功率器件能够提供额外的价值，并得到了广泛的验证和分析。目前，在 650V ~ 3.3kV 电压等级，SiC MOSFET 功率器件正在得到大量应用。

1.1 电力电子中的半导体器件

在各种电能变换的应用领域，半导体开关的主要功能是，以极小的能耗来控制和调节电源与负荷之间的能量传递，实现整个系统的电气特性变换，例如，电压和电流等级、电压极性等。理想情况下，功率器件应具有电压 - 电流零状态导通（即理想导体）、电压 - 电流零状态关断（即理想绝缘体），以及两种状态之间零损耗转换的特性。现代半导体器件已经非常接近上述理想特性，并能针对特定应用场景灵活优化。但是，在设计半导体器件时，导通、关断和开关性能的需求之间存在矛盾，不可避免地需要进行折中处理。此外，如何尽可能地逼近理想开关，仍然是开发高性能功率器件的关键。综合考虑并优化功率器件的上述特性，不仅能降低变换器的损耗和应力，还能降低变换器的尺寸和重量，对于新能源发电、电气化交通等广泛应用领域的未来发展，具有重要意义。

1.1.1 基本性能

半导体器件的导通状态可由式（1.1）表示[1-3]。更详细的描述还应包括与温度梯度相关的电流分量（塞贝克效应）[4]，在此暂不做讨论。

$$W_D \propto \sqrt{\frac{2\varepsilon_r}{qn}V_{BD}} \quad (1.1)$$

导通电流可以视为漂移电流和扩散电流之和，分别源于静电势梯度和电荷载流子密度。对于大多数器件的设计，通常考虑一种载流子的漂移电流分量，以及另一种载流子的扩散电流分量。在本书中，统一表述为电子（n）漂移电流和空穴（p）扩散电流。

首先，器件的导通损耗可以近似表示为[4]

$$P_D = \vec{J} \cdot \vec{E} \tag{1.2}$$

其本质是由漂移电流产生的损耗。该系数与式（1.1）中电压梯度之积，对应于等效比导通电阻，即

$$R_S = \frac{1}{q\mu_n n} \cdot d \tag{1.3}$$

因此，为了提升器件的导通能力，需要提高掺杂水平，增大扩散电流，并降低器件厚度。

但是，对于特定的材料，掺杂水平也会影响器件的耐压能力，器件的击穿电压与掺杂水平成反比，可以表示为

$$V_{BD} = \frac{\varepsilon_s E_C^2}{2eN_c} \tag{1.4}$$

此外，器件的厚度还受耗尽层的限制，耗尽层厚度随阻断电压的增加而增大，即

$$W_D \propto \sqrt{\frac{2\varepsilon_r}{qn}V_{BD}} \tag{1.5}$$

在某些情况下，器件制造过程中与晶圆处理相关的机械约束，也会限制器件厚度。

器件的漏电流与反向偏压和本征载流子浓度成正比，后者与温度和禁带宽度密切相关[2, 3]。

$$J_{LEAK} \propto \sqrt{V_{RB}} \cdot n_i \tag{1.6}$$

需要注意的是，扩散电流会导致电荷积累，影响器件的开关性能。

1.1.2 热学性能

自发热效应是功率器件工作时的常见现象，如式（1.2）所示。在给定功耗下，器件的稳态温升，可以描述为

$$\Delta T = P_D \cdot R_\theta \tag{1.7}$$

$$R_\theta \propto \frac{1}{\lambda_\theta} \cdot d \tag{1.8}$$

在功率器件的设计和应用过程中，温度是一个非常关键的参数[1-3, 5]。器件达到设计性能存在一个前提：掺杂浓度需要高于半导体材料本征载流子浓度。当器件温度过高时，该条件不满足，导致器件的实际特性与预期特性差异较大。因此，器件的工作温度存在上限。超出所允许的温度范围，器件的导通特性（如迁移率变化）、关断特性（如漏电流增加）和开关特性（如阈值电压漂移）会受到影响。在实际应用中，器件温升 ΔT 的幅度和变化率在很大程度上决定了器件的可靠性和工作寿命。

1.1.3 SiC 与 Si 对比

表 1.1 总结了 Si 和 SiC 材料的相关特性。可以发现，SiC 的临界场强约为 Si 的 7 倍。根据式（1.3）和式（1.4），在相同阻断电压条件下，可以提高 SiC 器件的掺杂水平；相反，在相同阻断电压下，可以降低 SiC 器件的厚度。因此，与 Si 相比，SiC 材料不仅能够极大地提高器件的导通性能，还能够设计出截面更小、阻断电压更高的器件。在相同的额定功率下，SiC 有助于降低器件损耗，并提升系统效率。值得注意的是，即使 SiC 的迁移率低于 Si[3]，也可以获得上述性能的提升。减小芯片截面，可以降低器件的结电容，从而提高器件的开关性能。此外，在掺杂水平足够高、厚度减小的情况下，导通性能不再依赖于扩散电流分量。因此，即使不能完全消除电荷储存效应，也可显著降低其影响。

表 1.1 Si 和 SiC 材料特性

	击穿场强 E_c/(MV/cm)	本征载流子浓度 n_i(300K)/cm^{-3}	禁带宽度 E_g/eV	热导率 λ_θ/[W/(cm·K)]
Si	0.3	1.45×10^{10}	1.12	1.5
SiC	2.0	8.2×10^{-9}	3.26	4.5

在室温下，SiC 中载流子的本征浓度，比 Si 降低约 20 个数量级。这带来两个有益的结果：SiC 器件的工作温度远高于 Si 器件，SiC 器件的耐压能力远高于 Si 器件。此外，SiC 的禁带宽度几乎是 Si 的 3 倍，这有助于设计出具有高耐温、高热稳定性以及强鲁棒性的器件。

最后，更高的热导率能够降低半导体芯片的热阻。在给定的温升 ΔT 下，可以提升功率密度，即在给定的额定电流下减小尺寸，如式（1.7）。换言之，在给定的功率密度下，可以降低芯片的温升 ΔT。芯片热阻 R_θ 降低带来的效益，取决于其在器件封装及装置整体热阻中的占比。

1.1.4 SiC MOSFET 功率器件

目前，商业化 SiC MOSFET 器件的额定电压等级包括：400V、650V、900V、1200V、1700V 和 3300V[6-9]。采用沟槽栅技术的 SiC 器件，耐压已经达到 1700V，全球越来越多的器件制造商开始开发和推出 SiC MOSFET 器件。从研究的角度来看，在 6.5kV 以上电压等级，SiC MOSFET 可能不是最适合的器件，但相关电压等级下的 SiC MOSFET 已得到验证[10-13]。此外，从历史的角度来看，SiC MOSFET 器件出现在 SiC BJT 和 SiC JFET 器件（常开型和常关型）之后，但 SiC MOSFET 的出现，几乎淘汰了其他晶体管技术。在电能变换应用中，SiC MOSFET 器件受到广泛应用的主要原因包括：

1）栅极控制：可以实现高开关频率，并兼容现有的 Si IGBT 栅极驱动设计。
2）集成二极管：无须严格依赖额外的反并联二极管，为感性负荷电流提供续流通道。
3）双向导通特性：可简化先进变换器拓扑的应用，适应各种增长的应用需求。
4）极低的关断漏电流：具有出色的温度稳定性。
5）固有的雪崩鲁棒性：可以省去为器件额外设计的缓冲吸收电路，并减少预留的器件电压安全裕量。

比较1200V等级SiC MOSFET、BJT和常关型JFET的导通特性[14]，可以发现，尽管SiC MOSFET在各种偏置和温度条件下均无最佳的导通特性，但是其性能在不同温度下非常稳定。这一特性尤为重要，因为这从根本上消除了变换器设计中额定工作状态和最恶劣工作状态之间的差异，因此无需再采用传统的"过度设计"方法。

开发可靠的SiC MOSFET器件，必须克服各个方面的技术挑战，包括：晶圆质量（缺陷密度）、平面位错与堆垛层错（双极退化）、栅氧生长质量（栅氧缺陷）和界面陷阱等[3, 5]。目前，器件可靠性已经取得了较大的改进和创新，栅氧和界面陷阱的可靠性仍在研究和改进中，晶圆缺陷和双极退化已不再是阻碍器件量产的关键因素。从应用角度来看，上述因素带来的最大影响，是大多数器件无法采用对称的栅-源极驱动电压，负偏压的绝对值通常较小，以避免器件参数的过度漂移。通过在无漏极电流条件下，采用脉冲栅极偏压和漏-源极偏压测试器件，得到一些有用的测试结果。在该极化条件下，栅氧的应力与标准静态高温栅偏和高温反偏测试的应力不同，其更加真实地反映了器件实际在变换器中所承受的应力。参考文献[15]的研究表明，在栅极的脉冲电压应力测试中，当V_{GS} = +20/-5V、V_{DS} = 600V和T_{CASE} =150℃时，阈值电压的变化小于静态测试。该测试结果主要由两个原因导致：一方面，由于施加在栅极上的平均电压幅值降低，无论正压还是负压，其绝对值的降低取决于测试期间的占空比或脉冲宽度调制策略；另一方面，借助于计算机仿真器件的二维物理模型，验证了在不同的栅-源极电压下，同时施加漏极偏压，可在一定程度上减弱SiC MOSFET沟道区域上方栅氧层的电场。

1.2 应用中的先进性

SiC MOSFET的相关应用已经非常广泛。面向光伏、航空、汽车、工业等应用领域，以单相三电平逆变器为例，分析目前应用最广泛、技术最成熟的650V和1200V器件。

1.2.1 效率

参考文献[16-18]的研究表明，在相同封装（TO-220和TO-247）条件下，与Si器件相比，SiC MOSFET器件在效率、开关频率、热稳定性、电路复杂度和电磁特性等方面，均具有优异的性能。图1.1a给出了Si和SiC技术在不同负荷功率下的效率对比，开关频率为32kHz。

SiC逆变器的工作频率可高达64kHz以上，这对于Si器件是无法实现的。此外，使用SiC MOSFET无需并联额外的续流二极管，降低了系统的复杂度。

图1.1b展示了当开关频率为32kHz、输出最大功率时，逆变器在不同散热器温度下的效率对比。可以发现，SiC比Si具有更好的温度稳定性。这与高频能力一起，成为SiC技术应用的关键：虽然极高的温度（>250℃）仅出现在少数应用中，但是SiC更高的容量和稳定性，可以增加鲁棒性裕度，并降低散热管理要求。这将有助于进一步降低变换器的体积和重量，提升功率密度。

相较于Si IGBT，SiC MOSFET的开关速度更快，在多电平逆变器应用中，可以显著降低总谐波畸变率。此外，使用SiC MOSFET器件，能够减小变换器的开关死区时间，增加可利用的开关周期时间。因此，在一些应用中，无需采用死区补偿，即可降低波形畸变，提升逆变器的性能。

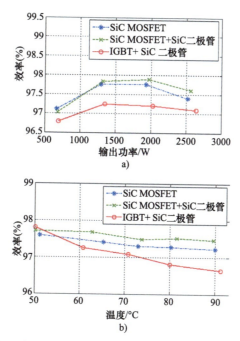

图 1.1 a）在散热器温度 65℃、开关频率 32kHz 条件下，全 SiC 逆变器和 Si/SiC 混合逆变器在不同输出功率下的效率；b）在输出功率 2.5kW、开关频率 32kHz 条件下，全 SiC 逆变器和 Si/SiC 混合逆变器在不同温度下的效率

1.2.2 功率密度

1. 高频能力的开发

在输出电流和电流纹波不变的条件下，提高开关频率，可以减小逆变器输出滤波器的尺寸和重量，如图 1.2 所示。以半载为例（约 1kW），将开关频率从 16kHz 提高到 128kHz，逆变器的效率降低约 3%。在电气化交通等应用中，为了获得更高的系统整体能效，即使可能会降低电力电子装置的效率，仍然热衷于增加开关频率，减轻装置重量。不幸的是，根据实验验证，开关频率 f_s 和电感尺寸之间存在弱化的关系，开关频率增加 8 倍，电感尺寸仅减小 3 倍。采用更高的开关频率，并没有大幅降低逆变器的体积和重量。同时，当开关频率超过 200kHz 时，需要全新的磁性材料和设计方法，才能保证足够高的电感性能[19]。

2. 高温能力的开发

除了高频能力之外，有必要进一步探索器件的高温能力和温度稳定性，提高逆变器的功率密度。对于无源元件和散热器的设计，其总体积是开关频率和散热器温度的函数，在 SiC 逆变器设计中是一组相互关联的变量。如图 1.3 所示，当逆变器满载且散热器温度为 50℃ 时，在 f_s=32kHz 处，散热器和滤波器的总体积最小（此处忽略了直流母线电容，因为研究侧重于单相拓扑，并不代表三相解决方案的应用场景）。但是，如果将散热器温度提高到 80℃，则逆变器在 70kHz 附近达到最优设计，后者的总体积大约比前者小 1.7 倍。

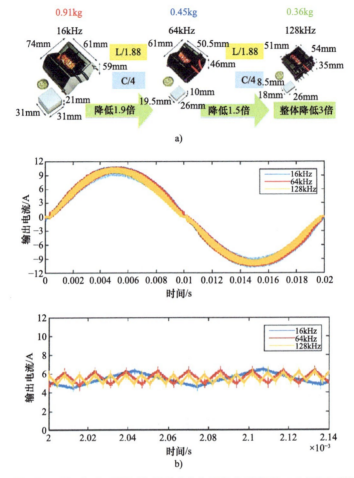

图 1.2 a) 通过提升开关频率对于增加逆变器功率密度的典型案例; b) 不同开关频率下逆变器的输出电流波形和纹波电流波形

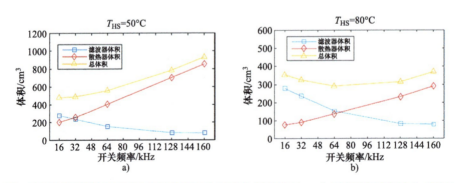

图 1.3 SiC 逆变器设计时散热器温度与开关频率之间的关系。a) 在 50℃条件下 f_s=32kHz 时总体积最小; b) 在 80℃条件下 f_s=70kHz 时总体积最小

图 1.4 归纳了散热器体积减小与温度之间的评估结果[20]。左侧纵轴代表实现目标稳态温度所需的热阻值，右侧纵轴代表相应的散热器体积。基于最高工作结温为 125℃ 的 SiC MOSFET 器件模型，评估结果表明最优的散热器温度为 250℃ 左右。超过该温度，器件的损耗会变得非常高，需要增加散热器体积以降低热阻。虽然该结论仍有待全温度范围内的实验验证，但是如果结论最终成立，这将意味着需要做出重大的观点转变，传统认为需要设计非常高温的封装来充分利用 SiC 潜力，不一定是应用所需要的。与现有量产的商业化器件相比，250℃ 是一个逐步提高的目标值，该目标可以采用成本低廉的封装互连技术实现。该目标也被认为是无源元件技术发展中一个可以实现的中期目标，近年来，无源元件的发展无疑落后于半导体，这在一定程度上甚至限制了 Si 器件全温度范围性能的充分发挥。

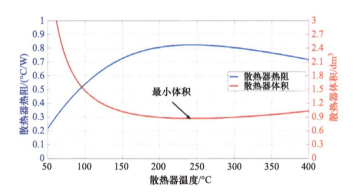

图 1.4　散热器体积减小与散热器温度之间的关系

1.3　应用中的鲁棒性

当一种新的器件技术进入商业化市场时，还需满足特定的鲁棒性要求。对于大多数应用来说，过载并不是额定的工作状态，但在系统运行过程中却可能经常出现。因此，功率器件必须具有过载承受能力。典型的过载鲁棒性要求，主要包括：

1）过电流关断：在最高额定温度下，器件必须能够承受其两倍额定电流。

2）过电压关断：考虑到最大关断电压尖峰，需要考虑器件的降额裕量，这可能使得变换器的设计大打折扣。目前，大多数应用领域的降额标准是 50%，即额定电压为 3.3kV 的器件，最高可应用的母线电压为 1.8kV。同时，为了保护器件，通常使用缓冲吸收电路。

3）短路耐受能力：在保护电路动作之前，器件应至少能承受 10μs 的短路工况。在额定温度和额定电压下，器件的短路耐受时间是一项重要的指标，器件制造商也在短路耐受时间上相互竞争。

过电流测试结果表明，即使在开关速度极高的情况下，SiC MOSFET 器件也表现出了极强的鲁棒性。由于 Si 晶体管内部的位移电流更大，在高开关速度下 Si 晶体管的性能会下降。以下两节将详细讨论短路和过电压鲁棒性。

1.3.1 短路能力

通过大量测试来自不同制造商和不同代次的1200V器件,结果表明,短路失效机理与测试条件有关[21]。根据器件短路时内部发热速度的不同,失效模式可以分为两种。图1.5总结了关于失效机理的主流观点。根据相关研究结果,目前存在两种不同的器件失效机理,分别取决于发热速度和两个不同的温度阈值,在图1.5中分别表示为 T_{DEG} 和 T_{TH_RNW}。一方面,当 V_{DS} 较低时,器件的损耗是受控的,对于给定的脉冲宽度,器件可长时间保持在 T_{DEG} 及以上的温度,但不会达到温度 T_{TH_RNW},该温度下栅极结构会随时间退化。另一方面,如果增加 V_{DS},器件温度会迅速升高至 T_{TH_RNW},此时足以产生空穴电流,因此该情况下的器件失效是由电热失控引起的。栅极结构的退化对外表现为极低的栅-源极阻抗,并最终导致器件自动关断(软失效)。热失控最终会导致器件失效(主要失效),其表现为极低的漏-源极阻抗(通常是直接短路)。器件的仿真结果表明,温度 T_{DEG} 约为600℃,在栅-源极结构退化过程中温度基本保持不变,而温度 T_{TH_RNW} 则高于1000℃。

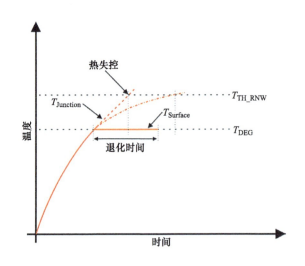

图1.5 芯片内部发热速度和温升相关的短路失效机理

图1.6给出了两种失效机理对应的短路电流波形[22]。图1.6a展示了短路电流波形(顶部)和栅-源极电压、栅极电流的波形(底部),此时漏-源极电压为100~200V,该电压远低于器件额定电压1200V,短路脉冲的持续时间为100μs。当 V_{DS} 为100V和150V时,脉冲测试是安全的,测试结果与预期性能保持一致。但是,当 V_{DS} 为175V和200V时,器件会在脉冲结束之前自动关断。从图1.6a底部的栅极电流和栅-源极电压波形可以推断,由于栅极电流大幅增加,导致栅-源极电压降至0V,从而导致器件关断。这种现象与温度有关,但是具有可逆性,在175V和200V电压下对同一器件反复测试,并未观察到永久性损坏。

另一方面,器件处于图1.5所述的两种极限情况之间时,即漏-源极电压400V和温度90℃,不断增加脉冲宽度,短路电流波形如图1.6b所示。器件的最大短路耐受能力降至约30μs,脉冲尾部的斜率变化表明器件已经出现热失控。关断时的拖尾电流表明栅极出现退化,从最后一个脉冲可以发现器件的饱和电流已明显降低。当器件电压和温度分别升至800V和125℃时,实验结果如图1.6c所示。该测试条件下,器件在10μs内便发生了不可逆的失效。

在短路脉冲期间,对器件表面进行快速瞬态红外热成像,也可以解释其失效机理[23]。器件的二维物理场仿真,还进一步证实,阈值电压随温度降低也是器件失效的重要因素[24]。

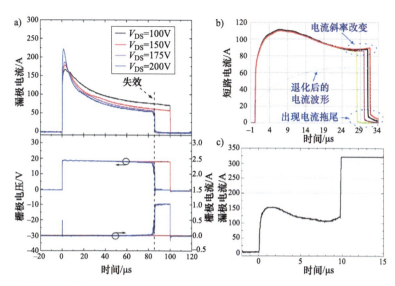

图 1.6 a) V_{DS} = 100 ~ 200V 时的短路电流 (顶部) 和栅 - 源极电压 / 栅极电流波形 (底部);
b) V_{DS} = 400V 和 T_{CASE} = 90℃ 时不同脉冲宽度下的短路电流波形;c) V_{DS} = 800V 和 T_{CASE} = 125℃ 时的短路电流波形

1.3.2 雪崩能力

Si 器件的雪崩击穿极限,通常与其寄生 BJT 结构有关,如图 1.7 所示。在 Si 器件中,由于 PN 结 (BJT 结构的基 - 射极) 正向偏置电压较低,BJT 更容易在较高温度下被激活。然而,由于 SiC 具有较高的禁带宽度,对于 SiC MOSFET 寄生的 BJT,基 - 射极导通电压远高于 Si 器件,温度相关性也更小。Si 的禁带宽度在 300K 时为 1.1eV,1000K 时约为 0.9eV。然而,SiC 的禁带宽度在 300K 时为 3.26eV,1000K 时约为 3eV[3, 5]。

SiC MOSFET 的雪崩鲁棒性,可通过非钳位感性开关 (Unclamped Inductive Switching,UIS) 测试进行评估[25, 26]。图 1.8 为 1200V/80mΩ 商用化器件的实验结果。根据实验波形可知,虽然总能量相近,但是耗散速度不同,这表明器件内部的峰值温度不同,耗散率越大,峰值温度越高。如果被测器件 (Device Under Test,DUT) 的电流波形最终降至 0A,表明器件安全抵御了雪崩。如果被测器件的电流波形在下降过程中突然上升,表示器件已经失效。虽然该波形看似与寄生 BJT 激活有关,即二次热失控失效,但是激活寄生 BJT 需要更大的电流,无法解释观察到的失效现象。通过器件的物理模型仿真,发现雪崩过程中,器件的结温非常高 (高于 1000K),因此失效很可能发生在寄生 BJT 激活之前,因为器件的某些结构 (例如栅氧) 发生了热失效。如图 1.8a 所示,当壳温为 75℃ 时,SiC MOSFET 可承受超过 1J 的热量,对于典型应用来说,是非常出色的。如果壳温升高到最大额定温度 150℃ 时,最大能量和耗散率均会降低,但绝对值仍然很高,如图 1.8 所示。半导体器件的演化趋势是,在同等额定电流下,芯片应具有更小的截面积。因此,相同额定电流条件下,预计下一代器件的雪崩耐量将有所下降,但总体上仍保持在较高水平,从而可以在变换器设计中不使用缓冲吸收电路 (将开关暂态的耗散能量储存在寄生电路元件中）。

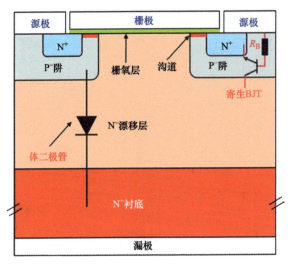

图 1.7 包含等效二极管和 BJT 的 MOSFET 结构图

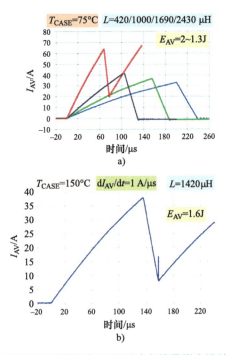

图 1.8 1200V 商用化 SiC MOSFET 器件在 UIS 测试中的雪崩电流波形。a）器件失效前的能量、峰值电流和耗散率（$T_{CASE}=75℃$）；b）器件失效时的测试结果（$T_{CASE}=150℃$）

此外，研究结果表明，在多芯片并联结构中，由于器件特性（如 V_{BD}）或电路参数（如栅极电阻或寄生电感）失配，即使器件的初始状态不同[27]，但是器件之间的雪崩能量分布仍然具有一致性。因此，在特定的雪崩击穿情况下，即使采用器件并联结构，也不需要对器件的最大雪崩耐量进行降额处理。

1.4 主流研究方向

1.4.1 轻载下的高频性能

提高开关频率所带来的优势，是显而易见的。图 1.9 展示了在三种不同开关频率下，12kW 风力发电机全 SiC 逆变器的效率，开关频率相差较小[28]。可以发现，输出功率较高时，开关频率的变化，几乎不影响逆变器的效率。但是，逆变器的大部分时间都运行在轻载工况下。这种情况在许多应用中都较为常见，包括轨道交通、电动汽车、工业驱动和空调器等。采用 SiC 半导体技术后，这些应用都可从中受益。在特定地区或国家，所有这些应用产生的累积总损耗，即长期的功率损耗在总用电量中占比可能较大。因此，轻载下的高频性能问题亟待解决，并已得到研究人员的广泛关注。

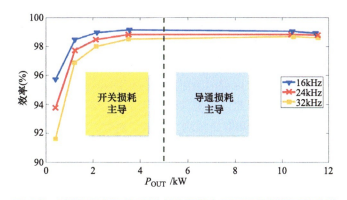

图 1.9　12kW 三相两电平风电逆变器在不同开关频率下的效率

1.4.2 器件参数的分散性

与 Si 器件相比，在开发稳定可靠的多芯片 SiC 功率模块时，需要考虑到 SiC 器件电-热参数之间存在较大的分散性。图 1.10 给出了同一制造批次 14 个商用化 SiC 器件的阈值电压[29]，其分布范围远大于传统的 Si 晶体管。这将导致并联器件在开关过程中的电流不均衡，并降低了由"较差"器件（例如，短路情况下 V_{th} 最低的器件）决定的整体鲁棒性。某些参数分散性不仅取决于技术成熟度，还与 SiC 的具体特性有关，因此大家开始关注 SiC 功率模块鲁棒性设计的新方法[30]。

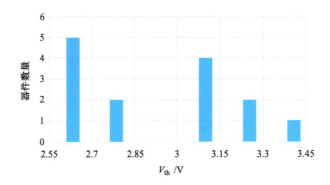

图 1.10　同一批次 14 个 SiC MOSFET 器件的阈值电压分布

1.4.3　寿命验证

此外，还需要关注器件的可靠性。与 Si 器件相比，由于等效面积更小、热导率更高，SiC MOSFET 器件在运行期间将会出现更高的动态温度偏移。半导体芯片的热时间常数可以近似描述为

$$\tau = \frac{\rho \cdot c_s}{\lambda_{Th}} \cdot d^2 = \gamma \cdot d^2 \tag{1.9}$$

式中，ρ、c_s、λ_{Th} 和 d 分别为芯片的密度、比热、热导率和厚度。SiC 器件的 γ 大约比 Si 器件小 3 倍。因此，在同等的厚度和耗散功率下，SiC 器件的温度上升速度比 Si 器件快 3 倍。在实际应用中，与额定电压相近的 Si 器件相比，SiC 器件的临界最高温度会高很多（最新一代低压 Si MOSFET 的掺杂水平非常高，芯片内部的瞬时温度值可能超过 700K。但是，当器件的额定电压较高时，需要降低掺杂水平。因此，Si 器件转变为本征状态的温度，比 SiC 器件低）。这给基于加速老化测试的长期技术验证和寿命预测，提出了挑战。事实上，随着实际运行中热循环幅度的增加，基于阿伦尼乌斯定律所得的加速因子也会大大降低，即

$$AF_T = \frac{E_a}{k} \cdot \frac{T_T - T_U}{T_T \cdot T_U} \tag{1.10}$$

此外，选择最适用于 SiC 芯片的封装材料，是确保 SiC 功率模块大规模普及的关键挑战。要克服以上问题，并在可靠性仍存在争议的情况下使用 SiC 技术，需要采用更先进的热管理解决方案，例如，动态主动冷却技术，从而降低功率模块在热循环中的结温幅度和退化水平[31, 32]。此外，还需要定义新的测试方法，包括与传统电 - 热应力方法（功率循环和温度循环）相关的直接应力方法[33]。

1.4.4　封装技术

为了让终端用户更容易接受 SiC MOSFET 器件，目前仍主要采用常见的、Si 器件的成熟封装技术。这严重限制了 SiC 器件的潜在优势，尤其在更高开关频率下的功率密度、热管理、寄

生电感和共模噪声等方面。研究表明，开发并使用定制化封装技术，将显著改善相关问题，并有助于提高功率器件的可靠性[34-37]。

1.5 结论

研究结果表明，作为 Si 器件的直接替代品，SiC MOSFET 器件具有很强的竞争力。在某些应用领域，SiC 器件可能带来革命性的影响。SiC 材料非常适合于设计强鲁棒性的晶体管，在极为苛刻的工作条件下比 Si 材料更可靠：SiC 材料具有天然的雪崩鲁棒性，而 Si 材料的雪崩鲁棒性，则需要定制化设计和技术改进。目前，短路强度在很大程度上受到结构特性的限制，器件的定制化设计和工艺改进有望实现更好的短路强度（即使在更高的电压和温度下）。SiC 器件的过电流关断和过温耐用性较好，目前主要受封装技术的限制。优良的可靠性原则上可以大大延长器件的工作寿命，抵消功率密度提高带来的寿命影响。体二极管在长期运行及各种工况（如过电压）下的长期稳定性，仍有待进一步评估。

SiC MOSFET 器件的价格仍是 Si 器件的 10 倍以上。由于制造成本较高，目前尚不清楚 SiC 单价能否进一步降低。不过，在评估 Si 向 SiC 过渡的优势时，还必须考虑以下因素：由于滤波器和散热器尺寸较小，系统整体成本进一步降低；电路拓扑结构简化，器件数量减少，由此带来生产、组装和测试的成本降低；设备运行成本降低，包括长期节能和维护成本降低；功能性、实用性和可靠性提高。

根据现有文献的研究成果，本书认为 SiC 器件不太可能在所有的应用领域与 Si 器件竞争。但是，在一些极具战略性的应用领域，如交通、发电、变电、输电和配电等领域，SiC 有望产生革命性的影响。除此之外，虽然低压 SiC 器件（<900V）在某些特定应用中仍可能会受到关注，但由于竞争力、性能和价格等因素，预计 GaN HEMT 可能会成为此电压等级的首选[18]。在额定电压为 3.3～4.5kV 的电能变换应用中，SiC MOSFET 器件将占据主导地位。此外，双极型器件也可能成为具有竞争力的替代方案。

参 考 文 献

[1] Neamen D.A. *Semiconductor physics and devices – basic principles*. New York: McGraw-Hill; 2003.

[2] Baliga B.J. *Power semiconductor devices*. Boston, MA, USA: PWS Publishing Company; 1996.

[3] Kimoto T., Cooper J.A. *Fundamentals of silicon carbide technology*. Hoboken: J. Wiley & Sons; 2014.

[4] Wachutka G.K. 'Rigorous thermodynamic treatment of heat generation and conduction in semiconductor device modeling'. *IEEE Transactions on Computer-Aided Design of Integrated Circuits and Systems*. 1990, vol. 9(11), pp. 1141–9.

[5] Friedrichs P., Kimoto T., Ley L., Pensl G. 'Silicon carbide'. *Power devices and sensors, Wiley-VCH*. 2010, vol. 2.

[6] ROHM Semiconductor. *SiC MOSFETs* [online]. 2018. Available from http://www.rohm.com/web/eu/search/parametric/-/search/SiC%20MOSFET [Accessed Oct 2018].

[7] Wolfspeed. *Power products* [online]. Available from https://www.wolfspeed.com/products/power/ [Accessed 20 Aug 2021].

[8] Mitsubishi Electric Corporation. *SiC power modules* [online]. 2014. Available from MITSUBISHI ELECTRIC Semiconductors & Devices: Catalog List [Accessed 24 Aug 2021].

[9] *GeneSic Semiconductor* [online]. 2019. Available from http://www.genesicsemi.com/commercial-sic/sic-schottky-rectifiers/.

[10] Wang J., Zhao T., Li J., *et al*. 'Characterization, modeling, and application of 10-kV SiC MOSFET'. *IEEE Transactions on Electron Devices*. 2008, vol. 55(8), pp. 1798–806.

[11] Miyake H., Okuda T., Niwa H., Kimoto T., Suda J. '21-kV SiC BJTs with space-modulated junction termination extension'. *IEEE Electron Device Letters*. 2012, vol. 33(11) 1598–600.

[12] Nakamura T., Nakano Y., Aketa M. 'High performance SiC trench devices with ultra-low RON'. *Proceedings of International Electron Devices Meeting (IEDM)*; Washington, DC, USA; 2011. pp. 26–5.

[13] Uchida K., Saitoh Y., Hiyoshi T. 'The optimised design and characterization of 1200 V/2.0 mΩ cm2 4H-SiC V-groove Trench MOSFETs'. *2015 IEEE 27th International Symposium on Power Semiconductor Devices & IC's (ISPSD)*; Hong Kong, China; 2015. pp. 85–8.

[14] Castellazzi A., Funaki T., Kimoto T., Hikihara T. 'Thermal instability effects in SiC power MOSFETs'. *Microelectronics Reliability*. 2012, vol. 52(9–10), pp. 2414–9.

[15] Fayyaz A., Castellazzi A. 'High temperature pulsed-gate robustness testing of SiC power MOSFETs'. *Microelectronics Reliability*. 2015, vol. 55(9–10) 1724–8.

[16] De D., Castellazzi A., Solomon A., Trentin A., Minami M., Hikihara T. 'An all SiC MOSFET high performance PV converter cell'. *Proceedings of the 2013 15th European Conference on Power Electronics and Applications (EPE 2013)*; Lille, France; 2013. pp. 1–10.

[17] Barater D., Concari C., Buticchi G., Gurpinar E., De D., Castellazzi A. 'Performance evaluation of a three-level ANPC photovoltaic grid-connected inverter with 650-V SiC devices and optimized PWM'. *IEEE Transactions on Industry Applications*. 2016, vol. 52(3), pp. 2475–85.

[18] Gurpinar E., Castellazzi A. 'Single-phase T-type inverter performance benchmark using Si IGBTs, sic MOSFETs and GAN HEMTs'. *IEEE Transactions on Power Electronics*. 2016, vol. 31, pp. 7148–60.

[19] Gurpinar E., Castellazzi A. 'Tradeoff study of heat sink and output filter volume in a GAN HEMT based single-phase inverter'. *IEEE Transactions on Power Electronics*. 2018, vol. 33(6), pp. 5226–39.

[20] Castellazzi A., Gurpinar E., Wang Z., Hussein S., Fernandez G. 'Impact of wide-bandgap technology on renewable energy and smart-grid power conversion applications including storage'. *Energies*. 2019, vol. 12(23), p. 4462.

[21] Romano G., Fayyaz A., Riccio M., et al. 'A comprehensive study of short-circuit ruggedness of silicon carbide power MOSFETs'. *IEEE Journal of Emerging and Selected Topics in Power Electronics*. 2016, vol. 4(3), pp. 978–87.
[22] Castellazzi A. 'Transient out-of-SOA robustness of SiC power MOSFETs'. *IEEE International Reliability Physics Symposium (IRPS), Monterey, CA, USA, 2-6*; 2017. pp. 2A–3.
[23] Castellazzi A., Fayyaz A., Yang L., Riccio M., Irace A. 'Short-circuit robustness of SiC Power MOSFETs: experimental analysis'. *2014 IEEE 26th International Symposium on Power Semiconductor Devices & IC's (ISPSD)*; Waikoloa, Hawai, USA; 2014. pp. 71–4.
[24] Romano G., Maresca L., Riccio M. 'Short-circuit failure mechanism of sic power MOSFETs'. *2015 IEEE 27th International Symposium on Power Semiconductor Devices & IC's (ISPSD)*; Hong Kong, China; 2015. pp. 345–8.
[25] Fayyaz A., Yang L., Castellazzi A. 'Transient robustness testing of silicon carbide (SiC) power MOSFETs'. *Proceedings of the 2013 15th European Conference on Power Electronics and Applications (EPE 2013)*; Lille, France; 2013. pp. 1–10.
[26] Fayyaz A., Yang L., Riccio M., Castellazzi A., Irace A. 'Single pulse avalanche robustness and repetitive stress ageing of SiC power MOSFETs'. *Microelectronics Reliability*. 2014, vol. 54(9–10), pp. 2185–90.
[27] Fayyaz A., Asllani B., Castellazzi A., Riccio M., Irace A. 'Avalanche ruggedness of parallel SiC power MOSFETs'. *Microelectronics Reliability*. 2018, vol. 88–90(3), pp. 666–70.
[28] Hussein A., Castellazzi A. 'Variable frequency control and filter design for optimum energy extraction from a SiC wind inverter'. *2018 International Power Electronics Conference (IPEC-Niigata 2018 -ECCE Asia)*; Niigata, Japan, 20–24; 2018. pp. 2932–7.
[29] Castellazzi A., Fayyaz A., Kraus R. 'Sic MOSFET device parameter spread and ruggedness of parallel multichip structures'. *Materials Science Forum*. 2018, vol. 924, pp. 811–17.
[30] Borghese A., Riccio M., Fayyaz A., et al. 'Statistical analysis of the electrothermal imbalances of mismatched parallel SiC power MOSFETs'. *IEEE Journal of Emerging and Selected Topics in Power Electronics*. 2019, vol. 7(3), pp. 1527–38.
[31] Wang X., Castellazzi A., Zanchetta P. 'Observer based temperature control for reduced thermal cycling in power electronic cooling'. *Applied Thermal Engineering*. 2014, vol. 64(1–2), pp. 10–18.
[32] Wang X., Wang Y., Castellazzi A. 'Reduced active and passive thermal cycling degradation by dynamic active cooling of power modules'. *2015 IEEE 27th International Symposium on Power Semiconductor Devices & IC's (ISPSD)*; Hong Kong, China, 10–14; 2015. pp. 309–12.
[33] Wakamoto K., Mochizuki Y., Otsuka T., Nakahara K., Namazu T. 'Tensile mechanical properties of sintered porous silver films and their dependence on porosity'. *Japanese Journal of Applied Physics*. 2019, vol. 58(SD),SDDL08.

[34] Passmore B.S., Lostetter A.B. 'A review of SiC power module packaging technologies: attaches, interconnections, and advanced heat transfer'. *2017 IEEE International Workshop On Integrated Power Packaging (IWIPP)*; Delft, Netherlands; 2017. pp. 1–5.

[35] Seal S., Mantooth H. 'High performance silicon carbide power packaging—past trends, present practices, and future directions'. *Energies*. 2017, vol. 10(3), p. 341.

[36] Castellazzi A. 'Multi-chip SiC MOSFET power modules for standard manufacturing, mounting and cooling'. *2018 International Power Electronics Conference (IPEC-Niigata 2018 -ECCE Asia)*; Niigata, Japan; 2018. pp. 130–6.

[37] Kawagoe A., Itose T., Imakiire A. 'Development and evaluation of SiC inverter using Ni micro plating bonding power module'. *2019 IEEE International Workshop on Integrated Power Packaging (IWIPP)*; Toulouse, France; 2019. pp. 36–9.

第 2 章

多芯片功率模块的剖析

Cyrille Duchesne，Philippe Lasserre，Emmanuel Batista

目前，功率半导体芯片的性能十分优异，封装已经成为限制功率模块或整体系统性能的主要因素。相比于半导体芯片技术，模块封装技术的进步和发展相对缓慢，主要原因在于封装需要实现复杂的、多样化的功能。与其他部分相比，封装的设计任务更多的是在非规范的要求中找到最佳的折中方案。单一地从热学或电学角度，设计可行的封装相对容易，寻求低成本的封装也相对容易，但是在适当折中的情况下实现三者的平衡就像"化圆为方"一样困难！为了同时实现多种功能，功率模块必须利用各种结构、材料和连接技术。本章将对此进行详细的介绍和讨论。

2.1 封装的功能

半导体芯片是功率模块的"心脏"，但是其无法脱离封装而独立运行。封装保证芯片适当的电气性能，及其与系统其他部分的互连，并提供机械稳定性和完整性，传递功率损耗产生的热量，实现对环境（如污染、湿度）的隔离和保护。常见的多芯片功率模块结构，如图2.1所示。可以看出，功率模块本身是一个相当复杂的系统，由许多关键的功能和结构部件组成。与分立器件不同，功率模块由多个相互连接的芯片组成，典型的互连方式包括：

1）并联（功率模块的功能与单个芯片相同，但额定电流更大）。

2）更复杂的电路或拓扑结构。例如，有些功率模块可以在单个封装中集成一个完整的逆变器电路（6个晶体管和6个二极管）。因此，所有芯片需要相互隔离，所有芯片不能共用同一个驱动器。目前的解决方案是采用两面均为金属的陶瓷衬底，以此创建一个"电路板"，使不同的通路相互隔离。芯片被焊接在这些通路上，并通过上表面的键合线与电路的其他部分相连。由于陶瓷衬底易碎，通常需要将其焊接在较大的基板上，以确保机械固定和热传导功能。

其他类型的封装（如压接式多

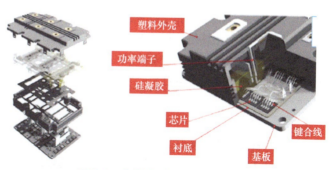

图2.1 多芯片功率模块的结构图

芯片功率模块），也同样广泛应用于 Si 器件。不过，由于这些封装形式与 SiC 相关性较小，本章不再专门讨论。

2.1.1 电气连接和功能实现

实现芯片与外部端子的连接，是功率模块封装的一个基本功能。该功能可通过多种结构实现，如键合线、金属化层和焊盘、印制电路板（Printed Circuit Board，PCB）和母排端子。可以根据这些连接结构功能及其在模块中的位置，调整相应的尺寸，并尽可能减少对元件自身电气特性的干扰。因此，功率模块封装需要较低的寄生电阻、寄生电感和寄生电容。此外，还需满足预期的工作温度和振动要求。此外，功率模块封装还必须能够承受足够的电压，至少与所封装芯片的耐压等级一致，确保达到预期应用所要求的机械鲁棒性。

2.1.2 电气隔离和环境绝缘

根据封装结构的不同，绝缘和隔离功能呈现不同的特点。对于分立元件（每个封装仅有一个芯片），只包括隔离端子和封装。而其他表面，尤其是用于冷却的表面，通常直接与芯片的一端相连，由终端用户来确保与环境的电气绝缘。也有一些分立的封装方案，可以提供完全绝缘（除外部电气端子外），但是会降低功率器件的热性能，所以并不常用。此外，几乎所有的多芯片功率模块都需要对基板进行电气隔离：功率模块的背面连接到散热器，不与任何内部电位相连。功率芯片表面覆盖有硅凝胶，它既有电气隔离功能，又有环境绝缘功能：它既能提升封装的局部放电／击穿性能，又能防止湿气、污染或其他外部因素造成的腐蚀和损坏。

2.1.3 热-力完整性和稳定性

考虑到实际应用中压力和振动的相关要求和限制（如交通应用），外壳还应具有优异的机械性能，并为有源或无源散热器提供合适的热通路，以确保在功率耗散过程中维持稳定的工作温度。值得指出的是，由于高功率密度和高效率设计目标的推动，功率模块的平均工作温度正逐步上升。

2.2 选择标准

由于封装是外部电路和半导体芯片之间的连接结构，封装的选择会对模块整体电-热性能产生较大的影响。尤其是，对于 SiC MOSFET 等快速开关的高压器件，需要确保封装的寄生参数符合设计要求，包括寄生电感和寄生电容等。在高频开关的功率变换应用中，寄生参数会干扰和阻碍功率模块的正常运行。

2.2.1 寄生电阻

封装的寄生电阻是低压器件（额定电压小于 30V）的一个重要指标，其典型值仅为几毫欧。对于 30V 的 MOSFET 器件，封装寄生电阻占总导通电阻 R_{DSON} 的 34%。但是，对于额定电压大于几百伏的器件，尤其是多芯片功率模块，封装对导通电阻的影响通常可以忽略不计，因此不再赘述。

2.2.2 寄生电感

寄生电感是一个非常严重的问题，也是 SiC 器件需要特别关注的问题。寄生电感会影响器件的开关性能，并且寄生电感中储存能量的释放，可能导致器件在关断时产生过电压和雪崩击穿。许多文献指出，将 Si 器件的封装技术直接移植到 SiC MOSFET，并不完全满足 SiC MOSFET 对低寄生电感的需求[1]。较大功率模块的互连结构可能会产生 100nH 数量级的寄生电感，分立封装（如 TO-220）的寄生电感数量级仅为几 nH。目前主流的器件厂商均在其分立器件中提供开尔文源极连接，以确保较低的开关损耗。

2.2.3 寄生电容

在功率模块中，寄生电容主要源于金属化的衬底（见 2.3.4 节）。衬底是一个平面电容器结构，两个金属化层被电介质隔开。在直接覆铜板（Direct Bonded Copper，DBC）衬底上测量到的寄生电容约为几十 pF/cm^2。[2] 功率模块的底部通常连接到地电位，当功率模块的一个电位快速变化时（高频开关），寄生电容（共模电容）中会流过位移电流，随着开关速度、频率和工作电压的增加，该电流将无法忽略，并干扰电路的正常工作。这种寄生电流被称为"共模电流"，是电磁干扰的主要来源。

2.3 材料与工艺

封装材料在一定程度上决定功率模块的性能。封装通常考虑以下几个方面的性能：电 - 热性能（用功率模块的热阻来描述），电 - 磁性能（主要受寄生参数的影响，尤其是寄生电感和寄生电容），热 - 力可靠性。封装材料的界面特性尤为重要，热膨胀系数相差过大的两种材料互连会降低功率模块的整体可靠性。此外，不能仅根据热膨胀系数来选择材料，还须考虑功率模块的电热性能和成本。因此，功率模块的封装设计关键在于，根据实际应用寻找最佳方案。本章将介绍功率模块的不同组成部分，以及所使用的主要材料。这些结果，同样适用于分立器件封装，尽管其只包括部分材料（例如，没有绝缘衬底）。

2.3.1 芯片

功率半导体芯片大多采用垂直结构，芯片的两面都有电气功能。而在微电子学中，芯片的有源区全部集中在一侧几微米厚的层内，其他大部分结构仅起机械支撑的作用，这种结构不适用于电力电子应用。在电力电子中，芯片需要较大的阻断电压（高达几千伏）。垂直结构可以更好地利用半导体材料，电压可以施加在芯片的厚度方向上，芯片的耐压能力与其额定电流和额定电压下有源区的厚度成正比。从封装的角度来看，在这种结构下，芯片的底面具有电气功能。因此，芯片焊料除了发挥散热和机械固定的作用外，还须确保电气连接。

芯片的表面处理（包括上、下层的金属化）取决于其封装工艺。钎焊表面通常有一层 1~2μm 厚的银层，使焊料合金具有良好的润湿性。对于键合线连接（通常是铝线），为了适配超声键合工艺，芯片表面覆盖有厚度为 3μm 左右的铝层。除了表面金属化外，还需对芯片表面进行钝化处理，加强芯片的介电特性。芯片还包含聚酰亚胺类材料的有机层，应用温度相对有限（有些芯片的峰值温度可达 600℃，但在 350℃ 以上几小时后就会降解[3]）。

2.3.2 钎焊技术

微电子工艺中有多种装配技术（焊接、热压、含银或不含银环氧胶等），与之不同的是，电力电子芯片和衬底仅通过焊接完成。该方法可实现最佳的热性能和电气性能，同时兼顾芯片的工艺温度（<400℃）。

1. 合金选择

在传统功率模块中，需先后进行两个钎焊步骤：①芯片贴装在金属化陶瓷衬底上；②衬底附着在基板上。

因此，需要使用两种熔点不同的钎焊合金，第一种合金的熔点应高于第二种合金，以防止芯片焊料合金在第二次钎焊过程中熔化。而在分立器件的封装中，第二步钎焊相当于电路板上的连接。

因此，有必要选择两种熔点相差至少 40℃ 的合金。两种焊料的熔点还必须比功率模块的最高结温（通常为 125~175℃）高出至少 10℃，并低于芯片所承受的最高温度（通常低于 350℃）。

为了禁止在电子系统中使用有害物质，各国政府也制定了相关的政策，如欧洲的 RoHS，限制使用某些有害物质。与功率模块相关的禁令，主要涉及含铅合金的使用。然而，这些合金已被广泛使用，尤其是熔点为 180℃ 的 63Sn37Pb 合金。但是，也有一些豁免规定，例如，高铅"高温"软钎焊不受影响，它们通常用于功率芯片的连接。即使考虑上述限制，可用合金的范围仍然很广。因此，选择时必须重点考虑电气性能（低电阻）、热性能（高热导率）和机械性能（钎焊必须补偿所连接材料之间的热膨胀系数差异，而不产生过度疲劳）。此外，还必须确保所选合金与芯片和衬底的金属化层相兼容。

2. 实现方式

钎焊合金主要有两种形式：①焊膏：将合金粉末与粘合剂、助焊剂混合。粘合剂可使焊膏保持一定的稠度，助焊剂用于清洁连接层的表面以提高润湿性。②预成型焊片：主要为钎焊合金的薄片，不含任何添加剂。这种钎料的优点是工艺更清洁（无需排空有机成分）、更精确（可更好地控制厚度和覆盖率）。由于焊接过程中不存在流动，连接表面必须保证完全干净。此外，还可以使用还原气氛对钎焊表面进行脱氧处理。还原气氛通常为含有较低比例氢气的氮气，也称为成型气体。

焊膏的成本较低，因此更适合大尺寸连接，如衬底连接或功率端子焊接。首先，通过钢网涂刷焊膏，并清洗有机残留物，防止侵蚀芯片。当两个钎焊面的面积差别很大时（如衬底与芯片，基板与衬底），需要在组装时制作阻焊层。如果没有阻焊层，熔化的钎焊合金会扩散，造成焊料浪费。

3. 钎焊替代方案

尽管现有的钎焊合金种类较多，但这种技术仍有一定的局限性。通常要求合金的熔点远高于功率模块的最高工作温度，焊接过程中，会对芯片施加较大的应力。当需要几个连续的钎焊步骤时，如功率模块的封装，焊料的熔点温度必须相差较大，防止焊接阶段之间的"干扰"。为了解决上述问题，需要研究不依赖于材料熔化的焊接技术。在已有的解决方案中，纳米银烧结是目前唯一投入工业量产的焊接技术。该技术采用由微米级银颗粒和有机粘合剂组成的浆料，通过丝网印刷进行涂敷[4]。在240℃中温下焊接，同时施加10MPa压力，即可完成焊接。该温度明显低于银的熔点（961℃），在烧结过程银颗粒聚集在一起形成弱多孔固体，空隙率通常小于15%。焊接层的热性能和电气性能非常接近固态银，且远优于所有钎焊合金。该方法的主要优点是，理论上，所得到的焊接层可在高达961℃的温度下保持稳定。

2.3.3 引线键合

功率芯片的开关电流很大，10mm×10mm 芯片上流过的电流可达 200A，要求很小的互连电阻。因此，芯片互连通常采用并联多根键合线的方式，键合线的截面直径最大可达 500μm。键合线使用的金属量相对较大，基于成本考虑，无法像微型电子产品一样采用金线。通过超声波焊接实现键合线的连接，压电超声焊头会产生高频振动，使键合线与芯片顶面发生摩擦，产生足够的热量实现键合线焊接。该技术的优点是速度快，每秒可完成多根引线的键合。此外，引线键合是在小范围内的芯片表面完成的，不会引起过大的芯片结构变形。形变仅限于键合线和键合线根部的芯片金属化层。与热压等键合技术相比，金属间的形成层非常有限。键合线/芯片和芯片/衬底的细节如图2.2a所示。相对于键合线的直径和芯片的厚度，芯片顶部金属化层的厚度较小，通常在 3~4μm。由于能量是通过振动传递的，故连接材料必须发生塑性变形。因此，除金之外，铝是最合适的引线材料，其电阻和成本均可以接受。此外，键合线与芯片金属化层或 DBC 之间的键合应有较好的连接质量，在高温下也应具有较高的可靠性。

与键合线的直径相比，芯片顶部金属化层的厚度非常小。因此，需要具有局部能量释放特点的超声焊接工艺，键合线下方的暗区为键合线的阴影。

如图2.2b所示，多根并联的键合线，会降低互连系统的整体强度。在芯片表面条件允许的情况下，还可将键合线键合在两个部位，以更好地分散电流和热应力。此外，键合线的通流能力与键合线直径、长度和允许的最大热量有关。为了进一步提升连接强度，可以用2mm宽、几百微米厚的铝带替代铝线。此类带状键合技术，也同样使用超声焊接，并已成功应用于商用化功率模块。由于硅和铝之间的热膨胀系数不同，键合线/芯片连接也会在热循环中发生退化。由于芯片的顶面通常是芯片的最热点（靠近有源区域，远离散热器），因此对键合工艺更加敏感。为了提高超声焊接的可靠性，

 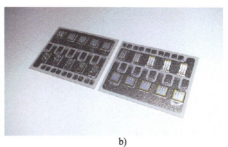

　　　　a)　　　　　　　　　　　　　b)

图 2.2　a）焊接在陶瓷衬底上的芯片（铝键合线键合在芯片顶部金属化层）；b）焊接在 AlN 陶瓷衬底的 SiC MOSFET（上排）和二极管芯片（下排）

可以使用聚合物树脂封装每个线脚,该工艺称为"球顶"。

2.3.4 衬底

PCB是一种广泛使用的技术,可提供元件互连、机械装配和电气隔离等功能。PCB通常由环氧树脂玻璃纤维复合材料制成,铜层通过滚压组装而成。常用于连接小功率分立器件,并不适用于大功率电力电子器件。PCB的主要问题是热性能较差:①热导率较低,远低于1W/(m·K);②热膨胀系数较高,约为60ppm/℃;③工作温度有限,通常低于200℃。

但是PCB的成本较低。当需要更大功率(>几千瓦)时,可采用绝缘金属衬底(Insulated Metal Substrate,IMS)。其本质上是一个镀在金属衬底上的简单电路,通常由铝制成。IMS的环氧玻璃绝缘层厚度(100μm)远小于电路板厚度(1.6mm)[2],因此其热性能较好。但是,该衬底性能表现仍存在诸多缺陷,其热膨胀系数接近铝23.6ppm/℃,而硅的热膨胀系数为2.6ppm/℃,而且其工作温度受到所使用的有机介电材料限制。因此,在大多数情况下,制造商倾向于使用基于陶瓷材料的绝缘衬底,使衬底兼具良好的热性能和更接近芯片的热膨胀系数。本章将重点讨论此类衬底。陶瓷衬底和IMS的截面细节,如图2.3所示。

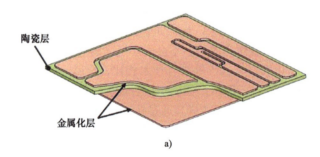

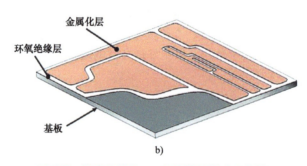

图2.3 衬底的结构。a)陶瓷衬底;b)IMS

1. 绝缘材料

Al_2O_3是最常用的陶瓷材料之一,其纯度可分为几个等级,通常为96%和99%。Al_2O_3成本较低,但其导热性能较差,热导率只有24W/(m·K),约为铜的6%。可通过调整材料成分略微提高导热性能(99%的Al_2O_3)或改善机械性能(掺杂锆),来延长衬底的使用寿命。对于高性能应用，AlN 是首选方案，其具有更好的热导率 [150~180W/(m·K)]，热膨胀系数更接近芯片。如表 2.1 所示，其余两种材料的使用更为保守，BeO 具有出色的导热性，但其在粉末和蒸气状态下具有较大毒性，几乎已被淘汰。但是，Si_3N_4 颇具前景，其机械性能较高，可以在无衬底的情况下使用，从而减少功率模块中元件和端口的数量，提高可靠性。但该材料仍有许多问题亟待解决[5]。

表 2.1 典型衬底陶瓷的物理特性

物理特性	AlN	Al_2O_3	Si_3N_4
杨氏模量 /GPa	300~310	300~400	300
最大抗弯强度 /MPa	300~500	250~300	>700
热导率 /[W/(m·K)]	170~260	20~30	60
热膨胀系数 /(ppm/℃)	4.2~5.2	7.5~8.1	2.7~3.4
起弧电压 /(kV/mm)	14~17	11~16	15

2. 金属化

陶瓷衬底的金属化技术可分为以下几种：

1) 厚膜：通过丝网印刷，将含有金属颗粒的浆料转移到陶瓷基板，并烘烤。所得金属化层的厚度小于 $10\mu m$，不适用于电力电子应用。

2) 薄膜：金属化层导体通过蒸发或喷雾沉积形成，所得的金属化层厚度低于厚膜技术。

3) 电沉积：为了获得更大的金属化层厚度，沉积一层薄膜作为电极。该技术显然不适用于功率模块。

4) 金属片：在陶瓷上放置几百微米厚的金属片。通过与陶瓷进行活性金属钎焊（Active Metal Braze，AMB），或通过直接工艺在高温下焊接。通常使用铜材料，但有时也使用铝材料。直接工艺主要用于 Al_2O_3：在高温下堆叠陶瓷-铜结构，此时温度比铜的熔点低 10~17℃，但高于 CuO 的熔点（Cu-O 相图中出现共晶）[6]。金属化薄层将熔化并与陶瓷连接。该技术也可用于 AlN，但必须先将其氧化，使其外围形成一层 Al_2O_3 薄层。直接陶瓷/铜的结构称为 DBC，有时也称为 DCB。使用铝时，称之为直接敷铝板（Direct Aluminum Bonding，DAB）。AMB 是一种钎焊工艺，其中陶瓷和金属化层之间的接合处采用外部材料。其制造温度低于直接型技术，且取决于所使用的合金材料。该方法主要用于 AlN（可避免 DBC 所需的氧化态）和 Si_3N_4。

3. 制作

由表 2.1 可见，所用陶瓷材料和金属的热膨胀系数差别较大：陶瓷为 3~8ppm/K，而铜为 17.8ppm/K，铝为 23.6ppm/K。DBC 的制造温度高达 1060℃，在其冷却过程中，会产生巨大的机械应力。在简单的金属/陶瓷封装中，经常观察到翘曲和变形，制造过程中的热机械应力，可能会导致陶瓷开裂。为了解决该问题，衬底通常采用三层结构：金属/陶瓷/金属。此时，陶瓷承受的是压缩残余应力，而非弯曲残余应力，从而保证 DBC 的平整。此外，较低的金属化使衬底更易于钎焊在基板上。

在获得此类"三明治"夹层结构后，通过化学刻蚀在其金属化层形成电路布局。刻蚀过程与制作传统印制电路的步骤相似，包括掩模、光照、固化、化学腐蚀、掩模清洗[6]。然后，用金或镍对其表面进行金属化处理，以防止铜氧化。镍还可用于铝金属衬底的封装，使其与钎焊工艺兼容。最后，还可以在走线边缘雕刻小坑图案，如图2.4所示。这些图案可以减少金属陶瓷界面的残余应力，从而提高金属化衬底在热循环中的可靠性。

2.3.5 基板

1. 材料

金属化衬底直接焊接在基板上，热膨胀系数的差异会导致界面出现明显的约束。此处焊接层的面积较大，覆盖了整个衬底的底部，此时使用的钎焊合金熔点较低。为了降低基板的热膨胀系数，制造商尝试采用复合材料，包括铜复合材料（主要是铜钼）和AlSiC（Al和SiC复合材料）。这些材料可

图2.4 DBC金属化层上的小坑

以通过改变成分来调整热膨胀系数，同时具有良好的导热性。AlSiC的另一个优点是低密度（仅为铜的1/3），这在嵌入式系统中优势较大。基板是功率模块中最重的结构，厚度约为5mm，最大的基板面积为14cm×20cm。另一方面，AlSiC难以制造，需要特定的金属表面处理后才能钎焊。

2. 设计

基板表面与散热器的接触面处理，对功率模块的热传导效率至关重要。需要克服宏观和微观两个方面的影响：

1）宏观：如果其中一个表面发生变形，则只有部分表面接触。

2）微观：由于表面粗糙，只有小部分表面接触，有时仅为表面积的1%。

在将功率模块安装到散热器上时，通常采用导热硅脂填充界面粗糙处，但最好在制造过程中限制表面粗糙度。导热硅脂的导热性能相对较低，因此不能过量使用，否则会降低连接界面的热导率。导热硅脂的厚度通常为100μm左右。在某些情况下，可以通过丝网印刷导热硅脂来控制其厚度。在宏观影响方面，应确保基板为凸形，以便采用紧固螺钉"压平"弯曲，弯曲量为5~10μm/cm，AlSiC的弯曲量较小。在基板上钎焊衬底时，会产生较大的形变，因此在制造时需要考虑其初始曲率。

2.3.6 端子连接

铜具有较高的导电性能，特别适合制作功率端子。但作为连接件时仍需考虑其他特性：

1）抗氧化性。

2）良好的机械性能，用于螺钉组装。

3）钎焊合金的良好浸润性，用于焊接组装。

铜合金（CuBe、CuSn等）或镍基合金是最优的选择。但是，需要注意的是，与纯铜相比，上述合金的电导率明显下降，甚至可能下降10倍左右。此外，基于镍、银、金或锡的表面处理可

以进一步提高端子的耐磨性和耐腐蚀性。接线端子是相对较大的零部件，约 10cm × 1cm × 1mm。因此，端子应具有吸收热膨胀的功能，以避免在热循环过程中将应力传递到衬底。连接件和金属化衬底可按以下形式组装：

1）钎焊端子：当金属衬底钎焊在基板上时，可以使用相同的合金。

2）键合线连接端子。

3）通过延伸基板金属化层形成端子，在 DBC 的生产过程中，金属化层可以从陶瓷表面大面积突出，然后将其折叠形成端子，同时保持平整度。

4）弹簧连接端子：通过顶盖对连接器施加压力，将其压接在金属衬底上。赛米控公司热衷于该技术。

2.3.7 灌封

在分立器件的封装中，通常使用环氧树脂材料进一步完成灌封，只露出散热表面和电气端子。在功率模块的封装过程中，首先需要放置顶盖，顶盖通常分为两部分（外壳和盖子，盖子最后组装），然后在功率模块内部填充灌封材料。此类材料必须能承受芯片的高温，与芯片的化学性质相容，并具有较高的介电强度（每毫米约几千伏）。灌封材料不能吸收水分，否则无法保持介电强度。此外，灌封材料应将芯片和键合线所受的机械应力降至最低。硅凝胶可以满足上述要求，而且毒性较低。但是，在灌封硅凝胶时，需要使其处于轻微真空状态，避免形成气泡，因为气泡会降低其介电强度。有时还需要在硅凝胶表面覆盖一层硬度更高的环氧树脂，从而提升封装的机械强度。

最后，功率模块通常都安装（或嵌入）在散热器或其他类型的冷却装置上。如何选择热界面材料，关乎功率模块的冷却性能和长期可靠性[7]。如果选择不当，可能会浪费功率模块设计阶段为实现最佳散热性能所做的努力。图 2.5 展示了一个定制开发的多芯片 SiC 功率模块，包括外壳和安装在顶部的栅极驱动器。

图 2.5 电驱逆变器用 SiC 功率模块。a）功率模块的内部细节；b）集成驱动电路的功率模块

2.4 发展趋势与 SiC 定制化开发

针对 SiC 功率模块，未来的研发工作重点主要集中在以下几个方面。

1）超高的电压（大于 6.5kV 的超高额定电压）。提高工作电压，可以降低电流等级，并提高效率。研发高压的功率模块是开发和建立新型输配电技术（如高压直流输电）的关键要求。在这方面，功率模块设计的关键在于如何梯次设计模块内部的电场强度，并开发合适的互连技术[8, 9]。

2）更高功率密度、更高可靠性的解决方案。在 SiC 技术的早期应用中，由于需要兼容现有的功率模块，通常直接替代 Si 技术，并逐步改进所采用的现有标准封装[10]。但在尚未标准化且仍在发展中的应用领域（如电动汽车），未来的解决方案将越来越关注创新概念，尤其是双面散热、无键合线互连等技术[11]。

3）更高结温的功率模块。提高功率模块的工作温度，是实现更高体积功率密度和重量功率密度的关键，尤其是航空电气化（包括快速发展的无人机领域等）的主要诉求。在这方面，也急需创新的封装技术[12]。

参 考 文 献

[1] Chen C., Luo F., Kang Y., Chen C. 'A review of SiC power module packaging: layout, material system and integration'. *CPSS Transactions on Power Electronics and Applications*. 2017, vol. 2(3) 170–86.

[2] Dupont L., Khatir Z., Lefebvre S., Bontemps S. 'Effects of metallization thickness of ceramic substrates on the reliability of power assemblies under high temperature cycling'. *Microelectronics Reliability*. 2006, vol. 46(9-11), pp. 1766–71.

[3] Johnson R.W., Wang C., Liu Y., Scofield J.D. 'Power device packaging technologies for extreme environments'. *IEEE Transactions on Electronics Packaging Manufacturing*. 2007, vol. 30(3), pp. 182–93.

[4] Goebl C., Beckedahl P., Braml H. 'Low temperature sinter technology die attachment for automotive power electronic applications'. *2010 6th International Conference on Integrated Power Electronics Systems*; 2006. pp. 1–5.

[5] Schulz-Harder J. 'Advantages and new development of direct bonded copper substrates'. *Microelectronics Reliability*. 2003, vol. 43(3), pp. 359–65.

[6] Duchesne C., Cussac P., Chauffleur X. 'Interconnection technology for new wide band gap semiconductors'. *2013 15th European Conference on Power Electronics and Applications (EPE)*; 2013. pp. 1–10.

[7] Gwinn J.P., Webb R.L. 'Performance and testing of thermal interface materials'. *Microelectronics Journal*. 2003, vol. 34(3), pp. 215–22.

[8] Duchesne C. 'Contribution to the stress grading in integrated power modules'. *Proceedings of the 2007 European Conference on Power Electronics and Applications*; Aalborg, Denmark; 2007. pp. 1–9.

[9] Duchesne C., Tarrieu J., Lasserre P. 'Interconnection technology for 10 kV SiC power module'. *Proceedings of the PCIM Europe 2019; International Exhibition and Conference for Power Electronics, Intelligent Motion, Renewable Energy and Energy Management*; Nuremberg, Germany; 2019. pp. 1–7.

[10] Castellazzi A. 'Multi-chip SiC MOSFET power modules for standard manufacturing, mounting and cooling'. *Proceedings of the 2018 International Power Electronics Conference (IPEC-Niigata 2018–ECCE Asia)*; Niigata, Japan; 2018. pp. 130–6.

[11] Scognamillo C., Catalano A.P., Lasserre P., Duchesne C., d'Alessandro V., Castellazzi A. 'Combined experimental-FEM investigation of electrical ruggedness in double-sided cooled power modules'. *Microelectronics Reliability*. 2020, vol. 114(3), pp. 113742–5.

[12] Villar M. 'Laser transmission welding as an assembling process for high temperature electronic packaging'. *Proceedings of the 2016 International Conference on Electrical Systems for Aircraft, Railway, Ship Propulsion and Road Vehicles & International Transportation Electrification Conference (ESARS-ITEC)*; Toulouse, France; 2016. pp. 1–5.

第 3 章

SiC 功率模块的设计及应用

Katsuaki Saito

Si IGBT 最早出现于 20 世纪 90 年代初，并朝着低损耗、低成本、长寿命的目标不断发展，替代 GTO 和其他成熟的功率器件，助力实现更先进的电力电子技术[1-3]。但是，经过 30 年的持续改进，Si IGBT 仍未达到其潜力的极限，尤其是在功率密度和效率方面。"成本 / 功率"是其不断发展的驱动力[1]，随着新型器件不断被开发并推向市场，提升"成本 / 功率"的趋势仍在持续演进[4-6]。与 Si 相比，SiC 在功率器件方面具有显著的优势[7]。本章从"价值 / 成本"的角度，讨论了采用高性能 SiC 器件替代 Si IGBT，并进一步解决"成本 / 功率"的问题。

3.1 SiC MOSFET 的应用潜力

SiC MOSFET 有许多优点，但在完全发挥其性能之前，仍有一些问题需要解决。表 3.1 列举了 Si 和 SiC 的主要物理特性。由于 SiC 的禁带宽度是 Si 的 3 倍，因此具有更强的电场能力，击穿场强为 Si 的 10 倍。因此，SiC 功率器件的漂移层厚度可以减小至 Si 的 1/10。此外，SiC 漂移层中载流子浓度比 Si 高 2 个数量级。因此，SiC 漂移层的电阻，相较于 Si，可降低约 3 个数量级。表 3.1 列出了后续各节中涉及的其他物理特性。

表 3.1 Si 和 SiC 参数特性对比

特性	单位	Si	SiC
晶体结构		金刚石	4-H
禁带宽度	eV	1.1	3.3
临界场强	MV/cm	0.3	3
杨氏模量	GPa	160	500
热导率	W/(m·K)	130[2]	370[2]
热膨胀系数	ppm/K	2.6[2]	4.3[2]
密度 ρ	g/cm³	2.3[8]	3.2[9]
比热	J/(g·K)	0.7	0.7[2]
单位体积热容 $C_{th,vol}$	J/(cm³·K)	1.6	2.2
介电常数 $\varepsilon = \varepsilon_0 \cdot \varepsilon_{Si/SiC}$	F/cm	1×10^{-12}	8.6×10^{-13}

表 3.2 展示了 Si 器件和 SiC 器件的性能对比。Si IGBT 和 PiN 二极管分别采用 P 型集电极

和 P 型阳极，以补偿 N⁻ 漂移层中的高电阻。在导通过程中，少数载流子从 P 型集电极注入到 N⁻ 层，然后通过 N⁻ 层的电导调制效应，降低导通电压[3]。与 Si IGBT 不同，SiC MOSFET 在工作时无需进行电导调制，因而在关断过程中也无需清除少数载流子。因此，显著降低了 SiC MOSFET 的开关损耗[7]。二极管的工作过程也与此类似，与 Si 器件相比，SiC SBD 的 N⁻ 层仅为其 1/10，并可在无电导调制的情况下工作，因此具有非常低的反向恢复损耗和开通损耗。

表 3.2 Si 器件和 SiC 器件的比较

特性	单位	Si 器件	SiC 器件
开关/整流器件		IGBT/PiN 二极管	MOSFET/SBD
N⁻ 层厚度	相对值	1	1/10
临界场强	MV/cm	0.3	3
器件极性		双极性	单极性
开关能量	相对值	1	< 1/10
工作温度	℃	≤ 200	≥ 250（潜力）
门槛电压	V	≈ 0.7	≈ 0（MOSFET） ≈ 0.8（SBD）
短路耐受时间	μs	≈ 10	≈ 3

图 3.1 给出了 3.3kV 的 Si IGBT 和 SiC MOSFET 器件结构对比。Si IGBT 的 N⁻ 层厚度一般不低于 330μm，而 SiC MOSFET 的 N⁻ 层约为 Si IGBT 的 1/10，最小厚度仅为 33μm。Si IGBT 的掺杂浓度为 $10^{13}/cm^3$，而 SiC MOSFET 的掺杂浓度为 $10^{15}/cm^3$，高出两个数量级。与 Si IGBT 相比，SiC MOSFET 单位面积的漂移区电阻，降低了 3 个数量级。在导通状态下，由于空穴注入到 Si IGBT 背面的 P⁺ 层，N⁻ 层的载流子浓度将被调制升高约 1000 倍，从而实现与 SiC MOSFET 相近的极低漂移区电阻。Si IGBT 的关断过程，需要清除电导调制引入的载流子，该过程中电阻逐渐增加，直至耗尽区宽度完全扩散，该过程将产生拖尾电流。相比之下，SiC MOSFET 作为一种单极型器件，无需清除多余的载流子，因此可以实现比 Si IGBT 更低的开关损耗。

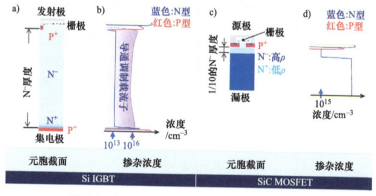

图 3.1 Si IGBT 和 SiC MOSFET 的结构比较

由于 SiC MOSFET 在开关特性方面的优势，在 DC/DC 变换器等高频应用中，SiC MOSFET

正逐步取代 Si IGBT。电机控制应用主要使用的器件仍是 Si IGBT，但从 2020 年开始，正逐步转向 SiC MOSFET。

需要注意的是，Si IGBT 为双极型器件，其导通电流 I_C 始终流过单层 PN 结。因此，不管流过器件的导通电流有多小，其饱和压降 $V_{CE(sat)}$ 均不低于内建势 0.7V。然而，对于 SiC MOSFET，漏-源极电压 $V_{DS(on)}$ 从 0 开始随导通电流 I_D 线性增加。Si PiN 二极管和 SiC SBD 之间没有类似的特性差异，流过 SiC SBD 和 Si PiN 二极管的正向电流类似，在室温下，Si PiN 二极管和 SiC SBD 的门槛电压分别为 0.7V 和 0.8V。

在实际应用中，相关问题已有一些解决方案，但 SiC 器件仍面临其他的挑战，包括：栅氧介质经时击穿（Time-dependent Dielectric Breakdown，TDDB）[10]、偏压温度不稳定（Bias Temperature Instability），以及双极工作模式下由基平面缺陷引起的堆垛层错生长问题[11-15]。虽然这些问题正逐步得到解决，但是 SiC 器件比同等 Si 器件较高的成本，仍然限制了其推广普及。在未来，量产的规模化效应，可能会消除成本差异，但是我们需要定量比较 SiC 器件的优势，并评估应用 SiC 器件如何增加"价值"。以高功率电机控制应用为例，本章旨在展示 SiC MOSFET 替代 Si IGBT 器件时，如何增加"价值"。

在 3.2 节中，探讨高速开关引起的关断振荡问题。在 3.3 节中，针对 SBD 相较于 Si 器件漂移层更薄而热容更小，从而导致其浪涌电流容量降低的问题，评估 SiC MOSFET 的短路耐量。3.4 节展示 SiC 增加的价值，超过了额外增加的商业成本。3.5 节分析了如何增加 SiC 器件在实际应用中的价值，以弥补相较于 Si 器件增加的成本。

3.2 高速开关振荡和过冲

与 Si IGBT 不同，SiC MOSFET 为单极型器件，其开关速度更快。更快的开关速度可能会产生关断振荡，并导致关断电压尖峰升高。即使是 Si 器件，当穿通电压明显低于工作电压 V_{cc}[2]，或二极管的开通脉冲时间短于注入载流子的扩散时间[16]时，均可能引发关断振荡。针对上述情况，目前 Si 器件已有较多的解决方案。对于 SiC 应用而言，即使在大电流工况下，高开关速度的情况仍不可避免，高开关速度也正是 SiC 的"价值"所在。因此，需要解决关断振荡和电压尖峰问题，否则 SiC 器件将无法发挥高开关速度和低开关损耗的优势。

关断振荡的机理如图 3.2 所示，其中振荡条件由式（3.1）表示。在图 3.2a 中，负荷电流为正向电流，从右向左流过 SBD。当栅极信号从"关"切换到"开"时，电流方向发生改变，从电容流过 SBD，然后流入 MOSFET。SBD 不存在反向恢复电流，唯一的反向电流是使耗尽区扩散的充电电流。该电流对时间的积分，等于 N⁻ 电荷密度和 N⁻ 体积的乘积。

$$R_{DS} < 2\sqrt{\frac{L_S}{C_{AK}}} \tag{3.1}$$

该状态下的等效电路如图 3.2b 所示。振荡发生在 SBD 的结电容和杂散电感之间。此时，通常认为 MOSFET 的导通电阻 R_{DS} 是唯一的阻尼电阻。如果栅极电阻 R_g 足够大，振荡能量可以被 R_{DS} 消耗。但是，为了发挥低开关损耗的优势，栅极电阻不应过大，小的 R_{DS} 会导致开关振荡。为了避免振荡条件，杂散电感 L_S 应足够小，而 C_{AK} 应足够大。但是，C_{AK} 是由其他因素决定的。为了定量定义 L_S，需要考虑参数 L_S 和 R_g 的影响，研究开关波形和开通损耗。

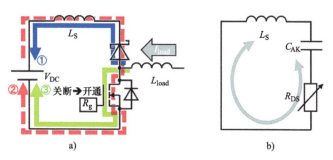

图 3.2 关断振荡的产生机理。a）单相电路图（下桥臂 MOSFET 开通，上桥臂 SBD 关断）；b）引起振荡的简化等效电路

图 3.3 给出了开通损耗随 L_S、栅极开通电阻 R_g、SiC MOSFET 开通电流和 SiC SBD 反向恢复电流等相关参数变化的情况。E_{on} 随 L_S 的增加而减少，并随 R_g 的增大而线性增加。振荡与无振荡波形之间存在明显边界。在图 3.3 中，边界以上不存在反向恢复振荡的条件。在边界以下，存在振荡的发展趋势。减小 L_S，可以在无关断振荡的情况下，有效降低 E_{on}。以 3.3kV/25A 的器件为例，L_S 的边界参数为 700nH，电流和电感的乘积为 20μA·H。该结果可以进一步推广，由于 A·H 为电压的量纲，其不仅与电流有关，还与额定电压有关。

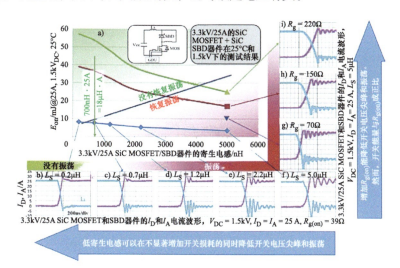

图 3.3 SiC SBD 混合器件的开通损耗与杂散电感、栅极开通电阻 R_g 及其开通与反向恢复电流参数之间的关系（绿色区域表示无反向恢复振荡，红色区域表示有反向恢复振荡。电路参数：T_j = 25℃，R_g = 39～220Ω，L_S = 0.2～5μH，V_{DC} =1.5kV，I_D =25A）

根据 $L_S · di_D/dt ∝ V_{DSS}$ 的关系，可以得到表 3.3。即使表 3.2 中的特性关系无法避免振荡，仍可通过选择更大的 R_g 抑制振荡，但会影响器件的开关特性。表 3.3 给出了在不同的应用电压和电流下，

功率模块回路杂散电感的期望值。对于低电压大电流的器件，实现目标电感值的挑战更大。

表3.3 不同额定电压下回路电感与漏极电流的乘积，以及漏极电流和回路电感的组合

额定电压	回路电感与漏极电流的乘积 /μH·A	实现低开关损耗且无关断振荡的漏极电流和目标电感值
6.5kV	40	300A/130nH
3.3kV	20	600A/33nH
1.7kV	10	1000A/10nH
1.2kV	7	1200A/6nH
750V	4.5	900A/5nH

3.2.1 关断振荡的频率

计算关断振荡的频率时，通常采用单边突变结近似假设[8]，其适用于大多数的商业化垂直型功率器件。耗尽区宽度可表示为

$$W_{\text{dep}} = \sqrt{\frac{2 \cdot \varepsilon}{q}} \cdot \sqrt{\frac{V_{\text{DS}}}{N_{\text{d}}}} \quad (3.2)$$

式中，W_{dep} 为耗尽区域宽度（cm）；ε 为介电常数（见表3.1，F/cm）；q 为单位电荷 1.6×10^{-19}C；V_{DS} 为漏-源极电压（V）；N_{d} 为 N$^-$ 漂移层中的掺杂浓度（cm^{-3}）。

在耗尽层扩展到 N 缓冲层之前的电压时，Si 和 SiC 的 W_{dep} 分别为

$$W_{\text{dep,Si}} = 3600 \cdot \sqrt{V_{\text{CE}}/N_{\text{d}}} \quad (3.3)$$

$$W_{\text{dep,SiC}} = 3300 \cdot \sqrt{V_{\text{DS}}/N_{\text{d}}} \quad (3.4)$$

结电容可以表示为

$$C_{\text{dep}} = \varepsilon \frac{S_{\text{p-n}}}{W_{\text{dep}}} \quad (3.5)$$

对于 Si 和 SiC，结电容分别为

$$C_{\text{dep,Si}} = 1.05 \times 10^{-12} \cdot \frac{S_{\text{p-n}}}{W_{\text{dep}}} = 2.9 \times 10^{-16} \cdot S_{\text{p-n}} \cdot \sqrt{\frac{N_{\text{d}}}{V_{\text{CE}}}} \quad (3.6)$$

$$C_{\text{dep,SiC}} = 8.6 \times 10^{-13} \cdot \frac{S_{\text{p-n}}}{W_{\text{dep}}} = 2.6 \times 10^{-16} \cdot S_{\text{p-n}} \cdot \sqrt{\frac{N_{\text{d}}}{V_{\text{DS}}}} \quad (3.7)$$

此处可能存在一个问题，即 $S_{\text{p-n}}$ 为有源区面积还是整个芯片面积。由于耗尽层边缘的顶部可能会因振荡而波动，当栅极焊盘和耗尽层在端子下方时，可以认为芯片面积较小。此时，假设芯片面积而非实际 PN 结面积，是一个更合适的近似。此外，还需要考虑器件关断时并联的电容，与 IGBT 并联的 PiN 二极管，或是与 MOSFET 并联的 SBD。

LC 网络的振荡频率为

$$f_{\mathrm{TO}} = \frac{1}{2\pi\sqrt{L_{\mathrm{S}} \cdot C_{\mathrm{p\text{-}n}}}} \tag{3.8}$$

根据式（3.6）~式（3.8），可得

$$f_{\mathrm{TO,Si}} = 9.4 \cdot L_{\mathrm{S}}^{-1/2} \cdot S_{\mathrm{p\text{-}n}}^{-1/2} \cdot N_{\mathrm{d}}^{-1/4} \cdot V_{\mathrm{CE}}^{1/4} \tag{3.9}$$

$$f_{\mathrm{TO,SiC}} = 9.8 \cdot L_{\mathrm{S}}^{-1/2} \cdot S_{\mathrm{p\text{-}n}}^{-1/2} \cdot N_{\mathrm{d}}^{-1/4} \cdot V_{\mathrm{DS}}^{1/4} \tag{3.10}$$

当 V_{CE} 或 V_{DS} 大于击穿电压时，有

$$V_{\mathrm{PT,Si}} = N_{\mathrm{d}} \cdot (W_{\mathrm{N}^-}/3600)^2 \tag{3.11}$$

$$V_{\mathrm{PT,SiC}} = N_{\mathrm{d}} \cdot (W_{\mathrm{N}^-}/3300)^2 \tag{3.12}$$

建议功率器件或微电子学等相关领域的工程师牢记以上常数。为便于记忆，可以将较长的数字缩减至两位数。如果仅用于估计大致的振荡频率，式（3.9）和式（3.10）中的常数 9.4 和 9.8 可以近似为 10。自激振荡发生在与关断振荡相近的频段。上述过程中近似计算的频率与关断振荡类似[17, 18]。

接下来将讨论寄生电感的影响，开通波形和反向恢复波形的实验结果如图 3.4 所示。所评估的功率模块包括：①Si IGBT 和 Si PiN 二极管组成的传统标准封装功率模块；②Si IGBT 和 SiC SBD 组成的传统标准封装功率模块；③Si IGBT 和 SiC SBD 组成的低电感封装功率模块。下一代低电感高功率密度半桥功率模块 nHPD^2 的详细信息，可查阅参考文献 [19, 20]。

当测试系统为传统高压封装和母线结构时，图 3.4①和②的回路电感与电流的乘积高达 160μH·A。然而，图 3.4③的该乘积仅为 18μH·A，是图 3.4①和②的 1/9，且小于表 3.3 中第 2 行所示的 20μH·A。

对比图 3.4①和②可知，在使用 SiC SBD 替代 Si PiN 二极管时，E_{on} 和 E_{rr} 之和减少了 73%。但是，开通和反向恢复波形出现了 6MHz 的振荡。此外，对比图 3.4②和③可知，反并联二极管皆为 SiC SBD，图 3.4③的波形无关断振荡，且非常平稳，E_{on} 和 E_{rr} 之和仅为传统 Si/Si 组合的 1/4。

除非显著降低整个系统的回路电感，否则在电力电子设计中单纯将 Si 双极型器件替换为 SiC 单极型器件，无法发挥 SiC 的潜在优势，即在不引发关断振荡的情况下，有效降低开关损耗。

3.2.2 低回路电感设计

许多研究团队提出了降低 SiC 功率模块封装寄生电感的方法。现有降低回路电感方法如图 3.5 所示。首选方法是反向平行的电流路径，尽可能减小功率模块与直流电容之间连接母排的面积，如图 3.5b 所示。如果由于特殊限制，无法减小回路面积，还可以增加缓冲吸收电容，在功率模块的端子 P 和 N 之间，构建一个小的功率回路，如图 3.5c 所示。此外，还可以通过在

导体上感应涡流来抵消主电流产生的磁通,如图 3.5d 所示。通过加宽主电流的流通路径,也可以降低寄生电感,如图 3.5e 所示。

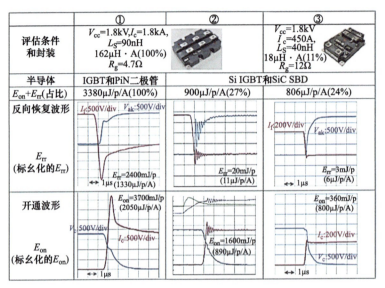

图 3.4　Si IGBT 反并联 Si PiN 二极管和 SiC SBD 时的反向恢复波形和开通波形(回路电感与集电极电流的乘积分别为 160μH·A 和 18μH·A)

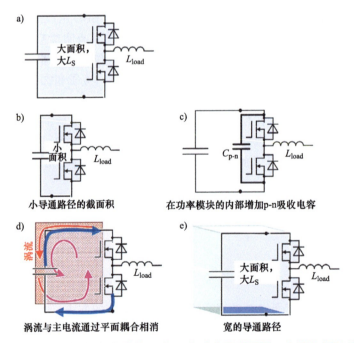

图 3.5　四种降低回路电感方法。a)传统回路;b)减小回路面积;c)增加缓冲吸收电容以构建小电感回路;d)制造涡流平面以抵消回路主电感;e)更宽的导电路径

各个研究团队提出的有效封装方案,见表 3.4。根据第 2 列和第 3 列可知,表 3.3 中描述的各种电压等级的目标电感值,已经在低电压(≤1200V)、小电流器件中得到实现。但是,对于低电压、大电流器件,降低电感仍然极具挑战。

表 3.4 低电感功率模块

研发团队	年份	电压等级 /kV	电流等级 /A	回路电感 /nH	L·I 值 /μH·A
ABB[21]	2016	1.2	420	30	13
日立[19]	2016	3.3	450	40	18
赛米控[22]	2017	1.2	400	4.5	1.8
CURENT[23]	2017	1.2	46	6.6	0.3
弗劳恩霍夫[24]	2019	1.2	150	1.6	0.24

通过降低回路总电感,可以消除容易造成电磁干扰的关断振荡,同时减小开关损耗。可以一定程度上减小导通损耗和总损耗,提高逆变器的输出效率。此外,通过减小电压尖峰,还可以提升"价值/成本"的优势。降低尖峰电压,有助于提高变换器的直流母线电压等级。

3.3 短路能力

SiC 器件漂移区的厚度大约是 Si 器件的 1/10。对于具有相同电压和电流等级的 Si IGBT 和 SiC MOSFET,SiC MOSFET 具有较低的开关损耗,因此其有源区的面积可以减小为 Si 器件的 1/3~1/2,从而可以弥补 SiC 在成本方面的不足。因此,SiC 器件漂移区的体积为 Si 器件的 1/15~1/20。单位体积下 SiC 的热容略高,约为 Si 的 2.2/1.6 倍(见表 3.1 第 9 行)。虽然单位体积下 SiC 的热容略高,但是考虑到其芯片体积更小,因此其总热容显著降低。由于短路时,器件在短时间内(μs 级)释放出极高能量,近似地,其温升过程可视为绝热过程。

当短路发生时,短路能量可以表示为

$$E_{SC} = \int V_{DS} \cdot I_{D,SC} dt \tag{3.13}$$

根据式(3.13)产生的能量,在短短几微秒内,热量迅速从漂移层扩散,此时温度迅速升高。

$$\Delta T = \frac{E_{SC}}{C_{th,vol} \cdot V} \tag{3.14}$$

通过比较 Si IGBT 和 SiC MOSFET 的温升,初步可以估计 SiC MOSFET 温升比 Si IGBT 高 15~20 倍。由于漂移层实际上比 N$^+$ 层衬底更薄,热扩散略微减缓了温升速度。此外,还可以使用有限元分析来估计温升,甚至局部温升。对于 Si IGBT,短路耐受时间通常不低于 10μs,然而 SiC MOSFET 的短路耐受时间约为 3μs。在短路时间分别为 10μs 和 3μs 时,Si IGBT 和 SiC MOSFET 元胞的温度分布如图 3.6 所示。Si IGBT 的最高温度为 300~400℃,而 SiC MOSFET 的最高温度可达 1000℃ [25-28]。

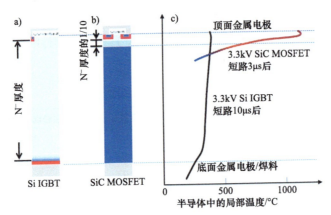

图 3.6 Si IGBT 和 SiC MOSFET 短路后的结温分布。a）3.3kV Si IGBT 的元胞剖面；b）3.3kV SiC MOSFET 的元胞剖面；c）短路 10μs 和 3μs 后 Si IGBT 和 SiC MOSFET 的温度分布

3.3.1 短路耐受和失效机理

尽管 SiC 比 Si 有更宽的禁带宽度，且可以实现高温运行，但由于 SiC 器件的 N⁻ 漂移层的热容要小得多，所以短路耐受时间较短，为 Si 的 1/3～1/2。对于短路工况，SiC MOSFET 的击穿机理也不同于 Si IGBT。Si IGBT 短路后，N⁻ 层的漏电流将增加。漏电流产生的热量超过了冷却速率，从而导致热失控。漏电流的大小为与温度相关的本征载流子浓度 $n_i(T)$ 与其二次方 $n_i(T)^2$ 之和，分别对应于复合电流和扩散电流 $A \cdot n_i(T) + B \cdot n_i^2$，其中本征载流子浓度与 $T^{3/2} \cdot e^{-E_g/2 \cdot k_B \cdot T}$ 成正比。当禁带宽度较大时，其对温度的依赖性更小。因此，由于温度升高，SiC 的漏电流增加速率，比 Si 小得多。这表现出不同的失效模式，四种典型的失效模式如下：

1）高温下阈值电压降低，无法维持正常关断，导致击穿[25]。
2）栅极 SiO_2 击穿电压降低，导致击穿[26]。
3）由于热膨胀系数的差异，较大的应力破坏栅极氧化膜与发射极电极的接触部位[29]。
4）短路保护动作后，即使器件仍可正常运行，但是，此时芯片表面温度仍会较高，该热量也会导致金属电极的温度升高，而电极在该重复过程中会断裂[30]。

Si 的热失控是由其物理特性引起的损坏，损坏和幸存之间可以做出明确的区分。但是，SiC MOSFET 的损坏可以通过上述四种模式描述。此外，即使成功地切除了短路，也可能会引发芯片或器件内部的缺陷，而器件本身出现的缺陷也将导致其损坏。金属电极暴露在 1000℃ 的温度下会面临重熔的风险。因此，为了保护 SiC MOSFET 免受短路损坏，强烈建议设置远大于 Si IGBT 的安全裕量。

在 Si IGBT 中，当电流达到退饱和时，集电极电压上升。由于短路导致过电流，此时集电极电压上升，触发短路保护，此时器件软关断而不产生过高的尖峰电压。这种方法通常被称为"退饱和检测"。在 SiC 器件中，由于达到退饱和后的检测时间很短，需要使用其他的短路保护方法，例如，可以使用镜像 MOSFET 来检测电流，或者从小的寄生电感压降计算 di/dt，然后通过积分的方式得到电流。这两种方法已被证明较为有效[20, 31, 32]。为了在器件端弥补 SiC 较低的短路耐量，需要抑制短路电流。为了实现该保护方法，可以降低 $I_{D,sat}$ 或 V_{GS}，但是会增加正常运行时的 $R_{DS(on)}$，并增加导通损耗。为了充分发挥 SiC 的潜力，需要开发一种能够在足够短的时间内控制结温的技术，从而避免过高的温升导致器件损坏或疲劳。下一节将介绍相应的保护策略。

3.3.2 基于功率模块内部寄生电感的短路检测

电流到达退饱和电流时，V_{DS} 会急剧增加。因此，在电流达到退饱和电流之前，需要检测到短路电流。在此之前，尽管电流较高，但是功率损耗与之后相比要低得多。有几种方法可以直接检测电流：①利用内部电感，②利用与主回路耦合的互感，③在主回路的电流路径中插入电阻等。本节主要介绍基于内部电感的方法。

在该方案中，需要足够大的电感来确保准确性。这与使用低电感封装实现低损耗特性的目标相矛盾。在图 3.4③所示的低电感封装中，引入了一个便于利用内部电感进行电流检测的端口，其电感值相对较小。图 3.7 展示了 nHPD^2 功率模块的电路拓扑。

在下桥臂电路中，端口 10 和 8 可用于测量压降 $L_3 \cdot dI_2/dt$。为了降低总的封装电感，通过端子设计，使电流在短距离内沿反向平行流动，不能忽略相邻端子之间的互感。根据矩阵方程（3.15），可以获得所测的压降 V_{6-4} 和 V_{10-8}。上桥臂电路和下桥臂电路中的电流可以表示为式（3.16）。通过电磁场数值分析方法，可以计算每个集总参数。将该方法用于 SiC MOSFET 之前，先以 Si IGBT 为测试样本分析设计效果。

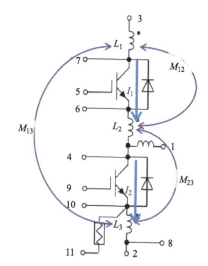

图 3.7 nHPD^2 功率模块的电路拓扑和所提电流检测方法[20]

$$\begin{bmatrix} V_{6-4} \\ V_{10-8} \end{bmatrix} = \begin{bmatrix} L_2 + M_{12} & M_{23} \\ M_{13} + M_{23} & L_3 \end{bmatrix} \cdot \begin{bmatrix} \dfrac{dI_{L2}}{dt} \\ \dfrac{dI_{L3}}{dt} \end{bmatrix} \quad （3.15）$$

$$\begin{bmatrix} I_{L2} \\ I_{L3} \end{bmatrix} = \int \begin{bmatrix} L_2 + M_{12} & M_{23} \\ M_{13} + M_{23} & L_3 \end{bmatrix}^{-1} \cdot \begin{bmatrix} V_{6-4} \\ V_{10-8} \end{bmatrix} dt \quad （3.16）$$

图 3.8 展示了电流估计的实验结果，并对比了 I 型短路波形。图中第 1 行展示了电感检测的电压信号（下桥臂和上桥臂分别为 V_{10-8} 和 V_{6-4}）、短路电流和 V_{CE} 波形（分别为 V_{4-10} 和 V_{7-6}）。第 2 行展示了通过式（3.16）估计的电流波形与原始修正电流波形的叠加，该结果表现出合理的一致性。

该方法已经应用于 SiC MOSFET，通过进一步调整来消除短路故障。实验证明，该方法可以在 1μs 内实现短路的检测与切除[32]。尤其是在大电流情况下，$R_{DS(on)}$ 的低损耗特性与短路耐量之间存在折中。通过进一步研究上述方法，可以实现这种折中，从而实现低损耗特性。

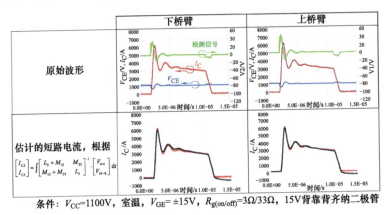

图 3.8 针对 I 型短路传统方法和所提方法在检测电压和集电极电流估计波形方面的对比[20]

3.4 功率与成本的折中

在本节中，以"成本/功率"为原则，将四种类型的功率模块，装配在相同的低电感封装 nHPD² 中：Si IGBT + Si PiN 二极管、Si IGBT + SiC SBD、SiC MOSFET 和采用铜烧结的 SiC MOSFET，在相同的电机控制应用和冷却条件下，对比每种功率模块的最大输出电流，并计算了与开关频率的相关性。本节基于额定电压为 3.3kV 的功率模块进行比较。逆变器运行期间的最大输出电流为稳态下 T_{vj} 比 $T_{j(max)}$ 低 15K 时的输出电流。为了减小安全裕量，需要考虑温度波动、损耗分布和热阻分布的影响，同时考虑温度与输出频率对损耗和热阻的影响。给定轨道交通逆变器的运行和冷却条件为：V_{DC}=1800V，T_{amb}=45℃，假设采用热阻为 0.03K/W 的水冷散热器。除了铜烧结的 SiC MOSFET 外，$T_{j(max)}$ 均为 150℃。采用烧结技术时，可以在 175℃ 或更高结温下运行[33]。为了进一步将 3.3kV SiC MOSFET 的工作温度提升到 200℃ 或 225℃，除了芯片连接技术外，还需要提高硅凝胶等绝缘灌封材料的耐高温性能。

最大可输出电流的计算方法，如图 3.9 所示。可以增加或减小电流，直至达到目标 T_{vj}，然后计算出可以输出的最大电流[34]。

T_{vj} 和功耗之间的关系为

$$T_{vj,IGBT} = R_{th,j\text{-}amb,IGBT \to IGBT} \cdot P_{IGBT,T_{j,target}} + R_{th,j\text{-}amb,diode \to IGBT} \cdot P_{diode} + T_{amb} \quad (3.17)$$

$$T_{vj,diode} = R_{th,j\text{-}amb,IGBT \to diode} \cdot P_{IGBT} + R_{th,j\text{-}amb,diode \to diode} \cdot P_{diode,T_{j,target}} + T_{amb} \quad (3.18)$$

对于 SiC MOSFET，T_{vj} 和功耗之间的关系可表示为

$$T_{vj,MOS} = R_{th,MOS} \cdot P_{MOS} + T_{amb} \quad (3.19)$$

第 3 章 SiC 功率模块的设计及应用 39

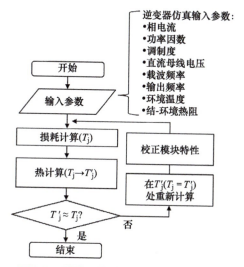

图 3.9 最大可输出电流的仿真流程图 [34]

所得到的输出电流取决于载波频率，如图 3.10 所示。下面分别讨论每种功率模块的输出电流特性。

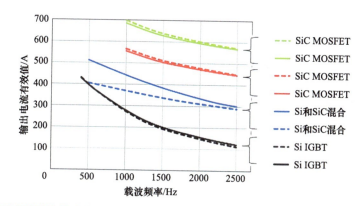

图 3.10 不同功率模块最大输出电流与载波频率的关系（实线：功率因数为 +0.98；虚线：功率因数为 –0.98）

3.4.1 Si IGBT 与 Si PiN 二极管方案

Si IGBT 的输出电流与载波频率近似呈双曲线关系，随着频率增加，输出电流显著减小。可以通过优化设计 IGBT 和 PiN 二极管的芯片尺寸比例，实现在各种正负功率因数下，各轨迹均在同一条线上。

3.4.2 Si IGBT 与 SiC SBD 方案

Si + SiC 的混合结构表现出较小的频率相关性。正功率因数和负功率因数的相关性不在同一曲线上。在频率低于 500Hz 的范围内，由于 SiC SBD 的反向恢复损耗显著低于 Si PiN 二极管，导通损耗占主导，而不是开关损耗，最大输出电流甚至低于 Si + Si 方案。如图 3.11 所示，由于其单极型器件结构，以及肖特基的内部势垒比 Si PN 结的势垒更高，SiC SBD 具有更高的导通电压。

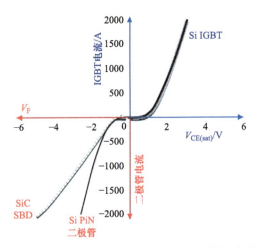

图 3.11　Si IGBT+Si PiN 二极管与 Si IGBT+SiC SBD 的正向和反向电压对比

功率因数为 +0.98 和 -0.98 时的输出电流，如图 3.12 所示。在正功率因数下，IGBT 的导通占空比较高，而在负功率因数下，二极管的导通占空比较高。在负功率因数和较低的开关频率下，SiC SBD 较高的 V_F 成为主要的损耗来源，从而限制了输出能力的进一步提高。随着频率的增加，导通损耗的占比逐渐减少，开关损耗变为主导，图 3.10 中不同符号功率因数对应的两条曲线逐渐接近。对于电动汽车电机控制应用，由于能量回馈至关重要，Si + SiC 混合结构没有太大优势。然而，在大多数单向功率传输的应用中，比如辅助电源或水泵电机控制，Si + SiC 混合方法仍具有较大优势。

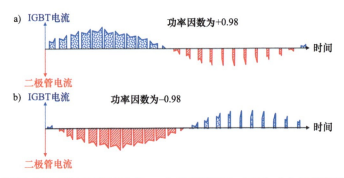

图 3.12　不同功率因数下的桥臂电流。a）功率因数为 +0.98；b）功率因数为 -0.98

3.4.3 基于传统焊接工艺的 SiC MOSFET 方案

无单独续流二极管的 SiC MOSFET,可以最大程度地利用封装内部的有限空间。此类功率模块不仅具有低开关损耗的特性,而且具有低热阻的特性。SiC MOSFET 功率模块的输出功率,超过 Si 或 Si+SiC 混合功率模块。无论是正功率因数还是负功率因数,输出功率都位于相同的曲线上,其对载波频率的相关性小于 Si。由于其更宽的禁带宽度,在栅极处于关断状态时,SiC MOSFET 体二极管的压降高于 Si PiN 二极管。但是,该情况仅存在于死区时间内,即上、下桥臂的栅极信号都处于关断状态。因此,可认为该时间足够短,并忽略体二极管较高的正向压降,如图 3.13 所示。当栅极切换至导通状态时,由于栅极反向偏压更大,SiC MOSFET 的反向导通电压略低于正向电压。

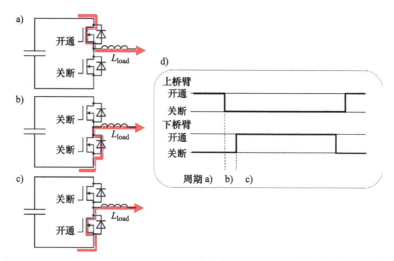

图 3.13 电流路径从上桥臂切换到下桥臂。a) 上桥臂导通状态;b) 死区状态(上管驱动信号和下管驱动信号均关断);c) 下桥臂导通状态(电流路径从体二极管变为 MOSFET 沟道);d) 栅极信号

3.4.4 基于烧结连接工艺的 SiC MOSFET 方案

虽然焊接过程的温度相同,但是铜的熔点要远高于传统的焊料。通过引入烧结连接工艺,3.3kV 功率模块的工作结温可以从 150℃ 提升至 175℃,从而提高 25% 的最大可输出电流[35]。表 3.5 列出了常规焊料、银烧结和铜烧结的材料特性。相对于传统焊料,使用银和铜作为烧结材料,不仅因为其更高的熔点,还因为其更高的热导率和屈服应力。铜的材料成本,比银更低。对于芯片金属化,铜键合也是一种有效的界面材料。此外,铜烧结所需的压力,小于银烧结。总的来说,铜烧结有望提高产品的"价值":输出功率增加的价值,远超所增加的产品成本。

表 3.5 常规焊料、银烧结和铜烧结的材料特性对比[33]

特性	单位	含铅焊料	银烧结	铜烧结
热导率	W/(m·K)	24	430	400
熔点	℃	280	960	1080
热膨胀系数	ppm/K	17	20	17
屈服应力	MPa	59	260	310

铜烧结功率模块的扫描电子显微镜图像，如图 3.14 所示。结果表明，SiC 芯片金属化层和 DBC 表面铜层，通过铜烧结完成了良好的连接。在 1000A 和 175℃条件下，低电感封装功率模块的开关波形，如图 3.15 所示。基于相同的低电感封装，SiC 功率模块的额定电流提升两倍，且具有开关波形平滑和低开关损耗的特征。

图 3.14 铜烧结层的扫描电子显微镜图像[35]

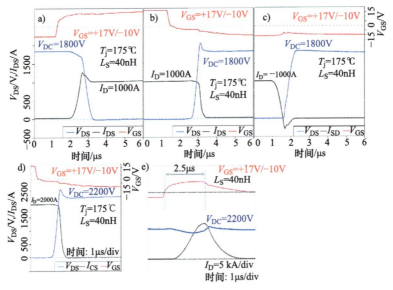

图 3.15 3.3kV SiC MOSFET 功率模块的开关波形。a）开通；b）关断；c）反向恢复；d）RBSOA；e）I 型短路[35]

与 Si IGBT 相比，在 2kHz 开关频率下，SiC MOSFET 可以实现 4 倍额定电流的输出。然而，对于现有的轨道交通用逆变器，其开关频率通常为 1kHz 或更低。以 660Hz 为例，SiC MOSFET 的开关频率可以提升 3 倍，输出电流可以提高 1.6 倍。目前，使用相同封装，SiC 和 Si 的成本比率超过 1.6 倍。4 倍的电流输出提供了很好的"价值"，而 1.6 倍则相对较低，因此需要在实际应用中提高开关频率，以获得更多的"价值"。

3.5　SiC MOSFET 与 Si IGBT 的量化对比

如表 3.1 第 4 行所示，SiC 的杨氏模量为 Si 的 3 倍。如果在相同的 ΔT_j 条件下，对相同尺寸、厚度（包括 N^- 型衬底厚度）的芯片进行功率循环测试，SiC 功率模块的功率循环寿命仅为 Si 功率模块的 1/3 [33, 36]。图 3.16 展示了 Si 和 SiC 功率模块在功率循环过程中 $T_{j(max)}$ 的变化。Si 和 SiC 功率模块的芯片，均采用传统的焊料技术连接。在 Si 功率模块循环次数的 1/3 ~ 1/2 处，SiC 功率模块的 ΔT_j 开始增加。当 ΔT_j 达到初始值的 20% 时，可以观察到芯片边缘附近的焊料层内，出现了多条裂纹。原则上，SiC 功率模块可以承受比 Si 功率模块更高的 $T_{j(max)}$（如表 3.2 第 6 行），从而提高产品的"附加值"（即输出功率/成本）。但是，增加 ΔT_j 或增加 $T_{j(max)}$，会增加芯片焊料层的应力，从而降低功率循环寿命。考虑到功率模块寿命，尽管 SiC 功率模块的瞬时输出功率比 Si 更高，但是 SiC 功率模块能否实现更高的价值来抵消更高的成本？为此，焊接工艺应作为主要的关注点。基于同样的 SiC 芯片，与传统焊料技术相比，采用铜烧结技术的 SiC 功率模块，功率循环寿命可以提高 20 倍 [33]。考虑以上效应，以及使用 SiC 降低总损耗的效果，下面进一步讨论在实际逆变器应用中，各种技术的实际"价值"。

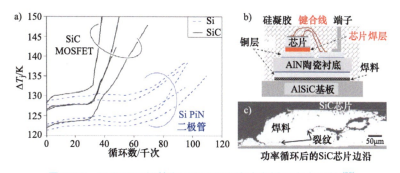

图 3.16　Si PiN 二极管和 SiC SBD 的功率循环寿命比较 [33]

3.5.1　发掘 SiC 竞争力的分析方法

图 3.17 给出了基于实际工况的寿命分析流程图，输入数据主要包括：逆变器的工作模式，即输出电流、母线电容电压、输出频率、PWM 策略（载波频率、功率因数和调制度）；与电流和温度相关的损耗曲线，相关数据可从功率模块的数据手册中获得。根据瞬态功率损耗和热阻模型（包括散热器、环境温度、耦合热阻），可以计算功率模块的瞬态结温和壳温。

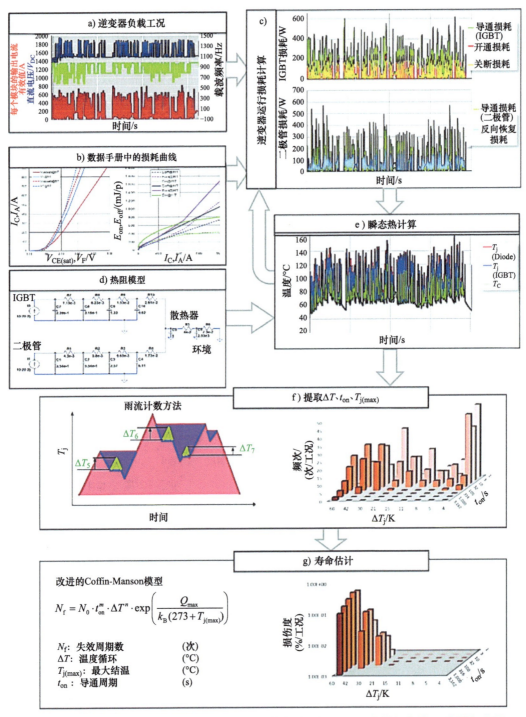

图 3.17 基于实际工况的寿命分析流程图。a）逆变器运行工况；b）损耗曲线；c）瞬态功耗；d）热阻模型；e）瞬态温度；f）雨流计数；g）改进的 Coffin-Manson 模型

在 Foster 模型中，功率模块和散热器之间串联，存在一定的误区。Foster 模型并没有实际的物理意义，只是瞬态热阻曲线的数学近似。在将功率模块连接到散热器后，需要建立一个新的 Foster 模型，或者在数学上将 Foster 模型转换为 Cauer 模型。Cauer 模型是实际物理状态的近似表示，因此 Cauer 模型的连接代表物理连接。散热器和功率模块的 Cauer 模型可以串联，交叉耦合热阻通常采用 Foster 模型[37]。因此，在 IGBT 和二极管之间采用独立的热源进行交叉耦合。然后，将计算所得的瞬时温度，反馈到功率损耗计算中。通过迭代以上步骤，可以计算整个任务模型中的温度变化。使用雨流计数法，可以提取用于寿命计算的参数，如 ΔT_j、$T_{j(\max)}$ 和 t_{on}[38]。使用线性损伤法则和改进的 Coffin-Manson 模型，可以评估功率模块的寿命[39, 40]。每个器件都存在一个与功率模块结构相对应的寿命模型[41]，例如，半导体材料、尺寸、厚度、绝缘和导电材料，以及连接材料和工艺方法等。为满足终端客户的需求，以上分析过程需要在功率模块的设计阶段完成。

3.5.2 案例分析：电气化交通应用

基于图 3.17 所示的流程图，分析了三种电机控制的应用工况：两种类型的列车工况（高速列车和有轨电车）和一种电动汽车工况，如图 3.18 所示。根据工作周期内的各种定量关系及工作特征，得到三种应用工况的轨迹，即输出频率 f_{out} 和输出电流 I_{out} 之间的关系。特征工作区为图 3.18 所示的 f_{out}-I_{out} 图中的圆圈区域。

1. 高速列车应用

高速列车通常在高转矩下加速到最高速度，并在一段时间内保持同样的速度，如图 3.18a 所示。然后，逐渐减速直至到达站台。在该应用中，一个运行周期为 1h。在加速和减速期间，会产生数百个小电流峰值和大电流波动。在高速运行期间，电机运行频率较高，为了保持恒定的速度，需要一定的转矩来抵消空气阻力和滚动摩擦力。其预期寿命应不低于 20 年。例如，日本于 1998 年推出的"新干线"高速列车 JR-Central 700 系列，在 2020 年退役。退役并不是由寿命决定的，而是为了升级和安装新型设备，如 Wi-Fi 设备、信号升级，或提升最高时速。高速列车每日运行时间可能超过 12h。货运机车长时间高频运行的可能性较低，可能需要采用另一种运行工况。

2. 有轨电车应用

如图 3.18b 所示，在地铁等有轨电车的运行中，加减速的情况更为常见。因此，f_{out}-I_{out} 图呈现出不同的特征。逆变器运行在由低到高的 f_{out} 和 I_{out} 范围内。预期寿命与高速列车相同，在某些情况下可能更长：寿命不低于 20 年，每天运营时间不低于 12h。

3. 电动汽车应用

第三种类型的运行工况，是电动汽车，如图 3.18c 所示。与前两种工况相比，其不同点在于寿命预期和日常运行特征。电动汽车的寿命要求仅为前两者的 1/4。电池已被嵌入到车身之中，无法在运行工况中表示。从运行工况中可以看到，电动汽车的峰值功率是不断变化的，每次持续不到几分钟。根据图 3.18c 所示的运行工况，最长的持续时间仅 10s。即使是高速路况，除了输出电流峰值之外，大部分时间都处于低输出电流、低转矩工作区。因此，在 f_{out}-I_{out} 图中，无论输出频率如何，深色区域的输出电流较低。当输出电流 I_{out} 较高时，不会出现输出频率 f_{out} 较高的情况。

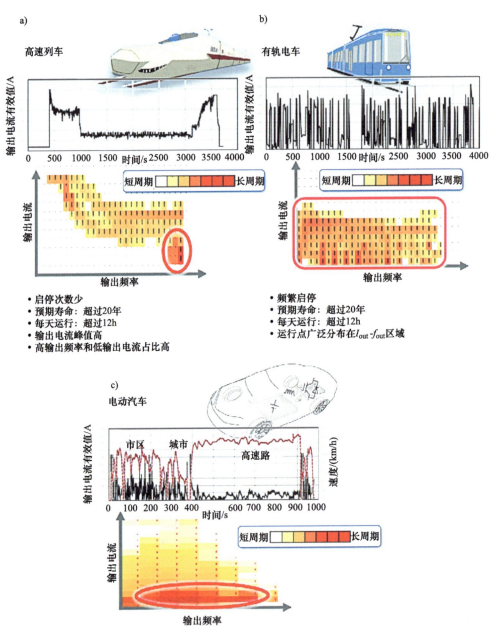

图 3.18 三种类型的运行工况

3.5.3 开发潜力

1. 选择 1：降低逆变器损耗和电机损耗

针对图 3.18a 所示的高速列车，工作点从图 3.19a 所示的 Si IGBT 的 A 点变为由 SiC MOSFET 输出最大值的 B 点（B 点由图 3.9 计算所得的 $T_{j(max)}$ 确定）。该过程总损耗（电机、逆变器和其他损耗）的相对值，如图 3.19b 所示。超过 80% 的损耗来自滚动摩擦和空气阻力的损耗。来自电机和逆变器的损耗少于 20%，且其中超过 90% 的损耗来自功率模块。如图 3.19b 所示，逆变器损耗略有降低，电机损耗基本保持不变。电机谐波损耗减少约 75%。在该情况下，电机和逆变器的总损耗减少了 33%。图 3.19c 为电机电流，在低输出频率下，两者都呈现为正弦波，但存在一定的波形失真。此外，对于高输出频率的工况，660Hz 处的谐波成分占主导，并且波形与正弦波的偏差变大。当载波频率增加 3 倍至 2kHz 时，谐波成分大大减小。如图 3.18a 中的 f_{out} - I_{out} 曲线所示，在大部分时间内，逆变器工作在较高的频率和较低的输出电流下。但是，整个运行工况降低的总损耗小于 7%。虽然不同地区的电费相差较大，但通常在 0.1 美元/kWh 左右。如果每个运行工况节省的电力为 5kWh/次，每年 300 天，持续 20 年，设备运营商可以弥补在高速车辆中将 Si 替换为 SiC 带来的额外成本。未来 20 年内的电价不能保证与第一年一

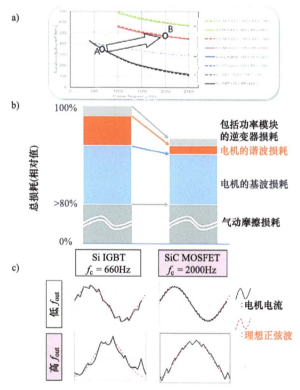

图 3.19　Si IGBT 载波频率 660Hz 与 SiC MOSFET 载波频率 2kHz 的对比。a）工作条件；b）损耗分布；c）不同输出频率下的电机电流波形

致，电价可能会上涨。功率模块的购买方和电费支付方通常是不同公司。一些运营商已经关注到 SiC 技术带来的优势。关注用户的总成本，通过芯片、模块、逆变器、列车供应商和运营商之间的供应链整合，"价值"的提升变得越来越重要。

2. 选择 2：相同寿命下的输出功率

有轨电车每隔几分钟就会重复停车和起步。因此，对于功率模块的功率循环能力要求很高。根据前述分析，虽然 SiC 功率模块的损耗很低，但是相同 ΔT_j 下的功率循环寿命降低至约 1/3。将 Si 功率模块替换为 SiC 功率模块时，如何保证功率模块的功率循环寿命满足应用需求？相对于传统焊料焊接技术，铜烧结技术可以将功率模块的功率循环能力提高 20 倍，但是封装成本会有所上升。通过增加功率循环能力，提高逆变器输出，能否克服功率模块封装所增加的成本？输出电流和寿命的关系估计，如图 3.20a 所示。在相同寿命下，焊接和烧结的 Si IGBT 和 SiC MOSFET 输出电流与载波频率的关系，如图 3.20b 所示。下面将探讨使用 SiC 所增加的"价值"是否会超过所增加的成本。

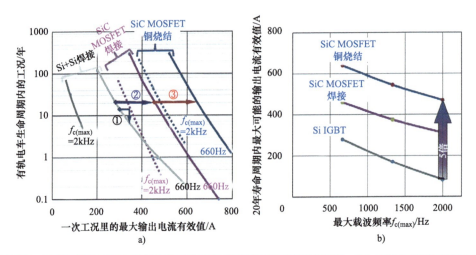

图 3.20 有轨电车工况下功率模块寿命与最大输出电流之间的关系。a）寿命与输出电流之间的关系；b）输出电流与载波频率之间的关系

随着输出电流的增加，功率模块的损耗增大，ΔT_j、ΔT_c、$T_{j(max)}$ 和 $T_{c(max)}$ 也会增高，预期寿命将减少。如图 3.20a 中曲线①所示，当载波频率为 660Hz 时，输出电流增加 22%，Si+Si 组合的功率模块预期寿命将减半。换言之，寿命提升 2 倍后，产品价值将提高 22%。将 Si 替换为 SiC 后，20 年预期寿命下的最大输出电流有效值可从 280A 增加到 450A，如曲线②所示。尽管在相同的 ΔT_j 下，SiC 功率模块的功率循环寿命只有 Si 功率模块的 1/3，但是 SiC 功率模块的低损耗特性，可以克服这一问题。此外，通过引入铜烧结作为芯片连接工艺，其功率循环寿命为常规焊料的 20 倍。如果将铜烧结替代常规焊料工艺，SiC 功率模块的最大输出电流有效值，可从 450A 增加到 640A，如曲线③所示。输出电流增加了 1.4 倍，该比值大大高于根据输出电流评估结果确定的额定电流比值，但是受 $T_{j(max)}$ 增加的限制。

增加载波频率可以改善电机电流的纹波，从而降低电机和逆变器的总损耗。图 3.20a 展示了将载波频率提高至 3 倍的典型案例，在满足 20 年运行寿命的情况下，最大输出电流与载波频率的关系，如图 3.20b 所示。在 3 倍以上的载波频率下，Si+Si 组合的最大输出电流大幅下降了 60%。但是，SiC MOSFET 的最大输出电流仅减少 25%。在 3 倍以上的载波频率下，其价值提升高达 5 倍。除了通过增加载波频率带来的价值外，5 倍以上的输出能力也高于图 3.10 所示的 4 倍指标。该运行工况的分析结果表明，引入 SiC MOSFET 后，可以进一步提升系统的价值。

3. 选择 3：减小电池容量

电动汽车的工作时间通常要短于轨道交通工具。因此，功率循环寿命通常不会成为增加产品额外价值的瓶颈。此类情况适用于共享汽车、卡车或公共汽车，因为以上应用的运行时间要远高于传统乘用车。

提高 $T_{j(max)}$ 和降低损耗，有助于提升功率模块的额外价值。根据电动汽车的使用工况可以发现，最大输出电流不会持续很长时间，在整个输出频率范围内，低转矩运行工况占主导。

与 Si IGBT 或 Si PiN 二极管不同，SiC MOSFET 没有门槛电压。无门槛电压意味着当电流接近 0A 时，导通电压会降低到 0V，如图 3.21 和表 3.2 所示。从损耗曲线也可以发现，此时 SiC MOSFET 的开关损耗趋于零。由于 Si IGBT 需要清除累积的载流子，即便是微弱的电流，关断损耗和反向恢复损耗也并不为零。在小电流下评估功率模块损耗时，Si IGBT 常被错误地假设在小电流下损耗趋近于零。在电流几乎为 0A 的双脉冲测试中，开通脉冲宽度往往趋近于 0μs，因此可能会在 N⁻ 完全调制之前评估开关损耗，小电流下测量开关损耗时需要注意该情况。

图 3.22 比较了各桥臂峰值功率下的损耗，以及整个运行工况下各桥臂的总损耗。高峰值功率出现在以下场景：电动汽车启动、交通信号变化后重新启动、进入高速公路或刚刚离开高速公路。由于开关损耗降低，使用 SiC MOSFET 的峰值损耗可降低 42%。峰值损耗的减少也会降低功率模块的最高温度，从而有望大幅缩小 SiC 芯片的面积。在平均损耗方面，导通损耗也降低了 66%。即使 SiC MOSFET 的 $V_{DS(on)}$ 与 Si IGBT 的 $V_{CE(sat)}$ 接近，但是在低电流下的 $V_{DS(on)}$ 要远低于 $V_{CE(sat)}$。

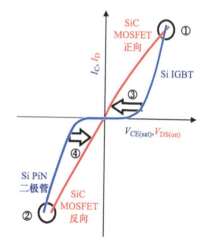

图 3.21 Si IGBT+Si PiN 二极管功率模块和 SiC MOSFET 功率模块的正反向导通电流和电压

由于低电流输出的工作时间占主导，所以低电流运行产生的总损耗也占主导。因此，开关损耗和导通损耗都会大幅减少，总体损耗可降低 66%。假设逆变器的损耗占电动汽车总损耗的 10%，使用 SiC MOSFET 可减少 66% 的逆变器损耗，相当于汽车总损耗的 6.6%。因此，汽车制造商生产的逆变器体积可以缩小，进一步降低系统成本。截至 2020 年，电池是电动汽车的主要成本，因此，通过采用 SiC 功率模块，减少电池容量，并增大续航里程，是一条有效的技术路线。当然，电池工程师也在努力降低电池成本，并提高其寿命。表 3.6 对上述讨论进行了简要的总结。

表 3.6 电动汽车工况下 Si IGBT/PiN 二极管和 SiC MOSFET 的对比

	P_{max}	$T_{j(max)}$	平均损耗
Si IGBT/PiN 二极管	430W	114℃	55kJ
SiC MOSFET	245W	104℃	19kJ
对比结果	−42%	−10℃	−66%

在本章中，回顾了使用 SiC MOSFET 替代 Si IGBT 时需要考虑的影响因素，并展示了一些必要的对策来提高系统性能。从采购成本的角度来看，SiC MOSFET 仍然是一种昂贵的解决方案。但是，如果我们从全局的角度，审视系统性能的优势，SiC MOSFET 可以提供比其表面特性更多的价值。实现总体价值的提升，变得越来越重要，尤其是通过全产业链（芯片、模块、逆变器制造商及客户，设备终端运营商）的协作。图 3.22 总结了 SiC 器件的预期优势[42]。

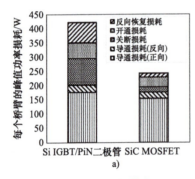
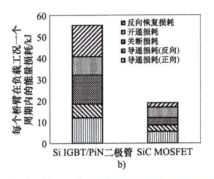

图 3.22 Si IGBT + Si PiN 二极管与 SiC MOSFET 的对比。a）峰值功率下各桥臂的功率损耗；b）运行工况下各桥臂的能量损耗

参 考 文 献

[1] Iwamuro N., Laska T. 'IGBT history, state-of-the-art, and future prospects'. *IEEE Transactions on Electron Devices*. 2017, vol. 64(3), pp. 741–52.

[2] Lutz J., Schlangenotto H., Scheuermann U., De Doncker R. *Semiconductor power devices: physics, characteristics, reliability*. 2nd Edition. Berlin Heidelberg: Springer; 2018.

[3] Linder S. *Power semiconductors*. 1st edition. Lausanne: EPFL Press; 2006.

[4] Miyoshi T., Takeuchi Y., Furukawa T. 'Dual Side-Gate HiGT breaking through the limitation IGBT Bt loss reduction'. *PCIM Europe 2017; International Exhibition and Conference for Power Electronics, Intelligent Motion, Renewable Energy and Energy Management*; Nuremberg, Germany; 2017. pp. 1–8.

[5] Takeuchi Y., Miyoshi T., Furukawa T. 'A novel hybrid power module with dual side-gate HiGT and SiC-SBD'. *29th International Symposium on Power Semiconductor Devices and IC's (ISPSD)*; Sapporo, Japan; 2017. pp. 57–60.

[6] Mori M., Miyoshi T., Furukawa T. 'An innovative silicon power device (i-Si) through time and space control of a stored carrier (TASC)'. *30th International Symposium on Power Semiconductor Devices and ICs (ISPSD)*; Chicago, USA; 2018. pp. 13–17.

[7] Jayant Baliga B. *Gallium nitride and silicon carbide power devices*. 1st Edition. Singapore: World Scientific Pub Co Inc; 2016.

[8] Sze S.M. *Physics of semiconductor devices*. Hoboken: Wiley International Edition; 1969.

[9] Yu G., Levinshtein M.E., Rumyantsev S.L. 'Properties of advanced semiconductor materials: GAN, AlN, inn, BN, sic, sigE'. *Levinshtein M.E., Rumyantsev S.L., Shur M.S. (Eds.). New York: John Wiley & Sons, Inc.* 2001, pp. 93–148.

[10] Shima A., Shimizu H., Mori Y. '3.3 kV 4H-SiC DMOSFET with highly reliable gate insulator and body diode'. *Silicon Carbide and Related Materials 2016*; 2016. pp. 493–6.

[11] Ishigaki T., Murata T., Kinoshita K. 'Analysis of degradation phenomena in bipolar degradation screening process for SiC-MOSFETs'. *31st Int. Symp. Power Semiconductor Devices and IC's (ISPSD)*; Shanghai, China; 2019. pp. 259–62.

[12] Iwahashi Y., Miyazato M., Miyajima M., et al. 'Extension of stacking faults in 4H-SiC PN diodes under a high current pulse stress'. *Materials Science Forum*. 2016, vol. 897, pp. 218–21.

[13] Tawara T., Miyazawa T., Ryo M. 'Suppression of forward degradation in 4H-SiC pin diodes by employing a recombination-enhanced buffer layer'. *Silicon Carbide and Related Materials*. 2016, pp. 419–22.

[14] Konishi K., Fujita R., Shima A. 'Modeling of stacking fault expansion velocity of body diode in 4H-SiC MOSFET'. *Silicon Carbide and Related Materials 2016*; 2016. pp. 214–17.

[15] Fujita R., Tani K., Konishi K. Switching reliability of SiC-MOSFETs containing expanded stacking faults. *Silicon Carbide and Related Materials 2017*; 2017. pp. 676–9.

[16] Nagaune F., Miyasaka T., Tagami S. 'Short on-pulse reverse recovery behaviour of free wheeling diode (FWD)'. *13th International Symposium of Power Semiconductor Devices and Integrated Circuits (ISPSD)*; Osaka, Japan; 2001. pp. 203–6.

[17] Saito K., Miyoshi T., Kawase D., Hayakawa S., Masuda T., Sasajima Y. 'Simplified model analysis of self-excited oscillation and its suppression in a high-voltage common package for Si-IGBT and SiC-MOS'. *IEEE Transactions on Electron Devices*. 2018, vol. 65(3), pp. 1063–71.

[18] Reigosa P.D., Iannuzzo F., Rahimo M. 'TCAD analysis of short-circuit oscillations in IGBTs'. *29th International Symposium of Power Semiconductor Devices and Integrated Circuits (ISPSD)*; Sapporo, Japan; 2017. pp. 151–4.

[19] Saito K., Kawase D., Inaba M. 'Suppression of reverse recovery ringing 3.3kV/450A Si/SiC hybrid in low internal inductance package: next high power density dual; nHPD2'. *2016 IEEE Applied Power Electronics Conference and Exposition (APEC)*; Long Beach; CA, USA; 2016. pp. 283–7.

[20] Kawase D., Inaba M., Horiuchi K., Saito K. 'High voltage module with low internal inductance for next chip generation - next high power density dual (nHPD2)'. *PCIM Europe 2015; International Exhibition and Conference for Power Electronics, Intelligent Motion, Renewable Energy and Energy Management*; Nuremberg, Germany; 2015. pp. 217–23.

[21] Kicin S., Traub F., Hartmann S., Bianda E., Bernhard C., Skibin S. 'A new concept of a high-current power module allowing paralleling of many SiC devices assembled exploiting conventional packaging technologies'. *29th International Symposium on Power Semiconductor Devices and IC's (ISPSD)*; Sapporo, Japan; 2017. pp. 467–70.

[22] Kasko I., Berberich S.E., Gross M., Beckedahl P., Buetow S. 'High efficient approach to utilize SiC-MOSFET potential in power modules'. *29th International Symposium on Power Semiconductor Devices and IC's (ISPSD);IEEE Applied Power Electronics Conference and Exposition (APEC)*; Sapporo, Japan; 2017. pp. 259–62.

[23] Yang F., Liang Z., Wang Z., Wang F. 'Design of a low parasitic inductance sic power module with double-sided cooling'. *IEEE Applied Power Electronics Conference and Exposition (APEC)*; Tampa; FL, USA; 2017. pp. 3057–62.

[24] Marczok C., Hoene E., Thomas T., Meyer A., Schmidt K. 'Low inductive sic mold module with direct cooling'. *PCIM Europe 2015; International Exhibition and Conference for Power Electronics, Intelligent Motion, Renewable Energy and Energy Management*; Nuremberg, Germany; 2015. pp. 324–9.

[25] Okawa M., Aiba R., Kanamori T., Harada S. 'Experimental and numerical investigations of short-circuit failure mechanisms for state-of-the-art 1.2kV SiC trench MOSFETs'. *31st International Symposium on Power Semiconductor Devices and IC's (ISPSD)*; Shanghai, China; 2019. pp. 167–70.

[26] Tani K., Sakano J., Shima A. 'Analysis of short-circuit break-down point in 3.3 kV SiC-MOSFETs'. *2018 30th International Symposium on Power Semiconductor Devices and IC's (ISPSD)*; Chicago, USA; 2018.–pp. 383–6.

[27] Sun J., Xu H., Wu X., Yang S., Guo Q., Sheng K. 'Short circuit capability and high temperature channel mobility of sic MOSFETs'. *2017 29th International Symposium on Power Semiconductor Devices and IC's (ISPSD)*; Sapporo, Japan; 2017. pp. 399–402.

[28] Wang Z., Shi X., Tolbert L.M., et al. 'Temperature-dependent short-circuit capability of silicon carbide power MOSFETs'. *IEEE Transactions on Power Electronics*. 2016, vol. 31(2), pp. 1555–66.

[29] Reigosa P.D., Luo H., Iannuzzo F. 'Implications of ageing through power cycling on the short-circuit robustness of 1.2-kV SiC MOSFETs'. *IEEE Transactions on Power Electronics*. 2019, vol. 34(11), pp. 11182–90.

[30] Lutz J., Basler T. 'Robustness & reliability of SiC devices & modules'. *Proceedings ECPE SiC & GaN User Forum Erding*; 2019.

[31] Oninonen M., Laitine M., Kyyra J. 'Current measurement and short-circuit protection of an IGBT based on module parasitics'. *16th European Conference on Power Electronics and Applications*; Lappeenranta, Finland; 2014. pp. 1–9.

[32] Hofstetter P., Barkran M. 'Challenging the 2D-Short circuit detection method for SiC MOSFETs'. *PCIM Europe 2019; International Exhibition and Conference for Power Electronics, Intelligent Motion, Renewable Energy and Energy Management*; Nuremberg, Germany; 2019. pp. 46–53.

[33] Yasui K., Hayakawa S., Nakamura M., Kawase D., Ishigaki T., Sasaki K. 'Improvement of power cycling reliability of 3.3 kV full-SiC power modules with sintered copper technology for Tj, max=175°C'. *2018 IEEE 30th International Symposium on Power Semiconductor Devices and IC's (ISPSD)*; Chicago, USA; 2018. pp. 455–8.

[34] Ishigaki T., Hayakawa S., Murata T., Tabata T., Asaka K., Kinoshita K. '3.3 kV/800 a ultra-high power density SiC power module'. *PCIM Europe 2018; International Exhibition and Conference for Power Electronics, Intelligent Motion, Renewable Energy and Energy Management*; Nuremberg, Germany; 2018. pp. 156–60.

[35] Yasui K., Hayakawa S., Ishigaki T. 'A 3.3 kV 1000 a high power density SiC power module with Sintered copper die attach technology'. *PCIM Europe 2019; International Exhibition and Conference for Power Electronics, Intelligent Motion, Renewable Energy and Energy Management*; Nuremberg, Germany; 2019. pp. 312–17.

[36] Lutz J. 'Packaging and reliability of power modules'. *Proceedings of CIPS2014 8th International Conference on Integrated Power Electronics Systems*; Nuremberg Germany; 2014. pp. 17–24.

[37] Hunger T., Schilling O. 'Numerical investigation on thermal crosstalk of silicon dies in high voltage IGBT modules'. *PCIM Europe 2008; International Exhibition and Conference for Power Electronics, Intelligent Motion, Renewable Energy and Energy Management*; Nuremberg, Germany; 2008.

[38] Endo T., Anzai H. 'Refined rainflow algorithm: P/V difference method'. *Journal of the Society of Materials Science, Japan*. 1981, vol. 30(328), pp. 89–93.

[39] Bayerer R., Licht T., Herrmann T. 'Model for power cycling lifetime IGBT modules – various factor influencing lifetime'. *Proceeding of CIPS 2008*; Nuremberg, Germany; 2008. pp. 37–42.

[40] Scheuermann U., Schmidt R. 'Impact of load pulse duration on power cycling lifetime of Al wire bonds'. *Microelectronics Reliability*. 2013, vol. 53(9-11), pp. 1687–91.

[41] Reigosa P.D., Wang H., Yang Y., Blaabjerg F. 'Prediction of bond wire fatigue IGBTs in a PV inverter under a long-term operation'. *IEEE Transactions on Power Electronics*. 2016, vol. 31(10), pp. 7171–82.

[42] Lindahl M., Velander E., Johansson M.H., Blomberg A., Nee H.P. Silicon carbide MOSFET traction inverter operated in the Stockholm metro system demonstrating customer values. *2018 IEEE Vehicle Power and Propulsion Conference, VPPC 2018 - Proceedings*; Chicago, IL, USA; 2018. pp. 1–6.

第 4 章

SiC MOSFET 的温度依赖模型

Vincenzo d'Alessandro，Michele Riccio，Andrea Irace

得益于高击穿电压、低导通电阻、高工作温度等优势，SiC 功率器件在电网、汽车、航空、航天等应用领域极具潜力[1]。

SiC 功率器件经常工作在恶劣条件下，会产生大量的功率损耗。因此，为了优化设计和生产可靠的器件，需要使用能够计及电 - 热耦合效应的精确仿真工具。但是，建立功率器件的精确电 - 热仿真模型，面临诸多技术挑战，难度较大[2]。SiC 器件的特性与传统 Si 器件有很大差异，其中一大难点是如何建立器件模型，主要难点在于：①如何准确描述真实器件的行为；②如何计及关键物理参数的温度依赖性。SiC MOSFET 的热特性，受沟道区域 SiO_2 和 SiC 之间界面陷阱的影响较大，其参数描述尤为重要。

本章介绍一种 SiC MOSFET 模型，该模型包含了界面陷阱的影响，适合在电 - 热仿真工具中搭建器件模型。该模型简单，且参数便于直接提取，具有较高的准确性。该模型使用标准 MOSFET 的沟道区建模方法，采用与偏置电压和温度相关的电阻来模拟低掺杂漂移区。在第 5 章中，将基于所提出的模型，使用电 - 热仿真软件来描述器件在运行、测试条件下的动态特性。

4.1 晶体管模型

近几十年来，对于 SiC MOSFET 的模型，已有大量研究[3]。本章将对参考文献 [4，5] 中提出的行为模型稍做修改，并采用参考文献 [4-6] 中的电 - 热仿真模型。与文献中的模型不同，该模型具有以下优点：①模型简单，但足够精确，仅需提取少量参数即可；②可以通过任何兼容 SPICE 软件的子电路实现；③包含所有关键的物理参数及其宽范围的温度依赖性；④考虑了冲击电离，即雪崩效应；⑤包含结电容的非线性特性。如第 5 章将验证所提出的模型适用于商业电路仿真工具的电 - 热分析。

该模型是经典 SPICE Level 1 模型的增强版。晶体管被看作一系列"本征"的 MOSFET，描述了低掺杂 N 型外延区域的沟道行为和电阻，如图 4.1 所示。

在该模型中，以下为相关的符号说明。

T 为晶体管温度，单位：K，假定在影响器件特性的区域

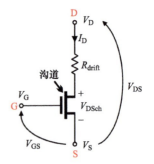

图 4.1 MOSFET 建模方法示意图

内温度均匀；

$T_0 = 300K$ 为参考温度；

$\Delta T = T - T_0$ 为相对于 T_0 的温升，单位：K；

T_B 为基板/热焊盘的温度，单位：K；

V_{GS} 为栅-源极电压，单位：V；

V_{DS} 为漏-源极电压，单位：V；

I_D 为漏极电流，单位：A；

R_{drift} 为 N 型漂移区与偏置和温度相关的电阻，单位：Ω；

$V_{DSch} = V_{DS} - V_{drift}$ 为落在沟道上的 V_{DS} 部分（$V_{drift} = R_{drift} \cdot I_D$），单位：V；

V_{TH} 为与温度相关的阈值电压，单位：V；

K 为与温度相关的电流因子，单位：AV^2。

采用 Level 1 模型，描述沟道区的特性。如果 V_{DSch} 低于电压 $V_{GS} - V_{TH}$，则被测器件工作在晶体管模式，无雪崩漏极电流 I_{DnoII} 可表示为

$$I_{DnoII} = K \cdot [2 \cdot (V_{GS} - V_{TH}) \cdot V_{DSch} - V_{DSch}^2] \quad (4.1)$$

反之，如果 $V_{DSch} \geq V_{GS} - V_{TH}$，则被测器件会被夹断，此时

$$I_{DnoII} = K \cdot (V_{GS} - V_{TH})^2 \quad (4.2)$$

V_{TH} 的负温度系数（Negative Temperature Coefficient，NTC）可以描述为

$$V_{TH}(T) = [V_{TH}(T_0) - V_{TH\infty}] \cdot e^{-a_{V_{TH}} \cdot \Delta T} + V_{TH\infty} \quad (4.3)$$

该指数模型改进了参考文献 [4] 使用的简单线性关系式。

由于沟道中的电子迁移率对温度敏感，电流因子 K 依赖于温度 T。与参考文献 [4, 5] 类似，采用幂律关系，来进行描述该相关性，即

$$K(T) = K(T_0) \cdot (T / T_0)^{-m(T)} \quad (4.4)$$

式中，指数 $m(T)$ 为

$$m(T) = -a_m + (a_m + b_m) \cdot (1 - c_m \cdot e^{-d_m T / T_0}) \quad (4.5)$$

考虑雪崩效应，如参考文献 [4, 5] 所示。参考文献 [7] 给出了对偏置电压和温度敏感的雪崩倍增因子 $M(\geq 1)$，有

$$M(V_{DS}, I_D, T) = 1 + m_{II} \cdot \tan\left\{ f_1(I_D) \cdot \frac{\pi}{2} \cdot \left[\frac{V_{DS} - R_{II} \cdot I_D}{BV_{DS}(T)} \right]^{n_{II}} \right\} \quad (4.6)$$

式中，$BV_{DS}(T)$ 为与温度相关的漏-源极击穿电压，可以表示为

$$BV_{DS}(T) = BV_{DS}(T_0) \cdot e^{\alpha_{II} \cdot \Delta T} \quad (4.7)$$

此外，$f_1(I_D)$ 是一个无量纲修正项，用于描述雪崩对电流的潜在依赖关系，如对偏置条件的依赖

关系，可以表示为

$$f_1(I_D) = e^{\beta_{II} \cdot I_D} \tag{4.8}$$

引入雪崩系数 $\xi = M-1 (\geq 0)$，受雪崩影响的漏极电流可以描述为

$$I_D = I_{DnoII} + I_{AV} = I_{DnoII} + \xi \cdot (I_{leak} + I_{DnoII}) \tag{4.9}$$

式中，I_{AV} 为由雪崩决定的额外电流分量，I_{leak} 为漏电流。

电阻 R_{drift} 为以下两个电阻之和：①与偏置和温度相关的电阻 R_{JFET}，用于模拟由累积区和 JFET 区组成的路径；②与温度相关的电阻 R_{epi}，用于模拟 JFET 下方的外延区 [4, 5]：

$$R_{drift}(V_{GS}, V_{drift}, T) = R_{JFET}(V_{GS}, V_{drift}, T) + R_{epi}(T) \tag{4.10}$$

式中

$$\begin{aligned} R_{drift}(V_{GS}, V_{drift}, T) &= R_{JFET}(T_0) \cdot \left(\frac{T}{T_0}\right)^{m_{R_{JFET}}} \cdot \left(\frac{1}{1+V_1/V_{drift}}\right) \cdot \left(\frac{V_{GS}}{V_2}\right)^{-\eta} \\ R_{epi}(T) &= R_{epi}(T_0) \cdot \left(\frac{T}{T_0}\right)^{m_{R_{epi}}} \end{aligned} \tag{4.11}$$

式中，$R_{JFET}(T_0)$ 是 $T = T_0$、$V_{drift} \gg V_1$ 且 $V_{GS} = V_2$ 时的 JFET 电阻。这一公式改进了参考文献 [4] 中的大电流晶体管区域的公式，且该公式符合以下基本规律。首先，由于被吸引电子的浓度增加，累积区的电阻会随着栅极电压的增加而减小。其次，在高 V_{drift} 值下，JFET 区的高电场会使电子速度趋于饱和，从而降低迁移率。

采用改进 Level 1 的结电容模型，来描述晶体管的动态特性。C_{GD} 和 $C_{DS} = C_{DB}$ 的非线性特性，可以表示为

$$C_{GD}(V_{GD}) = (C_{GD0} - G_{GDMIN}) \cdot \left[1 + \frac{2}{\pi} \arctan\left(\frac{V_{GD}}{V^*}\right)\right] \tag{4.12}$$

$$C_{DS}(V_{DS}) = \frac{2}{\pi} \cdot C_{DS0} \cdot \left[\frac{2}{\pi} + \arctan\left(-\frac{V_{DS}}{V^{**}}\right)\right] + C_{DSMIN} \tag{4.13}$$

而 C_{GS} 的表达式未修正 [8]。

4.2 被测器件和实验平台

首先，提取 CREE 生产的 4H-SiC MOSFET 的参数，其型号为 CPMF-1200-S080B，额定电压为 1200V、额定电流为 50A、导通电阻为 80mΩ，主要用于光伏逆变器、高压 DC-DC 变换器和电机驱动。图 4.2 给出了该器件的俯视图，包括：栅极焊盘、两个源极焊盘、栅极互连走线。该器件的芯片面积为 $4.08 \times 4.08 mm^2$，有源区面积为 $3.46 \times 3.46 mm^2$，其中有效通流面积约为 $10mm^2$。该器件为多元胞结构，N^- 漂移区有数千个元胞，源极触点被源极金属下方的多晶硅栅

包围。镍/银漏极焊盘位于芯片背面。

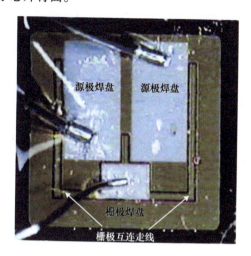

图 4.2 被测器件的裸芯片

采用脉冲宽度为 1μs、电流等级为 250A 的静态特性测试仪,在等温条件下,测试裸芯片的 $I-V$ 特性、转移特性和输出特性,并通过分辨率为 1℃ 的晶圆卡盘测试系统,设置器件的基板温度 T_B。

基于非破坏性的测试仪器,采用非钳位感性开关测试,来评估器件的击穿电压[9]。基于半桥变换器拓扑,采用感性负载开关测试,来评估器件的开关特性[5]。

4.3 参数提取过程

采用传统的二阶外推法[10, 11],根据等温脉冲条件下测得的器件 $I_D - V_{GS}$ 输出特性,在 300~500K 的宽 T_B 范围内,提取阈值电压 V_{TH} 和电流因子 K。使用上述的静态特性测试仪,在 $V_{DS} = 20V$ 的条件下测试。然后,对式(4.3)、式(4.4)和式(4.5)中的参数进行校正,以确保实验数据和以下关系之间实现最佳匹配:

$$V_{TH}(T_B) = [V_{TH}(T_0) - V_{TH\infty}] \cdot e^{-a_{V_{TH}} \cdot (T_B - T_0)} + V_{TH\infty} \tag{4.14}$$

$$K(T_B) = K(T_0) \cdot \left(\frac{T_B}{T_0}\right)^{-m(T_B)} \tag{4.15}$$

以及

$$m(T_B) = -a_m + (a_m + b_m) \cdot (1 - c_m \cdot e^{-d_m \cdot T_B / T_0}) \tag{4.16}$$

对比所测的 V_{TH} 和优化后的式(4.14),如图 4.3 所示。可以推断,与额定值相近的 Si MOSFET 相比,SiC MOSFET 在低/中 T_B 下,表现出以下特点:①高 $V_{TH}(T_0)$,约为 6.4V;

②在低/中 T_B 下，$V_{TH}(T_0)$ 的负温度系数较高。这些特点均与 SiC/SiO$_2$ 界面高密度陷阱有关，其来源于 SiC 表面热氧化的量子态。尤其是，①电子被陷阱俘获，而非用于形成沟道，从而导致较高的 $V_{TH}(T_0)$；② V_{TH} 随温度升高而明显降低，更多的化学键被破坏，电子被释放。此外，还存在来自陷阱的反转电子发射，其在 Si 器件中几乎不存在[12-14]。必须强调的是，过大的负温度系数对 I_D 产生了明显的正温度系数影响，这可能会加剧电-热反馈[15, 16]。

对比所测的因子 K 与调整后的式（4.15）和式（4.16），如图4.4所示。因子 K 的温度敏感性，只与沟道电子迁移率 μ_n 有关，且由以下两个相互作用的因素共同影响：①与界面陷阱发生库仑散射，导致由陷阱放电（电子释放），引起正温度系数，并伴随着温度的升高；②声子散射引起负温度系数。其中因素①在低温下占主导，而因素②在高温下占主导[14, 17-19]。式（4.16）所示的 m 模型，可以精确地描述这些行为。

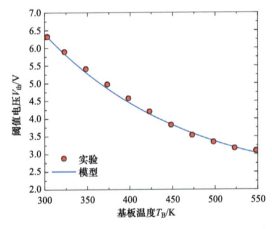 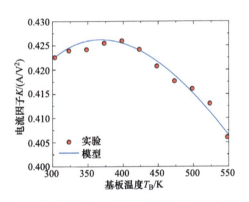

图4.3 阈值电压 V_{TH} 与基板温度 T_B 的关系（圆点为实验数据，实线为式（4.14））

图4.4 电流因子 K 与基板温度 T_B 的关系（圆点为实验数据，实线为式（4.15）和式（4.16））

在 V_{DS} = 20V 和不同 T_B 条件下，测得的 I_D-V_{GS} 传输特性，如图4.5所示。此时，被测器件工作在夹断状态的电流范围内，通过对比实验结果与式（4.2），验证了所述变量校正方法对于 V_{TH} 和因子 K 模型的准确性。根据曲线可知，在宽电流范围内，I_D 均具有显著的正温度特性。

基于晶体管在不同 V_{GS} 和不同 T_B 下的 I_D-V_{DS} 输出特性测试结果，根据图4.1的晶体管模型（4.1），可以得到式（4.10）、式（4.11）中的漂移电阻 R_{drift}。当 T_B = 303K 时，所提取参数的准确性，如图4.6所示。

针对所研究的被测器件，基于非钳位感性开关测试的实验结果，以及基于 TCAD Sentaurus 对单个元胞的二维数值仿真结果[20]，可以提取式（4.6）、式（4.7）和式（4.8）所示雪崩模型的参数。

在不同电源电压下，基于感性负载开关测试，根据开通、关断过程的栅极和漏极实验波形，可以提取结电容 C_{GD} 和 C_{DS} 的参数。

提取的模型参数，见表4.1。

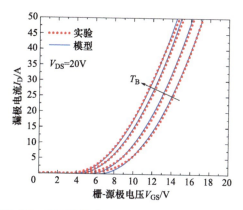

图 4.5 被测器件在 V_{DS} = 20V 和 T_B = 303K、348K、423K 和 473K 条件下的 $I_D - V_{GS}$ 传输特性（虚线为实验数据，实线为 V_{TH} 和因子 K 的模型）

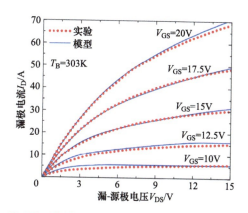

图 4.6 在 V_{GS} = 10V、12.5V、15V、17.5V、20V 和 T_B = 303K 条件下，被测器件的 $I_D - V_{DS}$ 输出特性（虚线为实验数据，实线为晶体管模型）

表 4.1 晶体管模型中使用的优化参数值

参数	定义	值
$V_{TH}(T_0)$	参考温度 T_0 下的阈值电压	6.398V
$V_{TH\infty}$	阈值电压模型参数	2.05V
a_{VTH}	阈值电压的温度系数	6m/K
$K(T_0)$	参考温度 T_0 下的电流因子	0.422A/V²
a_m	迁移率的温度依赖关系系数	0.24
b_m	迁移率的温度依赖关系系数	2
c_m	迁移率的温度依赖关系系数	1.02
d_m	迁移率的温度依赖关系系数	0.09
$R_{JFET}(T_0)$	参考温度 T_0、$V_{drift} \gg V_1$ 和 $V_{GS} = V_2$ 条件下，累积区和 JFET 区的电阻值	0.235Ω
m_{RJFET}	电阻 R_{JFET} 的温度依赖性指数	−1.3
V_1	R_{JFET} 对 V_{drift} 的依赖系数	13V
V_2	R_{JFET} 对 V_{GS} 的依赖系数	20V
η	R_{JFET} 对 V_{GS} 的依赖指数	3.45
$R_{epi}(T_0)$	参考温度 T_0 下深外延层区域的电阻值	10mΩ
m_{Repi}	电阻 R_{epi} 的温度依赖指数	0
$BV_{DS}(T_0)$	参考温度 T_0 下的漏-源极击穿电压	1750V
m_{II}	雪崩倍增因子 M 的系数	1.8
n_{II}	雪崩倍增因子 M 的系数	2.9
α_{II}	击穿电压 BV 的温度系数	0.18m/K
β_{II}	因子 M 对 I_D 的依赖系数	0A⁻¹
R_{II}	因子 M 对 I_D 的依赖电阻	10Ω
C_{GD0}	零偏置栅-漏极结电容	0.85nF

（续）

参数	定义	值
C_{GDMIN}	最小反偏置栅 - 漏极结电容	0.01nF
V^*	栅 - 漏极结电容参数	2V
C_{DS0}	零偏置漏 - 源极结电容	2.8nF
C_{DSMIN}	最小反偏置漏 - 源极结电容	0.06nF
V^{**}	漏 - 源极结电容参数	10V

4.4 界面陷阱的影响

为了研究界面陷阱的影响，在模型中，采用以下策略，消除陷阱的影响。①将 $V_{TH}(T_0)$ 降至 4V；②将 a_{VTH} 降至 2m/K；③将电流因子 $K(T_0)$ 乘以 50，以抵消迁移率 $\mu_n(T_0)$ 的衰减；④令 $c_m = 0$ 以抵消库仑散射对 μ_n 的影响，这将使器件在整个温度范围内表现为负温度系数。

在 $V_{DS} = 20$V 和不同 T_B 条件下，对比实际 4H-SiC 器件与理想无陷阱器件的传输特性，如图 4.7 所示。由此可以推断出：

1) 不同于被测器件在整个温度范围内表现出明显的正温度系数特性，无陷阱器件仅在低 I_D（<20A）时才表现出轻微的正温度系数特性，此时 V_{TH} 的负温度系数比 μ_n 的负温度系数更显著；而在零温度系数（Zero-temperature Coefficient，ZTC）区域（也称为补偿区域）之外，μ_n 的负温度系数占主导，I_D 随温度增加而减小。

2) 由于较低的 V_{TH} 和较高的 μ_n，无陷阱晶体管具有更大的电流容量。

为了进一步验证上述结论，图 4.8 给出了漏极电流 I_D 的温度系数，其计算公式如下[15, 16, 21]：

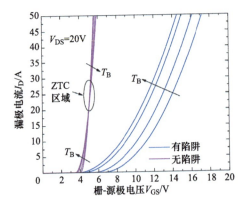

图 4.7 在 $V_{DS} = 20$V 和 $T_B = 303$K、348K、423K、473K 条件下，模型的 $I_D - V_{GS}$ 传输特性（蓝色线为实际被测器件，红色线为无陷阱器件）

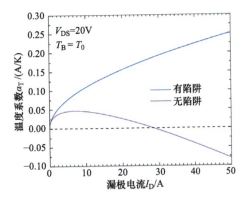

图 4.8 在 $T_B = T_0$ 和 $V_{DS} = 20$V 条件下漏极电流的温度系数 α_T（蓝色线为实际被测器件，红色线为无陷阱器件）

$$\alpha_{\text{T}} = \left.\frac{\partial I_{\text{D}}}{\partial T}\right|_{V_{\text{DS}}} \quad (4.17)$$

在 T_0 和 $V_{\text{DS}} = 20\text{V}$ 条件下，对比实际被测器件与无陷阱器件的 α_{T} 值，再次证明：在宽电流范围内，SiC/SiO_2 界面上的陷阱会产生较高的正 α_{T}。

参 考 文 献

[1] Östling M., Ghandi R., Zetterling C.-M. 'SiC power devices – present status, applications and future perspectives'. *Proceedings of IEEE International Symposium on Power Semiconductor Devices and ICs (ISPSD)*; San Diego, CA, USA, May 2011. pp. 10–5.

[2] Pratap R., Singh R.K., Agarwal V. 'SiC power MOSFET modeling challenges'. *Proceedings of IEEE Students Conference on Engineering and Systems*; Allahabad, Uttar Pradesh, India, Mar 2012.

[3] Mantooth H.A., Peng K., Santi E., Hudgins J.L. 'Modeling of wide bandgap power semiconductor devices—Part I'. *IEEE Transactions on Electron Devices*. 2015, vol. 62(2), pp. 423–33.

[4] d'Alessandro V., Magnani A., Riccio M. 'SPICE modeling and dynamic electrothermal simulation of SiC power MOSFETs'. *Proceedings of IEEE International Symposium on Power Semiconductor Devices and ICs (ISPSD)*; Waikoloa, Hawaii, USA, Jun 2014. pp. 285–8.

[5] Riccio M., d'Alessandro V., Romano G., Maresca L., Breglio G., Irace A. 'A temperature-dependent SPICE model of SiC power MOSFETs for within and out of-SOA simulations'. *IEEE Transactions on Power Electronics*. 2018, vol. 33(9), pp. 8020–9.

[6] Codecasa L., d'Alessandro V., Magnani A., Irace A. 'Circuit-based electrothermal simulation of power devices by an ultrafast nonlinear MOR approach'. *IEEE Transactions on Power Electronics*. 2016, vol. 31(8), pp. 5906–16.

[7] Rinaldi N., d'Alessandro V. 'Theory of electrothermal behavior of bipolar transistors: Part III–Impact ionization'. *IEEE Transactions on Electron Devices*. 2006, vol. 53(7), pp. 1683–97.

[8] Ren Y., Xu M., Zhou J., Lee F.C. 'Analytical loss model of power MOSFET'. *IEEE Transactions on Power Electronics*. 2006, vol. 21(2), pp. 310–9.

[9] Fayyaz A., Romano G., Urresti J., *et al.* A comprehensive study on the avalanche breakdown robustness of silicon carbide power MOSFETs'. *Energies*. 2017, vol. 10(4), p. 452.

[10] Baliga B.J. *Modern Power Devices*. New York, NY, USA: Wiley; 1987.

[11] Arora N. *MOSFET Modeling for VLSI Simulation: Theory and Practice*. Singapore: World Scientific; 2007.

[12] Ólafsson H.Ö., Gudjónsson G., Allerstam F., Sveinbjörnsson E.Ö., Rödle T., Jos R. 'Stable operation of high mobility 4H-SiC MOSFETs at elevated temperatures'. *Electronics Letters*. 2005, vol. 41(14), pp. 825–6.

[13] Wang J., Zhao T., Li J., *et al.* Characterization, modeling, and application

of 10-kV SiC MOSFET'. *IEEE Transactions on Electron Devices*. 2008, vol. 55(8), pp. 1798–806.

[14] Chen S., Cai C., Wang T., Guo Q., Sheng K. 'Cryogenic and high temperature performance of 4H-SiC power MOSFETs'. *Proceedings of the annual IEEE Applied Power Electronics Conference and Exposition (APEC)*; Long Beach, CA, USA, Mar 2013. pp. 207–10.

[15] Spirito P., Breglio G., d'Alessandro V., Rinaldi N. 'Thermal instabilities in high current power MOS devices: Experimental evidence, electro-thermal simulations and analytical modeling'. *Proceedings of IEEE International Conference on Microelectronics (MIEL)*; Niš, Yugoslavia, May 2002. pp. 23–30.

[16] Spirito P., Breglio G., d'Alessandro V., Rinaldi N. 'Analytical model for thermal instability of low voltage power MOS and S.O.A. in pulse operation'. *Proceedings of IEEE International Symposium on Power Semiconductor Devices and ICs (ISPSD)*; Santa Fe, NM, USA, Jun 2002. pp. 269–72.

[17] Pérez-Tomás A., Brosselard P., Godignon P., *et al.* Field-effect mobility temperature modeling of 4H-SiC metal-oxide-semiconductor transistors'. *Journal of Applied Physics*. 2006, vol. 100(11), pp. 1145081–6.

[18] Cheng L., Agarwal A.K., Dhar S., Ryu S.-H., Palmour J.W. 'Static performance of 20 A, 1200 V 4H-SiC power MOSFETs at temperatures of −187°C to 300°C'. *Journal of Electronic Materials*. 2012, vol. 41(5), pp. 910–14.

[19] Huang X., Wang G., Li Y., Huang A.Q., Baliga B.J. 'Short-circuit capability of 1200V SiC MOSFET and JFET for fault protection'. *Proceedings of the annual IEEE Applied Power Electronics Conference and exposition (APEC)*; Long Beach, CA, USA, Mar; 2013. pp. 197–200.

[20] TCAD Sentaurus user's manual by Synopsys. 2015.

[21] Castellazzi A., Funaki T., Kimoto T., Hikihara T. 'Thermal instability effects in SiC power MOSFETs'. *Microelectronics Reliability*. 2012, vol. 52(9–10), pp. 2414–9.

第 5 章

功率模块优化设计 I：电热特性

Antonio Pio Catalano，Ciro Scognamillo，Vincenzo d'Alessandro，
Lorenzo Codecasa

SiC 功率模块通常工作在极端条件下，会产生大量的热量，可能会导致其可靠性退化，严重时还会导致不可逆失效。因此，急需计及电 - 热效应的可靠仿真工具，来确定热耗散的约束条件，并优化芯片布局和冷却系统的设计。但是，该任务面临以下挑战：

1）原则上，只有使用准确的器件模型描述 SiC 器件的关键物理参数及其温度依赖性，才能准确仿真 SiC 器件的电 - 热行为。然而，与传统 Si 器件相比，这些参数存在较大差异。

2）仿真工具还必须能够描述温度和电流的不均匀性，它们通常会缩小晶体管的安全工作区。

3）计及多热源分布式热耗散的三维仿真方法，由于器件的几何结构较为复杂，仿真非常耗时，而且容易出现无法收敛的情况，尤其是对于极端条件下的动态仿真。

对于处理热源较多的问题，本章给出了一种创新的方法，来权衡计算效率和精度的矛盾。所提出的策略依赖于整个器件的电路模型，并通过动态紧凑的热模型，模拟功率 - 温度反馈的等效网络，该热模型源自器件的精确有限元描述。在本章中，以工作在直流、短路和非钳位感性开关条件下的多芯片 4H-SiC MOSFET 为例，加以分析。

5.1 电 – 热仿真方法

自 1976 年 Fukahori 和 Gray 发表经典论文以来[1]，许多文献提出了应对多热源集成电路和多元胞功率晶体管的电 - 热仿真方法。常用的方法依赖于电路仿真器和三维热学数值工具之间在松弛过程中的交互[2-6]。或者，采用计及电学行为的晶体管简化模型，扩展基于有限体积 / 元的热学求解器[7, 8]。但是，当分析涉及相对较多热源的复杂几何域时，这些方法存在以下两个主要缺点。首先，在预处理阶段，网格的构建特别繁琐，且容易出错，尤其是在手动划分网格的情况下。其次，这些方法对计算资源要求较高，且不容易收敛。因此，推荐采用基于电路的方法[9-11]，在计算速度和精度之间，能够获得较好的折中。该方法利用了欧姆定律的热等效，可以概括如下：

1）整个被测器件被分割为 N 个基本单元，这些单元的数量要足够多，以便识别晶体管有源区潜在危险的温度梯度。但是，也不宜过多，否则可能导致过长的计算时间，或内存不足。

每个单元都使用第 4 章中的模型进行描述,并适当调整与面积相关的参数。

2)每个单元都存在与 SPICE 兼容的子电路,可以通过宏建模实现。需要考虑以下条件:①在参考温度 T_0 = 300K 下,采用标准 MOSFET 作为"主"元件来描述沟道区域;②采用线性和非线性受控源,来补充基本 MOSFET 所忽略的所有模型特征,即阈值电压 V_{TH} 和电流因子 K 的温度依赖性、漂移区电阻 R_{drift} 的偏置和温度依赖性,以及雪崩现象的偏置和温度依赖性。利用欧姆定律的热等效,将相对于环境的温升 $\Delta T = T - T_0$ 视为欧姆定律中的电压,将热耗散功率 P_D 视为欧姆定律中的电流,从而实现以下功能:①考虑关键物理参数的温敏特性;②利用等效电路网络来描述功率-温度反馈。除了标准的电气端子(栅极、漏极和源极)外,单元子电路还引入了一个输入节点,来表示"电压"ΔT,以及一个输出节点,来表示"电流"P_D,最终馈入等效网络。

3)基于功率-温度反馈的热问题,可以描述为基于欧姆定律热等效的电路网络,并兼容 SPICE 仿真工具,也称为热反馈模块,由等效的电阻、电容和受控源组成。热反馈模块的输入为晶体管单元的功耗 P_D(用电流模拟),输出为晶体管单元的温升 ΔT(用电压模拟)。

4)通过调用 FANTASTIC 工具(见 5.1.3 节)[12],可以自动创建热反馈模块,并作为被测器件精确三维有限元模型的输入,包含以下信息:①离散化的基本单元(每个单元对应一个热源);②材料参数;③边界条件。所有热源之间的相互影响,都可以精确建模。上述基于 FANTASTIC 的方法改进了参考文献 [9, 11] 的方法,传统方法中的热反馈模块通常源于被测器件的瞬态有限元仿真中提取的 Foster 网络,由于每次只激活一个热源,预处理时间较长。此外,简化甚至忽略了水平方向距离稍远的热源之间的耦合。

5)热反馈模块通常用来描述线性热问题。但是,功率器件的非线性热效应在高温下非常明显。为了解决这个问题,可以通过适当调整基尔霍夫变换[13],将线性温升(ΔT_{lin})转换为非线性温升(ΔT),转换关系如下[14]:

$$\Delta T = T_0 \cdot \left[m_k + (1-m_k) \cdot \frac{\Delta T_{lin} + T_0}{T_0} \right]^{\frac{1}{1-m_k}} - T_0 \qquad (5.1)$$

式中,m_k 为校正参数(大于零),将在 5.1.2 节详细介绍。

6)将子电路与热反馈模块连接到商业电路仿真工具(如 PSPICE、LTSPICE、Eldo、ADS、SIMetrix)中,最终将多单元的被测器件转化为纯电气宏电路,并计及了电-热效应。在仿真期间,该模型可以反映温度及温敏参数的变化。在静态和动态条件下求解此类宏电路问题,仅取决于电路仿真器的鲁棒性,与其他方法相比,计算量更小,收敛性更好。

5.1.1　SPICE 子电路和被测器件的离散化

与 SPICE 兼容的晶体管单元子电路,如图 5.1 所示。其中,M_n 表示在温度 T_0 下的标准 MOSFET。此外,还引入了"电压"ΔT 输入节点和"电流"P_D 输出节点。

通过以下方法来计及式(4.3)所描述的阈值电压 $V_{TH}(T)$ 的负温度系数。根据式(4.3)的 $V_{TH}(T)$,电压源 A 与栅极串联,$V_{TH}(T_0) - V_{TH}(T)$ 与 V_G 相加。因此,利用 $V_{G'} = V_G + [V_{TH}(T_0) - $

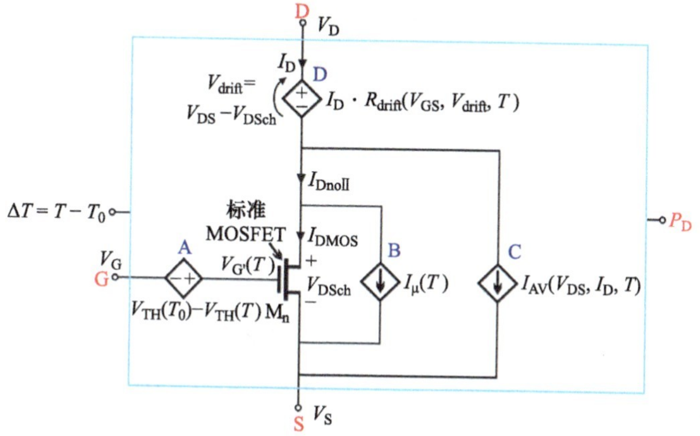

图 5.1 与 SPICE 兼容的晶体管单元的子电路模型

$V_{TH}(T)]$ 使 M_n 偏置，有效的驱动电压可以表示为

$$V_{G'S} - V_{TH}(T_0) = V_{GS} + [V_{TH}(T_0) - V_{TH}(T)] - V_{TH}(T_0) = V_{GS} - V_{TH}(T) \tag{5.2}$$

M_n 导通的电流 I_{DMOS}，可以表示为

$$\begin{aligned} I_{DMOS} &= K(T_0) \cdot \{2[V_{GS} - V_{TH}(T)]V_{DSch} - V_{DSch}^2\} \quad V_{DSch} < V_{GS} - V_{TH}(T) \\ I_{DMOS} &= K(T_0) \cdot [V_{GS} - V_{TH}(T)]^2 \quad V_{DSch} \geqslant V_{GS} - V_{TH}(T) \end{aligned} \tag{5.3}$$

利用电流源 **B** 模拟电流因子 $K(T)$ 的温度依赖性，如式（4.4）和式（4.5）所示，有

$$I_\mu = I_{DMOS} \cdot \left[\left(\frac{T}{T_0}\right)^{-m(T)} - 1\right] \tag{5.4}$$

不考虑雪崩时，电流 $I_{DnoⅡ}$ 可以表示为

$$I_{DnoⅡ} = I_{DMOS} + I_\mu = I_{DMOS} + I_{DMOS}\left[\left(\frac{T}{T_0}\right)^{-m(T)} - 1\right] = I_{DMOS} \cdot \left(\frac{T}{T_0}\right)^{-m(T)} \tag{5.5}$$

式中，$m(T)$ 由式（4.5）给出。

通过电流源 **C**，将雪崩电流 $I_{AV} = \xi \cdot (I_{leak} + I_{DnoⅡ})$ 引入到电流 $I_{DnoⅡ}$，从而激活雪崩效应，I_{leak} 为漏电流。根据式（4.6）的偏置和温度相关性可知，$\xi = M - 1$。因此，流过漂移电阻 R_{drift} 的漏极电流 I_D 表示为

$$I_D = I_{DnoⅡ} + I_{AV} = I_{DnoⅡ} + \xi \cdot (I_{leak} + I_{DnoⅡ}) \tag{5.6}$$

此外，还需考虑漂移电阻 R_{drift} 与偏置和温度相关性，如式（4.10）和式（4.11）所述，使用电压源 **D** 来模拟其电压降

$$V_{drift} = I_D \cdot R_{drift}(V_{GS}, V_{drift}, T) \tag{5.7}$$

在第 4 章中，已经介绍和建立了 4H-SiC MOSFET 的模型。利用其内在的对称性，只需仿真半个被测器件即可。芯片的有源区（≈5mm²）被划分为 N = 79 个单元，每个单元的面积为 $250 \times 250 \mu m^2$。因此，与表 4.1 所示的结果相比，将电流因子和结电容除以 $2N$，电阻乘以 $2N$，来缩放与面积相关的参数。选择商用的 OrCAD PSPICE[15] 开展电路仿真。主要的原理图，以及半个被测器件的俯视图，如图 5.2 所示。所得的宏电路的漏极电流（电 - 热仿真的输出）需要乘以 2。

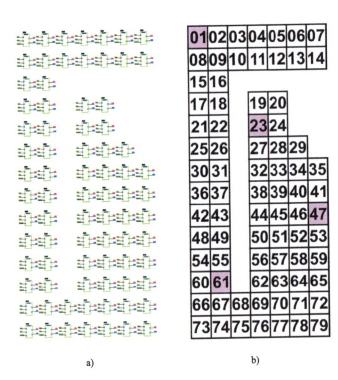

图 5.2　半个被测器件的有源区离散化结果。a）PSPICE 子电路；b）单元编号

5.1.2　被测器件的有限元模型

被测器件通过 50μm 厚的锡 - 铂合金层焊接在 DBC 上，以确保与漏极的机械和电气连接[16]。图 5.3 和图 5.4 所示为该结构的俯视图和剖面图，其具有与芯片相同的对称性。使用与芯片尺寸匹配的预成型锡 - 铂焊片，便于实现上述连接的自动化焊接。此外，还可以采用掩模对准，简化定位过程。DBC 通常由底部和顶部两个铜层构成，两者之间还存在一个陶瓷层。陶瓷层为整个装配结构提供电气绝缘，这里采用 Al_2O_3 作为陶瓷层材料。在 DBC 制造过程中，也可采用其他替代材料，如 Si_3N_4[17] 和 AlN[18]。芯片的漏极焊盘，焊接在 DBC 顶部铜层上，底部铜层则保证与 3mm 厚的铜基板之间形成良好的热界面。

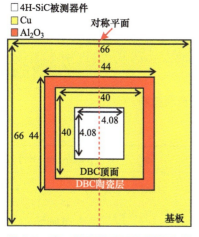 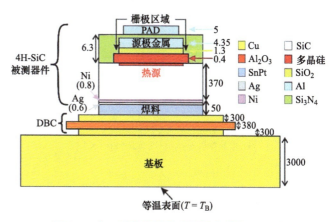

图 5.3　电-热仿真域的俯视图（单位：mm）

图 5.4　电-热仿真域的剖面图（单位：μm）

采用商业有限元仿真软件 COMSOL Multiphysics[19]，构建三维电-热仿真域，参考文献 [20] 详细介绍了相关的操作步骤。该软件可以自动构建非常精确的几何体，如图 5.5 所示，并智能优化四面体网格，如图 5.6 所示。该过程避免了繁琐耗时的手动构建网格过程，降低了几何体或网格构建错误的风险，得到的网格的元素数和自由度分别为 3.8×10^5 和 5.2×10^5。从图 5.6 可以发现，芯片上方网格非常细，而在远离芯片有源区的区域网格逐渐变粗。

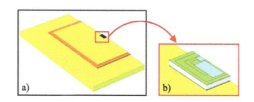

图 5.5　COMSOL 中的三维结构。a) 整体结构；b) SiC MOSFET 芯片的放大图

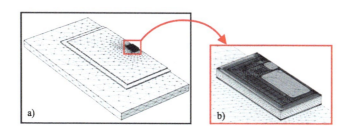

图 5.6　COMSOL 中的网格划分。a) 整体结构；b) SiC MOSFET 芯片的放大图

如上所述，图 5.2 所示的晶体管单元分别与 SiC 芯片顶面的热源一一相连。基板的底部设置 $T_B = T_0$ 的等温边界条件，其他所有面设置为绝热，即流出的热通量为零。表 5.1 列出了热仿真所采用的材料参数。非线性热效应还考虑了热导率的温度相关性，即

$$k(T) = k(T_0) \cdot \left(\frac{T}{T_0}\right)^{-\alpha} \tag{5.8}$$

$$k(T) = k(T_0) - \beta \cdot (T - T_0) \tag{5.9}$$

式（5.8）适用于半导体和绝缘体材料，而式（5.9）适用于某些金属材料。

表 5.1 封装材料的特性

材料	$k(T_0)$/[W/(m·K)]	c_p/[J/(kg·K)]	ρ/(kg/m³)	α	β/[W/(m·K²)]
4H-SiC	370[21]	690[21]	3211[22, 23]	1.29[24]	—
Al	240[25]	905[25]	2707[25]	—	0.04[25]
SnPt	68.8[25]	228[25]	7310[25]	—	0.02[25]
Ni	89.5[25]	445[25]	8906[25]	—	0.08[25]
Ag	427[25]	236[25]	10524[25]	—	0.07[25]
多晶硅	40[23]	920[23]	2330[23]	—	—
SiO₂	1.38[23]	709[23]	2203[23]	−0.33[23]	—
Al₂O₃	28[23]	796[23]	3900[23]	1[23]	—
Cu	396.8[25]	384[25]	8954[25]	—	0.05[25]
Si₃N₄	18.5[23]	787[23]	3100[23]	−0.33[23]	—

可以采用以下步骤，校准式（5.1）所示基尔霍夫变换的参数 m_k。在较大范围内改变整个有源区的耗散功率 P_D，利用 COMSOL 对测试区域进行热仿真，温度对热导率的相关性可以是激活状态（非线性条件）或关闭状态（线性条件）。针对这两种情况，分别确定有源区的平均温升。然后，将基尔霍夫变换应用于线性温升，并调整 m_k 以使非线性温升与 COMSOL 评估的实际温升一致，最终得到 $m_k = 0.785$。

5.1.3 基于 FANTASTIC 的热反馈模块推导

参考文献 [12] 首先提出了 FANTASTIC 工具，它改进了截断平衡 - 矩匹配方法（该方法由参考文献 [26] 提出），降低了模型的阶数，可以加速实现功率器件的动态电 - 热分析。

在该工具中，假设功率器件的动态热传导问题是线性的，并且可以从商业软件（如 COMSOL）或开源软件中导入。动态热传导问题包括：几何形状设置、网格离散化、材料定义、热源和边界条件。可以使用六面体和四面体网格。可以定义任意的热容和张量热导率分布。可以应用诺伊曼边界条件、狄利克雷边界条件或罗宾边界条件。可以考虑表面（即无限薄）热源和体积热源。

基于 FANTASTIC，建立该热问题的有限元模型。构建质量矩阵 M 和刚度矩阵 K。为了平衡计算速度和精度之间的矛盾，考虑四面体网格和二阶基函数。温升分布的 M 个自由度，形成 M 行向量 $\vartheta(t)$，是离散化线性动态热传导问题的解。

$$M\frac{\mathrm{d}\vartheta}{\mathrm{d}t}(t) + K\vartheta(t) = q(t) \tag{5.10}$$

式中，功率密度分布向量 $q(t)$ 的表示形式为

$$q(t) = QP(t) \tag{5.11}$$

式中，$P(t)$ 是一个 N 行向量，表示 N 个独立热源的功率。Q 为一个 $M \times N$ 矩阵，其中，第 n 列是第 n 个热源的功率密度分布向量，$n = 1, \cdots, N$。N 个热源的端口温升形成了 N 行列向量 $\Delta T(t)$，即 [26]

$$\Delta T = Q^{\mathrm{T}}\vartheta(t) \tag{5.12}$$

与模型降阶方法类似，定义 $M \times \hat{M}$ 的矩阵 V，其中，$\hat{M} \ll M$。将 M 个自由度降阶为 $\hat{M}$ 个自由度，用 $\hat{M}$ 行相量 $\hat{\vartheta}(t)$ 来近似 $\vartheta(t)$，即

$$\vartheta(t) = V\hat{\vartheta}(t) \tag{5.13}$$

根据 Galerkin 方法，利用矩阵 V 来映射热传导离散问题式（5.10）~式（5.12），获得动态紧凑热模型，即

$$\hat{M}\frac{\mathrm{d}\hat{\vartheta}}{\mathrm{d}t}(t) + \hat{K}\hat{\vartheta}(t) = \hat{q}(t) \tag{5.14}$$

$$\hat{q}(t) = \hat{G}P(t) \tag{5.15}$$

$$\Delta T(t) = \hat{G}^{\mathrm{T}}\hat{\vartheta}(t) \tag{5.16}$$

式中，

$$\hat{M} = V^{\mathrm{T}}MV \tag{5.17}$$

$$\hat{K} = V^{\mathrm{T}}KV \tag{5.18}$$

$\hat{M}$ 和 $\hat{K}$ 均为 $\hat{M}$ 阶矩阵，且矩阵

$$\hat{G} = V^{\mathrm{T}}Q \tag{5.19}$$

为 $\hat{M} \times N$ 矩阵。通过以下算法，确定矩阵 V。

算法1：动态紧凑热模型的提取方法

设置 $V := 0$
 for 每个独立热源 $n=1, \cdots, N$ **do**
 1 计算复频率值 σ_p, $p=1, \cdots, P_n$
    for $p = 1, \cdots, P_n$ **do**
      设置 $\tilde{\Theta}_p = 0$
      if $p > 1$ **then**
 2 对 $\hat{\Theta}_p$ 根据式 (5.22) 求解动态紧凑热模型 ς_{p-1}
      计算 $\tilde{\Theta}_p = V_{p-1}\hat{\Theta}_p$ 得到近似 Θ_p
 3 迭代求解式 (5.21)，迭代初值 $\Theta_p = \tilde{\Theta}_p$
 4 生成矩阵 V_p 旋转 V_{p-1} 和 Θ_p 的列
 5 生成动态紧凑热模型 ς_p，将式 (5.10) ~ 式 (5.12) 映射到 V_p
    添加 V_{P_n} 的所有列到矩阵 V

在算法的第1行，$\sigma_p (p = 1, \cdots, P_n)$ 为相对误差参数 ε 的函数，可通过以下流程自动确定。首先，对于该热传导问题，根据当前第 p 个热源的功率脉冲热响应，估计 $\lambda_n < \Lambda_n$ 的实际值。然后，将 P_n 作为最小整数，使得

$$4\mathrm{e}^{-P_n \pi^2 / \log(4/k')} \leqslant \varepsilon \tag{5.20}$$

式中，$k' = \lambda_n / \Lambda_n$。然后，设置

$$\sigma_p = \Lambda_n \mathrm{dn}\left(\frac{2p-1}{2P_n}K, k\right)$$

式中，$p = 1, \cdots, P_n$，K 是模数为 k 的第一类完全椭圆积分，dn 是模数为 $k = \sqrt{1-k'^2}$ 的同名椭圆函数。

在第3行，在频率 σ_p 处的复合频域中，求解第 n 个热源的温度响应，有

$$(\sigma_p \boldsymbol{M} + \boldsymbol{K})\boldsymbol{\Theta}_p = \boldsymbol{Q}e_n \tag{5.21}$$

式中，$\boldsymbol{\Theta}_p$ 和 e_n 为 N 行向量，除了第 n 行的一个元素不为零外，其余元素均为零。由于复数域的频率值为正实数，因此得到的线性系统的系数矩阵是对称正定的，可以使用最有效的多网格迭代求解器进行求解。

在第4行，通过在 V_{p-1} 的列上添加一个向量得到 V_p 矩阵，这个向量源于 V_{p-1} 的列与 $\boldsymbol{\Theta}_p$ 的正交化。

在第5行，按照式 (5.14) ~ 式 (5.16)，确定动态紧凑热模型 ς_p，用矩阵 V_p 代替式 (5.17) ~ 式 (5.19) 中的矩阵 V。

在第2行，利用动态紧凑热模型 ς_{p-1}，在 σ_p 处评估第 n 个独立热源在复频域中的温度响应 $\boldsymbol{\Theta}_p$，通过下式求解 $\hat{\Theta}_p$。

$$(\sigma_p \hat{\boldsymbol{M}}_{p-1} + \hat{\boldsymbol{K}}_{p-1})\hat{\boldsymbol{\Theta}}_p = \hat{\boldsymbol{Q}}_{p-1} e_n \tag{5.22}$$

该向量可以用来确定近似值 $\tilde{\boldsymbol{\Theta}}_p = \boldsymbol{V}_{p-1}\hat{\boldsymbol{\Theta}}_p$。在第 3 行，通过设置初始解的估计值，可以利用 $\boldsymbol{\Theta}_p$ 的估计值加速求解式（5.21）。

对于第 n 个热源（$n = 1, \cdots, N$），复频率值 $\sigma_p(p = 1, \cdots, P_n)$ 按降序排列。通过这种方式，算法第 3 行引入的线性系统，按照计算时间由低到高进行求解。这种排序可以大大减轻计算负担，因为迭代求解器可以从上一步找到的解的估计值开始，逐步变得越来越准确。

该算法得到的动态紧凑热模型的维度为 $\hat{M} = P_1 + P_2 + \cdots + P_N$。设 $\boldsymbol{Z}(t)$ 和 $\hat{\boldsymbol{Z}}(t)$ 分别为离散热传导问题式（5.10）~式（5.12）和动态紧凑热模型的 N 阶功率脉冲热响应矩阵。如参考文献 [27] 所示，它满足以下关系

$$\left\|\boldsymbol{Z}(t) - \hat{\boldsymbol{Z}}(t)\right\|_{H_2} \leqslant 2\varepsilon \left\|\boldsymbol{Z}(t)\right\|_{H_2}$$

式中，

$$\left\|\boldsymbol{Z}(t)\right\|_{H_2} = \sqrt{\int_0^{+\infty} \mathrm{tr}[\boldsymbol{Z}^\mathrm{T}(t)\boldsymbol{Z}(t)]\mathrm{d}t}$$

是 $\boldsymbol{Z}(t)$ 的 Hankel 范数。类似的结果可以从时域扩展到频域，并且可以表述由功率脉冲引起的时-空温度分布 [27]。以上模型为该方法的收敛性提供较强的理论支撑。根据式（5.20）的结果，其收敛速度非常快，与 σ_p 的数量 $P(p = 1, \cdots, P_n)$ 呈指数相关。因此，只要状态空间维度 $\hat{M}$ 较小，即可获得准确的动态紧凑热模型。

此外，可以通过以有限的代价，解决广义特征值问题

$$\hat{\boldsymbol{U}}^\mathrm{T}\hat{\boldsymbol{M}}\hat{\boldsymbol{U}} = \boldsymbol{I}_{\hat{M}}$$

$$\hat{\boldsymbol{U}}^\mathrm{T}\hat{\boldsymbol{K}}\hat{\boldsymbol{U}} = \hat{\boldsymbol{\Lambda}}$$

引入未知的 $\hat{M}$ 阶矩阵 $\hat{\boldsymbol{U}}$，$\hat{\boldsymbol{\Lambda}}$ 为 $\hat{M}$ 阶对角矩阵，引入变量变换

$$\hat{\boldsymbol{\vartheta}}(t) = \hat{\boldsymbol{U}}\hat{\boldsymbol{\xi}}(t)$$

动态紧凑热模型的式（5.14）~式（5.16）可以转换为

$$\frac{\mathrm{d}\hat{\boldsymbol{\xi}}}{\mathrm{d}t}(t) + \hat{\boldsymbol{\Lambda}}\hat{\boldsymbol{\xi}}(t) = \hat{\boldsymbol{\Gamma}}\boldsymbol{P}(t) \tag{5.23}$$

$$\Delta \boldsymbol{T}(t) = \hat{\boldsymbol{\Gamma}}^\mathrm{T}\hat{\boldsymbol{\xi}}(t) \tag{5.24}$$

式中，$\hat{\boldsymbol{\Gamma}}$ 是 $\hat{M} \times N$ 矩阵 $\hat{\boldsymbol{V}}^\mathrm{T}\boldsymbol{G}$。温升分布可以重写为

$$\boldsymbol{\vartheta}(t) = \boldsymbol{\Xi}\hat{\boldsymbol{\xi}}(t) \tag{5.25}$$

式中，$\boldsymbol{\Xi} = \boldsymbol{V}\hat{\boldsymbol{U}}$ 是一个 $\hat{M} \times M$ 的矩阵，类似于矩阵 $\boldsymbol{V}$。

式（5.23）和式（5.24）可以表示为图 5.7 所示的等效网络。

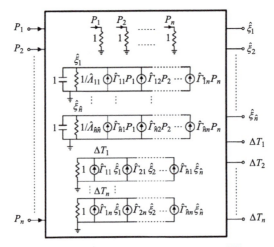

图 5.7 动态紧凑热模型的等效网络[12]

原则上，此类网络可以描述任何电子元件的热行为，特别适合于 SPICE 类仿真工具的节点分析法求解。所有元件都是电压控制的电流源，因此变量的数量限制在 $\hat{M}$。这个拓扑结构是通用的，可以被应用于任何电路仿真工具。

5.1.4 构建被测器件的宏电路

对于封装后的被测器件，在 PSPICE 软件中，建立表征其电-热特性的宏电路结构。考虑式（5.1）所示的基尔霍夫变换，在等效网络中，加入了 N 个非线性压控电压源，来构建热反馈模块。然后，将子电路（单个晶体管单元）的 ΔT 和 P_D 节点，连接到热反馈模块。所有子电路的栅极、漏极和源极都被短接。此外，引入电路网络来涵盖源极金属化层上的反偏压。上述策略的简化原理，如图 5.8 所示。

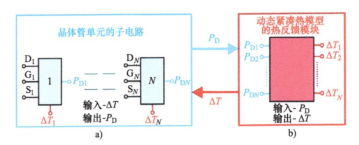

图 5.8 电路仿真工具中全耦合电-热分析的原理。a）电路之间的反馈回路；b）基于 FAN-TASTIC 的热反馈模块

电路仿真运行结束后，在后处理阶段利用式（5.25）重建整个时-空温升分布，该步骤的计算成本和内存占用都可以忽略不计。

5.2 静态和动态电-热仿真

在一台配置为英特尔酷睿 i7-7700（3.60GHz）CPU 和 16GB 内存的计算机上，采用该宏电路，对被测器件的静态和动态特性进行了多次 PSPICE 仿真。

首先，在等温 T_0 和电-热协同条件下，以 0.1V 的 V_{DS} 步长确定 I_D-V_{DS} 输出特性。通过禁用热反馈模块，获得等温条件。仿真单个电-热特性，所需的 CPU 计算时间接近 100s。结果如图 5.9 所示，该图还给出了有源区相对于初始温度 T_0 的平均温升 ΔT_{av}。因此，可以推断，当 T_{av} 达到 500K 时，仿真停止。

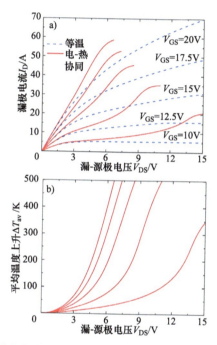

图 5.9 a）等温（蓝色虚线）和电-热协同（红色实线）条件下 I_D-V_{DS} 输出特性；b）电-热协同条件下的温升 $\Delta T_{av} = T_{av} - T_0$（$T_{av}$ 为整个有源区的平均温度）

此外，还仿真了短路工况。此类测试通常用于量化器件在严苛和异常情况下的鲁棒性，涉及较大功率的损耗（见参考文献 [9, 28-31]，均侧重于 SiC MOSFET）。由于在考虑可靠性时需要了解温度峰值和对应位置，因此需要了解整个器件的温度分布。仿真采用多种栅极和母线电压，栅极电阻为 50Ω。由于离散化的采样时间较小，单次测试的仿真时间约为 300s。图 5.10a 给出了不同案例中被测器件的总漏极电流 I_D 与时间的关系，图 5.10b 为温升 ΔT_{av}。从图 5.10a 可以看出，I_D 最初的增长，是由于正温度系数导致的，这与阈值电压的降低和迁移率的增加（库仑散射降低）有关。随后，由声子散射引发的负温度系数占主导，I_D 逐渐减小 [9]。

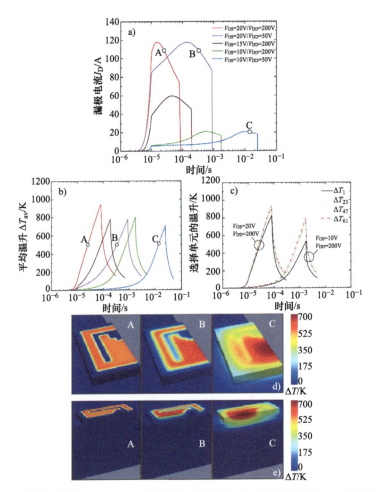

图 5.10 短路测试的仿真结果。a) 5 种情况下漏极电流 I_D 与时间的关系;b) 有源区的平均温升;c) 图 5.2 所关注单元的温升;图 a 和 b 中所示 A、B 和 C 点的三维温升的 d) 俯视图和 e) 侧视图

在图 5.2 的布局中,在 V_{GS} = 10V、V_{DD} = 200V 和 V_{GS} = 20V、V_{DD} = 200V 两种条件下,图 5.10c 给出了单元 1、23、47、61 的温升 ΔT。通过观察波形可以发现,在第一种条件下,器件存在不均匀的温度分布,较低的栅极偏置条件,使得器件能够经受较长的测试时间,因此热量有足够的时间扩散。因此,热相互作用成为主要影响因素,导致温度场不均匀。对于选定的时间段,基于 FANTASTIC 生成的动态紧凑热模型,可以确定封装后被测器件的整体温度分布。选择图 5.10a 和 b 的 A、B 和 C 三点,这些点的 ΔT_{av} 均为 500K,得到的温升如图 5.10d 和 e 所示。可以看出,尽管 ΔT_{av} 值相同,在实验开始的瞬间,由于热量仍被限制在顶部有源区,A 点的表面温度场是均匀的。此外,由于应力时间更长,B 和 C 点温度分布的均匀性逐渐降低。特别是 C 点,被测器件最内侧的温度非常集中,从侧视图可以看出,向下的热量有足够的时间传递到 DBC。

最后,宏电路还可用于仿真非钳位感性开关测试。在 200μs 时,给栅极施加 20V 电压,然

第 5 章 功率模块优化设计 I：电热特性

后降低到 0。电源供电电压 V_{DD} 为 150V，电感 L 为 2.3mH。基于 PSPICE 软件，单次仿真的时间，约为 300s。在 190~230μs 范围内，漏极电流 I_D 和漏-源极电压 V_{DS} 随时间变化的情况，如图 5.11a 所示，图 5.11b 给出了单元 1、23、47 和 61 的温升情况。从图 5.11c 中可以发现，器件的温度分布几乎是均匀的，在 $t^* = 210$μs 时动态平均温度达到峰值。

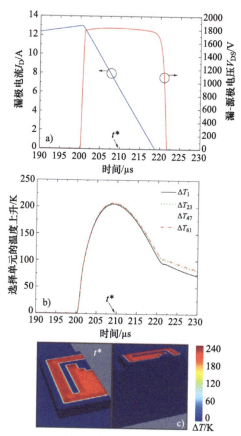

图 5.11 非钳位感性开关测试的仿真结果。a）漏极电流 I_D 和漏-源极电压 V_{DS} 与时间的关系；b）图 5.2 中单个单元的温升；c）图 a 和 b 所示 $t^* = 210$μs 时的温升俯视图和侧视图

参 考 文 献

[1] Fukahori K., Gray P.R. 'Computer simulation of integrated circuits in the presence of electrothermal interaction'. *IEEE Journal of Solid-State Circuits*. 1976, vol. SC-11(6), pp. 834–46.

[2] van Petegem W., Geeraerts B., Sansen W., Graindourze B. 'Electrothermal simulation and design of integrated circuits'. *IEEE Journal of Solid-State Circuits*. 1994, vol. 29(2), pp. 143–6.

[3] Wünsche S., Clauss C., Schwarz P., Winkler F. 'Electro-thermal circuit simulation using simulator coupling'. *IEEE Transactions on Very Large Scale*

[4] De Falco G., Riccio M., Romano G., Maresca L., Irace A., Breglio G. 'ELDO-COMSOL based 3D electro-thermal simulations of power semiconductor devices'. *Proceedings of IEEE Annual SEMIconductor THERMal Measurement, Modeling, and Management Symposium (SEMI-THERM)*; 2014. pp. 35–40.

[5] Chvála A., Donoval D., Marek J., Príbytný P., Molnár M., Mikolášek M. 'Fast 3-D electrothermal device/circuit simulation of power superjunction MOSFET based on SDevice and HSPICE interaction'. *IEEE Transactions on Electron Devices*. 2014, vol. 61(4), pp. 1116–22.

[6] De Falco G., Riccio M., Breglio G., Irace A. 'Thermal-aware design and fault analysis of a DC/DC parallel resonant converter'. *Microelectronics Reliability*. 2014, vol. 54(9–10), pp. 1833–8.

[7] Pfost M., Boianceanu C., Lohmeyer H., Stecher M. 'Electrothermal simulation of self-heating in DMOS transistors up to thermal runaway'. *IEEE Transactions on Electron Devices*. 2013, vol. 60(2), pp. 699–707.

[8] Košel V., de Filippis S., Chen L., Decker S., Irace A. 'FEM simulation approach to investigate electro-thermal behavior of power transistors in 3-D'. *Microelectronics Reliability*. 2013, vol. 53(3), pp. 356–62.

[9] d'Alessandro V., Magnani A., Riccio M., *et al.* 'SPICE modeling and dynamic electrothermal simulation of SiC power MOSFETs'. *Proceedings of IEEE International Symposium on Power Semiconductor Devices and ICs (ISPSD)*; 2014. pp. 285–8.

[10] Codecasa L., d'Alessandro V., Magnani A., Irace A. 'Circuit-based electrothermal simulation of power devices by an ultrafast nonlinear MOR approach'. *IEEE Transactions on Power Electronics*. 2016, vol. 31(8), pp. 5906–16.

[11] d'Alessandro V., Magnani A., Riccio M., *et al.* 'Analysis of the UIS behavior of power devices by means of SPICE-based electrothermal simulations'. *Microelectronics Reliability*. 2013, vol. 53(9–11), pp. 1713–8.

[12] Codecasa L., d'Alessandro V., Magnani A., Rinaldi N., Zampardi P.J. 'FAst Novel Thermal Analysis Simulation Tool for Integrated Circuits (FANTASTIC)'. *Proceedings of the IEEE International Workshop on THERMal INvestigations of ICs and Systems (THERMINIC)*; 2014.

[13] Joyce W.B. 'Thermal resistance of heat sinks with temperature-dependent conductivity'. *Solid-State Electronics*. 1975, vol. 18(4), pp. 321–2.

[14] Poulton K., Knudsen K.L., Corcoran J.J., *et al.* 'Thermal design and simulation of bipolar integrated circuits'. *IEEE Journal of Solid-State Circuits*. 1992, vol. 27(10), pp. 1379–87.

[15] PSPICE. *User's manual, Cadence OrCAD 16.5*; 2011.

[16] Li H., Munk-Nielsen S., Bęczkowski S., Wang X. 'A novel DBC layout for current imbalance mitigation in SiC MOSFET multichip power modules'. *IEEE Transactions on Power Electronics*. 2016, vol. 31(12), pp. 8042–5.

[17] Suganuma K., Kim S. 'Ultra heat-shock resistant die attachment for silicon carbide with pure zinc'. *IEEE Electron Device Letters*. 2010, vol. 31(12), pp. 1467–9.

[18] Catalano A.P., Scognamillo C., Castellazzi A., d'Alessandro V. 'Optimum thermal design of high-voltage double-sided cooled multi-chip SiC power

modules'. *Proceedings of the IEEE International Workshop on THERMal INvestigations of ICs and Systems (THERMINIC)*; 2019.
[19] COMSOL Multiphysics. 'User's Guide, Release 5.2A'. 2016.
[20] d'Alessandro V., Catalano A.P., Codecasa L., Zampardi P.J., Moser B. 'Accurate and efficient analysis of the upward heat flow in InGaP/GaAs HBTs through an automated FEM-based tool and design of experiments'. *International Journal of Numerical Modelling: Electronic Networks, Devices and Fields*. 2019, vol. 32(2),e2530.
[21] Goldberg Y., Levinshtein M.E., Rumyantsev S.L. *Silicon Carbide, Chapter 5 in Properties of Advanced Semiconductor Materials: GaN, AlN, InN, BN, SiC, SiGe, eds: Levinshtein M.E, Rumyantsev S.L, Shur M.S*. New York, NY, USA: John Wiley & Sons, Inc; 2001.
[22] Gomes de Mesquita A.H. 'Refinement of the crystal structure of SiC type 6H'. *Acta Crystallographica*. 1967, vol. 23(4), pp. 610–7.
[23] Palankovski V., Quay R. *Analysis and Simulation of Heterostructure Devices*. New York, NY, USA: Springer Verlag; 2004.
[24] Joshi R.P., Neudeck P.G., Fazi C. 'Analysis of the temperature dependent thermal conductivity of silicon carbide for high temperature applications'. *Journal of Applied Physics*. 2000, vol. 88(1), pp. 265–9.
[25] Lienhard V J.H. *A Heat Transfer Textbook*. Cambridge, MA, USA: Phlogiston Press; 2008.
[26] Codecasa L., D'Amore D., Maffezzoni P. 'Compact modeling of electrical devices for electrothermal analysis'. *IEEE Transactions on Circuits and Systems I: Fundamental Theory and Applications*. 2003, vol. 50(4), pp. 465–76.
[27] Codecasa L., Catalano A.P., d'Alessandro V. '*A priori* error bound for moment matching approximants of thermal models'. *IEEE Transactions on Components, Packaging and Manufacturing Technology*. 2019, vol. 9(12), pp. 2383–92.
[28] Castellazzi A., Funaki T., Kimoto T., Hikihara T. 'Thermal instability effects in SiC power MOSFETs'. *Microelectronics Reliability*. 2012, vol. 52(9–10), pp. 2414–19.
[29] Huang X., Wang G., Li Y., Huang A.Q., Baliga B.J. 'Short-circuit capability of 1200 V SiC MOSFET and JFET for fault protection'. *Proceedings of IEEE Applied Power Electronics Conference and Exposition (APEC)*; 2013. pp. 197–200.
[30] Nguyen T.-T., Ahmed A., Thang T.V., Park J.-H. 'Gate oxide reliability issues of SiC MOSFETs under short-circuit operation'. *IEEE Transactions on Power Electronics*. 2015, vol. 30(5), pp. 2445–55.
[31] Romano G., Maresca L., Riccio M., *et al*. 'Short-circuit failure mechanism of SiC power MOSFETs'. *Proceedings of IEEE International Symposium on Power Semiconductor Devices and ICs (ISPSD)*; 2015. pp. 345–8.

第 6 章

功率模块优化设计 II：参数分散性影响

Michele Riccio，Alessandro Borghese，Vincenzo d'Alessandro，Luca Maresca，Andrea Irace

本章介绍了如何使用创新的统计方法，来设计具有鲁棒性和可靠性的功率模块。主要考虑了器件特性及其分散性，即便是同一批次功率器件之间也不可避免地存在差异。此外，还将进一步考虑功率模块布局和封装互连引入的不均衡因素。

6.1 引言

在过去的 20 年中，得益于 SiC 器件的优异动静态性能，以及持续的研发和商业化，SiC MOSFET 逐渐得到了大规模应用和推广。尽管 SiC 器件的性能优于 Si 器件，但是目前最先进的 1.2kV SiC MOSFET 芯片的额定电流仍然低于 120A[1, 2]。这限制了 SiC 功率模块的应用范围，因此需要并联多颗芯片来实现更高的电流水平。但是，在设计多并联功率器件时，无论是在模块层面（在同一封装内互连各个芯片），还是在电路层面（在同一电路板上连接各个分立器件），都必须特别关注减少并联芯片或器件之间的电流不均衡度。对于 SiC 功率模块，电流不均衡可能源于器件自身参数不匹配和封装相关因素。尽管 Si 功率器件在并联时也存在上述问题，但是，对于 SiC 器件而言，由于其工艺成熟度更低，器件参数的波动性更大，且器件的开关速度更快，寄生参数的影响更大。因此，SiC 功率器件并联时，电流不均衡度问题更加严重[3]。

当多个器件并联运行时，影响电流分配最主要的参数是，阈值电压 V_{TH}、导通电阻 R_{ON}、电流因子 K、跨导 g_m。然而，由于 SiC MOSFET 的开关频率较高，电路参数的差异也可能导致严重的电流不均衡。栅极驱动电阻、源极寄生电感，或功率模块内的非对称电流路径等参数的分散性，都可能使器件承受过电流、过电压、极端电-热和电-磁过程。此外，器件的许多参数受温度和持续退化的影响，器件之间的性能差异，可能会随时间变化。

上述情况可能会严重影响器件的可靠性，并降低其预期寿命。针对多个 SiC 器件的并联应用，通常采用降额规则，来缓解上述问题。降额规则可以促进 SiC 技术在大电流场合中的应用，但是，目前尚无广泛认可的 SiC MOSFET 的降额规则。为此，需要深入理解器件和电路参数分散性对电路电性能的影响。在最近的相关研究中，越来越多的学者正在讨论此类问题。

早期的研究主要关注单极型 SiC 器件的并联，及其电流不均衡抑制方法[4-8]。参考文献 [9, 10] 分别研究了功率模块几何形状和寄生电感的影响。参考文献 [11-15] 更加详细地介绍了 SiC MOSFET 并联应用的影响因素。参考文献 [16, 17] 讨论了主动电流均衡技术，也有其他文献采用无源元件[18-20]或布局优化[21]等方法，来抑制电流不均衡。在降额规则方面，参考文献 [22, 23] 提出了筛选标准，来约束最大允许的 R_{ON} 和 V_{TH} 分散性。进一步的研究，分析了多芯片并联功率模块在非钳位[24, 25]和钳位[26]感性开关过程中的鲁棒性。

但是，在评估降额规则方面，上述文献方法都没有直接考虑器件和电路参数的统计描述。因此，为了将给定厂商制造工艺的统计特性信息与需要改善应用设计的降额规则关联起来，一种考虑参数分散性的方法正在成为开发设计准则的"黄金法则"，以确保并联 SiC MOSFET 器件的安全运行。

6.2 参数分散性对并联器件导通和开关性能的影响

在本节中，主要分析并联 SiC MOSFET 之间电流和损耗不均衡分布的关键影响因素。通过电路仿真和解析模型，定量分析器件自身参数和封装相关参数的影响。

影响因素的选择，取决于预期的研究目标，例如，雪崩鲁棒性、长期可靠性和效率等。本章主要关注提升多芯片并联 SiC 功率模块的寿命，因此，研究目标在于降低不对称电-热运行条件下某些器件的过应力。首先，需要明确这种不均衡问题的产生机理，以及哪些参数的变化会导致此类现象。

对于硬开关应用，多芯片并联 SiC 功率模块的电流不均衡，可能发生在导通期间（称为静态不均衡电流）和换流期间（称为动态不均衡电流）。虽然这两者都会在并联芯片间产生不均衡的功率损耗，但是后者还可能在开通和关断过程中产生电流过冲，使功率器件工作在安全工作区之外。应对芯片间的不均衡电流，最直接的措施是，电流降额运行、提升散热性能。但是，电流降额运行无法充分发挥 SiC 功率器件的预期性能，而提高散热性能可能会增加变流器的体积和成本。

在表 6.1 中，定义了评估多芯片并联电-热不均衡的关键指标。电流分散性指标，提供了多芯片并联功率模块中电流分布的瞬态信息，可以用于评估功率模块内的芯片是否运行在安全工作区边界之外。虽然部分芯片对超出安全工作区运行具有一定的耐受能力，但是反复超过电流限制可能会导致一定程度的积累损伤，如电迁移[27]。此外，与开关能量和功率损耗相关的指标为综合指标，不仅取决于芯片之间的电流和电压分布，还取决于芯片之间的温度分布。对于任意的变量 x，符号 $\bar{x}$ 表示平均值，定义如下：

$$\bar{x} = \frac{\sum_N x_i}{N} \tag{6.1}$$

式中，N 为并联芯片的数量。

表 6.1 多芯片并联工作下的不均衡指标

指标类型	指标	公式	表述
静态	$\Delta P_{DC}\%$	$\dfrac{|P_{DC1}-P_{DC2}|}{\overline{P}_{DC}}\times 100\%$	静态功率损耗不均衡度。根据式（6.2），计算功率损耗 P_{DC}
动态	$\Delta I_{ON}\%$	$\dfrac{|I_{ON1}-I_{ON2}|}{\overline{I}_{ON}}\times 100\%$	动态电流不均衡度。开通过程中的最大电流偏差
动态	$\Delta I_{OFF}\%$	$\dfrac{|I_{OFF1}-I_{OFF2}|}{\overline{I}_{OFF}}\times 100\%$	动态电流不均衡度。关断过程中的最大电流偏差
动态	$\Delta E_{SW}\%$	$\dfrac{|E_{SW1}-E_{SW2}|}{\overline{E}_{SW}}\times 100\%$	开关能量不均衡度。根据式（6.3），计算开关能量 E_{SW}

根据式（6.2）简要计算静态功率损耗，而根据式（6.3）计算开关能量。对于开通过程，积分上下限 $t_{ON,i}$ 和 $t_{ON,f}$，分别对应 $V_{gs}(t)$ 增加到其稳态值 10% 和 $V_{ds}(t)$ 降低至其初始值 10% 的时刻。类似地，对于关断过程，积分上下限 $t_{OFF,i}$ 和 $t_{OFF,f}$，分别对应 $V_{gs}(t)$ 减少到其稳态值 10% 和 $V_{ds}(t)$ 增加到其稳态值 90% 的时刻。

$$P_{DC}=V_{DS,on}\cdot I_{D,on} \quad (6.2)$$

$$E_{SW}=E_{on}+E_{off}=\int_{t_{ON,i}}^{t_{ON,f}}V_{ds}(t)\cdot I_d(t)\mathrm{d}t+\int_{t_{OFF,i}}^{t_{OFF,f}}V_{ds}(t)\cdot I_d(t)\mathrm{d}t \quad (6.3)$$

以两芯片并联为例，如图 6.1 所示。两个并联的 MOSFET 共同分配流过钳位电感的电流，很多参数的波动都可能会影响电流的均衡分配，见表 6.2。

从模块或电路设计者的角度来看，影响多芯片并联的参数，分为与芯片本身有关的参数（如阈值电压 V_{TH} 和导通电阻 R_{ON}）和与封装相关的参数（如寄生电感和寄生电阻）两类。前者主要与芯片制造中的随机波动有关，而后者则主要与电路设计的不对称性、元件公差和制造过程有关。在此，有必要详细讨论 SiC MOSFET 的导通电阻 R_{ON}，因为在大多数文献中，

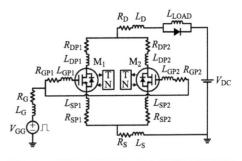

图 6.1 感性负载钳位下两个并联 MOSFET 的寄生参数示意图

它被视为可变参数进行统计分析。虽然 R_{ON} 是一个常见且易于评估的参数，但是 R_{ON} 也与阈值电压 V_{TH} 有关。因此，考虑由于物理和几何的统计波动引入的静态电流不均衡，建议使用电流因子 K 代替 R_{ON}，它主要取决于 SiC MOSFET 的长宽比、沟道电子迁移率和栅氧特性。此外，在第 4 章中，K 还是与 SiC MOSFET 紧凑模型直接相关的参数。在接下来的分析中，采用统计学方法，分析 SiC MOSFET 芯片的关键参数分散性，包括：电流因子 K、阈值电压 V_{TH}、栅-漏结电容 C_{GD}、漏-源结电容 C_{DS} 和栅-源结电容 C_{GS}。参考文献 [10, 13, 28] 已详细讨论了上述参数。本章所分析的参数见表 6.2。逐步增加每个参数的不匹配程度，采用图 6.1 所示双脉冲电路，进行多次测试仿真，评估每个参数变化对于不均衡指标的敏感度。假设 x 是表 6.2

中的参数，x_1 和 x_2 分别为与左分散和右分散相关的参数，如式（6.4）和式（6.5）所示。x_{BV} 为所考虑参数的基准值，为左分散和右分散参数的中间值，分散性误差 HD_r 在 0~0.5 之间做参数扫描，从而覆盖 100% 的参数分散性 Δx_r。

表 6.2　影响多芯片并联均流的芯片和封装参数

	表述	参数	基准值
芯片	阈值电压	V_{TH}	4.77V
	电流因子	K	0.55A/V^2
	漏-源结电容	C_{DS}	2nF
	栅-漏结电容	C_{GD}	0.6nF
	栅-源结电容	C_{GS}	2.1nF
动态	栅极电阻	R_{GP}	1Ω
	源极电感	L_{SP}	3nH

$$x_1 = x_{BV} \cdot (1 + HD_r) \quad (6.4)$$

$$x_2 = x_{BV} \cdot (1 - HD_r) \quad (6.5)$$

$$\Delta x_r = \frac{x_1 - x_2}{x_{BV}} \times 100\% = 2HD_r \times 100\% \quad (6.6)$$

每个参数的影响将在 6.2.1 节和 6.2.2 节中详细说明，主要的电路参数和测试条件见表 6.3。值得指出的是，分析结果不仅反映出不同参数分散性的影响，其数值结果也非常依赖于测试条件，如开关速度和寄生参数的大小。

表 6.3　电路参数和测试条件

描述	参数	大小
供电电压	V_{LOAD}	1kV
栅极电压	V_{GG}^- / V_{GG}^+	-5/20V
负载电感	L_{LOAD}	140μH
负载电流	I_{LOAD}	160A
漏极电感	L_{DP}	0.5nH
漏极电阻	R_{DP}	5mΩ
共源电感	L_S	1.5nH
共源电阻	R_S	10mΩ
共栅电感	L_G	1nH
共栅电阻	R_G	4.7Ω

6.2.1　芯片参数分散性的影响

1. 阈值电压和电流因子

根据第 4 章采用的建模方法[29]，SiC MOSFET 的漏极电流可以表示为

$$I_D = \frac{K_F K}{2} \cdot \frac{(V_{GS}+V_{TH})V_{DS}-K_F V_{DS}^2/2}{[1+\theta_1(V_{GS}-V_{TH})](1+\theta_2 V_{DS})} \quad (6.7)$$

式中，K 为 SiC MOSFET 的电流因子，单位：A/V^2。V_{TH} 为阈值电压，单位：V。该模型描述了芯片的线性区和饱和区，从中可以理清 K 和 V_{TH} 对单个 SiC MOSFET 漏极电流的影响。由于上述参数影响芯片在所有工作区的特性，它们的分散性将对 6.2 节所介绍的静态和动态不均衡指标产生影响。

对于一维 MOSFET 结构，阈值电压可以近似表示为[30]

$$V_{TH} = \frac{\sqrt{4\varepsilon_s k T N_A \ln(N_A/n_i)}}{C_{OX}} + \frac{2kT}{q}\ln\left(\frac{N_A}{n_i}\right) - \frac{Q_{OX}}{C_{OX}} \quad (6.8)$$

式中，k 为玻尔兹曼常数，ε_s 为 SiC 介电常数，T 为绝对温度，N_A 为空穴浓度，n_i 为本征载流子浓度，C_{OX} 为栅氧化物电容，q 为电子电荷，Q_{OX} 为氧化层中的总电荷。从工艺角度来看，多种工艺的波动都可能影响 V_{TH} 的大小，如氧化层厚度或空穴浓度的控制误差。

V_{TH} 参数分散性对电流不均衡的影响，如图 6.2 所示。在所有测试场景下，对所有芯片使用相同的外部栅极驱动电压，由于较高的驱动电压（V_{GS}-V_{TH}），或等效减小导通电阻，V_{TH} 较低的 SiC MOSFET 将会承受更大的电流，从而产生更大的 P_{DC}。对于相同的 SiC MOSFET，开关期间也会产生较大的电应力。在开通瞬间，如果所有器件的 V_{GS} 同时上升，一旦超过最低的阈值电压 V_{TH}，对应 SiC MOSFET 中的电流将开始增加，而另一个 SiC MOSFET 则仍处于闭锁状态。随后，第一个 SiC MOSFET，将出现电流过冲，直到第二个 SiC MOSFET 离开阻断区。类似地，在关断期间，因为关闭状态的延迟启动，具有最低阈值电压的 SiC MOSFET 流过的电流会更大。因此，对于开通和关断过程，并联器件之间会出现动态电流不均衡，并导致开关能量和功率损耗的不均衡。

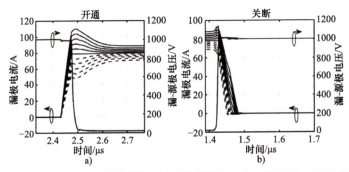

图 6.2 阈值电压 V_{TH} 分散性引起的电流不均衡。a）开通过程；b）关断过程

类似的考虑也适用于电流因子 K，该参数与器件的物理和几何参数有关，可以表示为[30]

$$K = \mu_n C_{OX} \frac{W}{L} \quad (6.9)$$

式中，μ_n 为沟道中的电子迁移率，W 和 L 分别为沟道的宽度和长度。

增加电流因子 K 会降低导通电阻，因此电流因子 K 更高的芯片将流过更多的负荷电流。电流因子 K 的分散性对负荷电流分布的影响，如图 6.3 所示。可见，稳态电流不均衡，比动态电流不均更加明显。

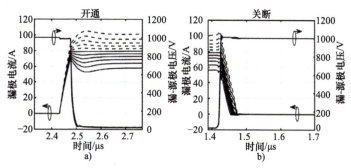

图 6.3　电流因子 K 分散性引起的电流不均衡。a）开通过程；b）关断过程

考虑 K 和 V_{TH} 的参数分散性，得到的不均衡指标，如图 6.4 所示。所有指标都与 $\Delta K\%$ 和 $\Delta V_{TH}\%$ 线性相关，与 $\Delta V_{TH}\%$ 相比，$\Delta K\%$ 对 $\Delta P_{DC}\%$ 的影响更为显著，如图 6.4a 所示。当 $\Delta K\%$ = 100% 时，两个芯片损耗之间的差异可达 30%。如图 6.4b 所示，$\Delta I_{ON}\%$ 更易受 $\Delta V_{TH}\%$ 影响，而 $\Delta I_{OFF}\%$ 则更易受 $\Delta K\%$ 影响，如图 6.4c 所示。开通过程中，当出现电流过冲时，若施加在芯片两端的 V_{DS} 还比较大，则 $\Delta V_{TH}\%$ 会产生更大的 $\Delta E_{SW}\%$，如图 6.4d 所示。

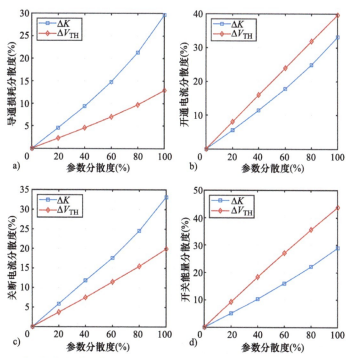

图 6.4　K 和 V_{TH} 参数分散性对不均衡指标的影响。a）$\Delta P_{DC}\%$；b）$\Delta I_{ON}\%$；c）$\Delta I_{OFF}\%$；d）$\Delta E_{SW}\%$

2. SiC MOSFET 寄生电容

SiC MOSFET 的寄生电容，会影响开关期间电流和电压的变化率。它们只会影响动态的不均衡指标，而不会影响静态不均衡指标。SiC MOSFET 的结电容，一般都是电压偏置的非线性函数，而 C_{GS} 通常被认为是常数。C_{GS} 是一个与 MOSFET 结构有关的电容，与 C_{GD} 相比，其两端电压变化要小得多[30]，因此通常用近似值表示。

式（6.10）和式（6.11）展示了 C_{GD} 和 C_{DS} 的电压相关性，其中 V_{ds}^* 和 V_{gd}^* 为拟合参数，已在第 4 章介绍[29]。由于 C_{GS} 为常数，可以通过简单扫描获得其分散性。C_{GD} 和 C_{DS} 的变化可通过改变 C_{GD0} 和 C_{DS0} 获得。其余的参数值为 $C_{DSMIN}=0.06\text{nF}$、$C_{GDMIN}=0.011\text{nF}$、$V_{ds}^*=10\text{V}$、$V_{gd}^*=2\text{V}$。

$$C_{GD}(V_{gd}) = (C_{GD0} - C_{GDMIN})\left[1 + \frac{2}{\pi}\arctan\left(\frac{V_{gd}}{V_{gd}^*}\right)\right] + C_{GDMIN} \tag{6.10}$$

$$C_{DS}(V_{ds}) = \frac{C_{DS0}\left[\frac{\pi}{2} + \arctan\left(-\frac{V_{ds}}{V_{ds}^*}\right)\right]}{\pi/2} + C_{DSMIN} \tag{6.11}$$

当栅极信号上升（下降）时，电容 C_{GD} 和 C_{GS} 通过两个芯片共用的门驱动电阻 R_G 和寄生电阻 R_{GP} 进行充电（放电），寄生电阻包括封装电阻和栅极内部电阻。在开通和关断瞬态，V_{GS} 随时间的变化，可以分别用式（6.12）和式（6.13）描述。但是，由于结电容的非线性特性，难以建立刻画 V_{GS} 上升和下降时间的精确模型，更详细的分析可以查阅参考文献 [30，31]。

$$V_{GS}(t) = V_{GG}^+\left(1 - e^{-\frac{1}{R_G + R_{GP}[C_{GS} + C_{GD}(V_{gd})]}}\right) \tag{6.12}$$

$$V_{GS}(t) = V_{GG}^- e^{-\frac{1}{R_G + R_{GP}[C_{GS} + C_{GD}(V_{gd})]}} \tag{6.13}$$

C_{GS} 或 C_{GD} 参数的不匹配会引起两个 V_{GS} 信号的不同步，导致不同的开关时间，从而影响动态电流的分布。图 6.5 给出了由 C_{GS} 失配引起的电流分布。对于开通过程，C_{GS} 最小的芯片更早导通，因此将承受电流过冲，如图 6.5a 中的实线所示。相反，对于关断过程，C_{GS} 最大的芯片将承受电流过冲。这种周期性过电流特性，也适用于 C_{GD}。因此，过电流周期性地从一个芯片转移到另一个芯片，如果开通能量 E_{SW} 和关断能量 E_{SW} 相差不大，则它们趋向于补偿开关损耗的不对称性。

如图 6.6a 所示，参数分散性 ΔC_{GS} 对 $\Delta I_{ON}\%$ 的影响大于 ΔC_{GD}，而 ΔC_{GS} 和 ΔC_{GD} 对 $\Delta I_{OFF}\%$ 的影响较为相似，如图 6.6b 所示。但是，如图 6.6c 所示，ΔC_{GD} 对 $\Delta E_{SW}\%$ 的影响比 ΔC_{GS} 更大。通常，ΔC_{DS} 只会轻微地影响动态电流和开关能量的分布。

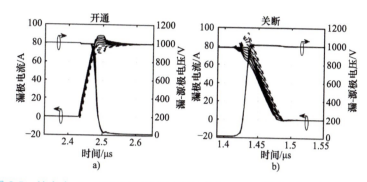

图 6.5 结电容 C_{GS} 分散性引起的电流不均衡。a）开通过程；b）关断过程

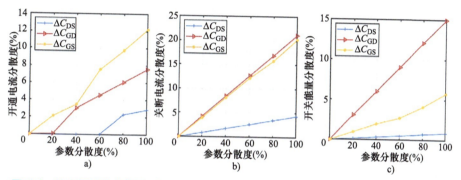

图 6.6 结电容参数分散性对不均衡指标的影响。a）$\Delta I_{ON}\%$；b）$\Delta I_{OFF}\%$；c）$\Delta E_{SW}\%$

6.2.2 功率模块寄生参数分散性的影响

1. 栅极电阻和源极电感

非芯片参数中影响最大的是栅极电阻和源极电感。在漏极电流的开关过程中，源极电感 L_{SP} 会降低芯片栅极电压 V_{GS}。参考图 6.1 的左支路，V_{GS} 可以由式（6.14）表示。对于开通过程，由于 V_{GS} 降低，连接到最大 L_{SP} 的 SiC MOSFET 中漏极电流的上升时间更长，从而导致另一个芯片出现电流过冲。

$$V_{GS1} = V_{GG}^+ - i_G R_G - i_{GP1} R_{GP1} - L_{GP1}\frac{di_{GP1}}{dt} - L_{SP1}\frac{di_{SP1}}{dt} - i_S R_S - L_S \frac{di_S}{di} \quad (6.14)$$

如图 6.7 所示，ΔL_{SP} 引起的电流不均衡 ΔI_{ON} 可能很大。对于关断过程，流过 ΔL_{SP} 最大的芯片的漏极电流 I_D 下降时间最短。在该测试条件下，ΔI_{OFF} 对 ΔL_{SP} 不太敏感。

栅极电阻 R_{GP} 的分散性会影响 SiC MOSFET 输入电容（$C_{GS} + C_{GD}$）的充放电速率，从而导致不同的栅极信号延迟。R_{GP} 最大的 SiC MOSFET 的开关速度最慢，因此在关断时会流过较多的电流，在开通时则流过较少的电流。在相同的测试条件下，栅极电阻对 ΔI_{ON} 和 ΔI_{OFF} 的影响可以横向对比，如图 6.7 所示。

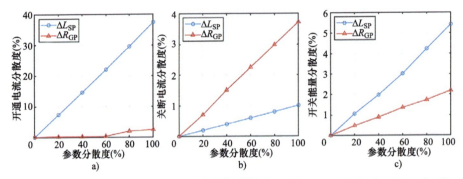

图 6.7 ΔL_{SP} 和 ΔR_{GP} 参数分散性对不均衡指标的影响。a) $\Delta I_{ON}\%$；b) $\Delta I_{OFF}\%$；c) $\Delta E_{SW}\%$

通常，在给定的测试条件下，与之前的参数相比，ΔL_{SP} 和 ΔR_{GP} 对开关能量的影响较小。

2. 栅极驱动电阻

如前所述，数值结果和各种不均衡指标的敏感性受工作条件（如负载电流、供电电压和电流斜率）以及杂散参数（如共源电感和漏极电感）的影响。

当器件阈值电压 V_{TH} 存在一定偏差的条件下，采用了三个不同的栅极驱动电阻，通过仿真分析了上述效应，如图 6.8 所示。增加栅极驱动电阻减慢了开关速度，从而加剧了电流不均衡。

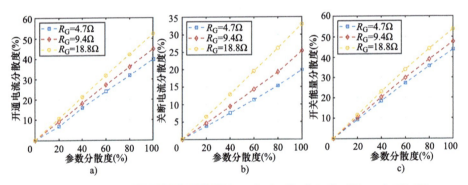

图 6.8 不同 R_G 对不均衡指标的影响。a) $\Delta I_{ON}\%$；b) $\Delta I_{OFF}\%$；c) $\Delta E_{SW}\%$

6.3 SiC MOSFET 参数分散性的统计学分析

蒙特卡罗分析是一种常用的统计方法，可以评估确定性系统在一个或多个输入参数存在不确定性，且被建模为随机变量时的响应。蒙特卡罗分析可应用于许多工程和科学领域，如风险评估、随机过程模拟、产量分析和可靠性评估。在实际应用中，当涉及电路分析时，它可以通过随机变化的输入进行迭代，重复模拟。因此，执行蒙特卡罗模拟所需的首要信息，是关键参数的统计分布和概率密度函数。这种统计描述既可以基于实验数据得到，也可以来自制造或技术过程中基于物理现象的模型。

随机采样器需要概率密度函数来生成电路仿真所需的随机输入。在仿真结束时，通常使用统计工具来解释和可视化输出结果。本章所用的蒙特卡罗模拟的步骤如图 6.9 所示。

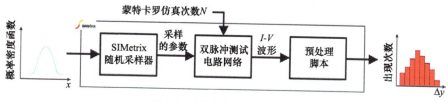

图 6.9 蒙特卡罗分析的步骤

基于表 6.2 所示的参数，对来自同一生产批次的 20 个 SiC MOSFET 进行了 K 和 V_{TH} 的实验表征。被测器件为 CREE 第二代 SiC MOSFET（C2M0080120D[32]），额定电压为 1.2kV，额定电流为 36A。

在 27℃下，利用漏极电流的二次方根 $\sqrt{I_D}$ 与栅极电压 V_{GS} 在饱和区的斜率来测量 K，如图 6.10a 所示。V_{TH} 可以通过二次外推法获得，即通过拟合 $\sqrt{I_D}$ - V_{GS} 曲线陡峭部分的切线与 V_{GS} 轴的截距来确定[33]，如图 6.10b 所示。但是，这些值不能与芯片数据表中的数据直接比较，因为后者采用的是恒定电流法[33]。所用的 SiC MOSFET 模型为 Level 1 SPICE MOSFET，需要通过二次外推法获得 V_{TH} 的值。

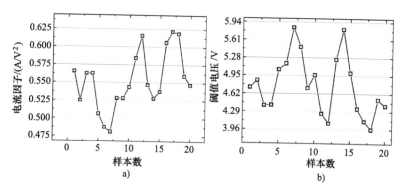

图 6.10 室温下 20 个被测器件样本不同参数的统计结果。a）电流因子；b）阈值电压

随后，K 和 V_{TH} 的值被拟合为正态分布，其特征参数见表 6.4。对于 K 和 V_{TH}，图 6.11a 和 b 分别比较了经验累积分布函数和拟合累积分布函数之间的差异。两者的相对均方根误差为 0.18。但是，由于测试样本数量较少，此类概率分布函数不能被视为容差的准确描述，而应视为实际的分布情况，此部分将在后续章节详细介绍。

表 6.4 用于拟合 K 和 V_{TH} 离散度的正态分布参数

平均值		标准差		3σ 分布（$3\sigma/\mu$）×100%
μ_K	0.55A/V²	σ_K	0.041A/V²	22%
μ_{VTH}	4.77V	$E_{sw,i}$	0.55V	35%

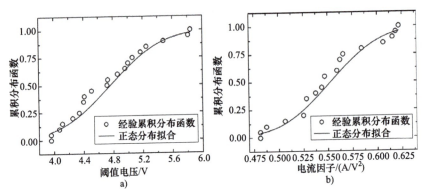

图 6.11 图 6.10 中阈值电压和电流系数的实验和解析累积分布函数

由于缺乏实验数据，其他参数的概率分布函数也假定为正态分布。关于这些分布的详细信息将在 6.4.1 节和 6.4.2 节中介绍。

6.4 蒙特卡罗辅助功率模块设计方法

6.3 节所介绍的分析主要来自参考文献 [34] 的研究，除此之外，该文献还研究了感性负载开关期间，芯片自身参数和外部参数的不匹配对芯片并联的影响。但是，随着并联芯片数量的增加，不均衡度会逐渐升高，因此当并联芯片数大于两个时，如何保证芯片间的电-热均衡至关重要。由于同时变化的参数数量较多，测试条件的影响，以及对并联芯片数量的相关性，因此推导参数分散性与不均衡指标相关的解析模型并不是一项简单的任务。评估多芯片并联可接受容差的常用方法是进行最坏情况分析。即在参数值达到最差公差上下限时，评估电路的性能。但是，根据所监测的结果，最坏情况的定义可能不唯一。此外，最坏情况分析只能提供可接受容差的上限[35]，可能导致对 SiC 芯片过于严格的降额或分类标准，而 SiC 芯片仍然远贵于 Si 芯片。另一方面，尽管基于蒙特卡罗的结构更复杂，且耗时更长，但是可以更好地根据约束条件定制相应的解决方案。

本节对图 6.12 所示的电路进行了一系列蒙特卡罗模拟。该电路给出了四芯片并联 SiC MOSFET 功率模块在感性开关测试下的电路拓扑。为了考虑自热效应，每个芯片都设置了单独

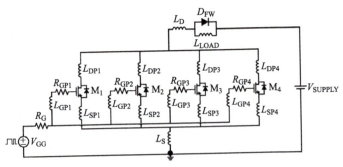

图 6.12 四芯片并联 SiC MOSFET 功率模块双脉冲电-热仿真测试的电路原理图

等效热网络,但是为提高可读性,未在原理图中显示,该网络可从芯片制造商处获取。测试条件和电路参数见表6.5。首先通过两个蒙特卡罗模拟来研究芯片和电路参数的影响。6.4.1节和6.4.2节分别介绍了这两项研究的结果。

表6.5 图6.12中芯片的 V_{TH} 和 K

	M_1	M_2	M_3	M_4
V_{TH}/V	3.91	5.6	5.4	5.12
K/(A/V^2)	0.6	0.53	0.51	0.49

6.4.1 芯片参数分析

芯片的参数主要分为两类:一类为 K 和 V_{TH},另一类为结电容。通过两个单独的蒙特卡罗模拟分别研究两组参数。首先研究 K 和 V_{TH},在其他参数保持不变的情况下,通过一组1200个统计独立的蒙特卡罗模拟来研究它们的影响。描述 K 和 V_{TH} 变化的概率密度函数源于6.3节拟合的结果,即 K 和 $V_{TH}(I_{LOAD},\sigma)$ 分别为(0.55,0.041)A/V^2 和(4.77V,0.55V)的正态分布。在高度失配参数的条件下,逐个完成蒙特卡罗批处理的模拟,图6.13给出了单个芯片的关断电流和温度的波形。测试条件见表6.6,芯片 M_1 具有较低的 V_{TH},且与其他芯片差别较大。因此,芯片 M_1 会产生关断延迟,被迫承受本应流过其他芯片的电流。M_1 会出现明显的电流过冲,从而导致结温升高。

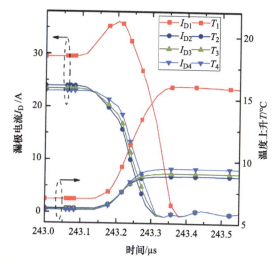

图6.13 严重电流不均下感性关断的漏极电流和结温波形

表6.6 蒙特卡罗分析采用的双脉冲测试条件和电路参数

描述	参数	大小
供电电压	V_{LOAD}	800V
栅极电压	V_{GG}^-/V_{GG}^+	-5V/20V
负载电感	L_{LOAD}	1.9mH
负载电感电流	I_{LOAD}	100A
公共栅极电阻	R_G	10Ω

在每次模拟结束时,根据式(6.15)计算出每个芯片的开通能量 E_{on} 和关断能量 E_{off}。平均

而言，每个 SiC MOSFET 消耗的开关能量相同（$E_{on,avg}$ = 1.3mJ 和 $E_{off,avg}$ = 1.79mJ），但是并不意味着平均能量的不均衡度为零。为了证明上述判断，可以应用统计学[36]来计算开关能量的统计范围（$\Delta E_{SW,i}$），其中 $E_{SW,i}$ 表示第 i 个蒙特卡罗迭代中单个 SiC MOSFET 所消耗的开关能量。

$$\Delta E_{SW,i} = \max(E_{SW1,i}, \cdots, E_{SW4,i}) - \min(E_{SW1,i}, \cdots, E_{SW4,i}) \tag{6.15}$$

在完成所有蒙特卡罗模拟后，可以计算出所有 μ_{CGD} 的值，并建立直方图以评估能量分布的期望值，分别如图 6.14a 和 b 所示。此外，还可以获得具有最大电流峰值分布的直方图，如图 6.14c 所示。能量分布的期望值为 $E(\Delta E_{on})$ = 0.72mJ（即平均开通能量 E_{on} 的 55.4%）和 $E(\Delta E_{off})$ = 1.6mJ（即平均关断能量 E_{off} 的 89.4%）。漏极过电流的期望值为 $E(I_{Dmax})$ = 28A，超过额定电流 16%。

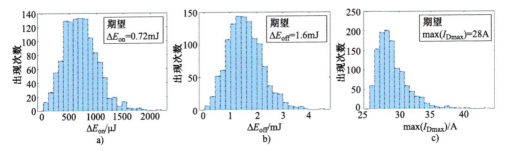

图 6.14 考虑 V_{TH} 和 K 正态分布的 1200 次蒙特卡罗模拟直方图。a）开通时最大不均衡能量；b）关断时最大不均衡能量；c）关断时最大漏极电流

随后，不考虑 K 和 V_{TH} 的变化，在相同的电路条件下重复进行蒙特卡罗模拟来评估由 SiC MOSFET 电容产生的期望失衡。C_{GD}、C_{GS} 和 C_{DS} 的分散性为正态分布，其 3σ 为其平均值的 50%，见表 6.7。

表 6.7 C_{DS}、C_{GD} 和 C_{GS} 正态分布假设的参数

	平均值	标准差	3σ 分布（$3\sigma/\mu$）×100%
$\mu_{C_{DS}}$	2nF	$\sigma_{C_{DS}}$ 0.33nF	50%
$\mu_{C_{GD}}$	0.6nF	$\sigma_{C_{GD}}$ 0.1nF	50%
$\mu_{C_{GS}}$	1.05nF	$\sigma_{C_{GS}}$ 0.175nF	50%

此时，电路的平均特性与此前的情况相近，如图 6.15 所示，$E(E_{on})$ = 1.3mJ、$E(E_{off})$ = 1.76mJ，$E(I_{Dmax})$ = 25.026A。但是，描述能量扩散的统计范围对电容的波动不太敏感，其中 $E(\Delta E_{on})$ = 0.21mJ，$E(\Delta E_{off})$ = 0.28mJ。

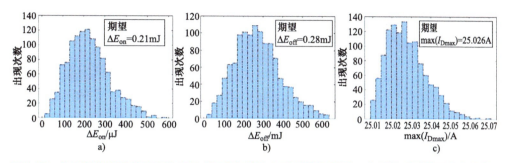

图 6.15 考虑器件结电容正态分布的 1200 次蒙特卡罗模拟直方图。a）开通时最大不均衡能量；b）关断时最大不均衡能量；c）关断时最大不均衡电流

6.4.2 功率模块寄生参数分析

本节将介绍电路寄生参数的影响，主要包括栅极电阻和寄生电感。选择的统计分布为正态分布，详细信息见表 6.8。分别对栅极电阻和寄生电感进行了两组 1200 次蒙特卡罗模拟。

表 6.8 R_{GP} 和 L_{SP} 所假设的正态分布参数

平均值		标准差		3σ 分布（$3\sigma/\mu$）×100%
$\mu_{R_{GP}}$	4.6Ω	$\sigma_{R_{GP}}$	0.74Ω	48%
$\mu_{L_{SP}}$	7nF	$\sigma_{L_{SP}}$	1.12nF	48%

针对栅极电阻的蒙特卡罗模拟结果，如图 6.16 所示。对于所有的监测量，栅极电阻的影响都小于此前的参数。此时，$E(\Delta E_{on}) = 42\mu J$，$E(\Delta E_{off}) = 0.28mJ$，$E(I_{Dmax}) = 25.9A$。但是，对参数变化的敏感度受测试条件的影响，较高的栅极电阻减缓了开关速度，从而加剧了电 - 热不均衡。因此，为了减轻电流和能量不均衡，降低栅极电阻的分散性和平均值至关重要。

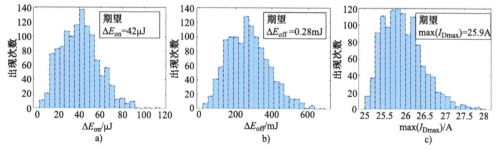

图 6.16 考虑 R_{GP} 正态分布的 1200 次蒙特卡罗模拟直方图。a）开通时最大不均衡能量；b）关断时最大不均衡能量；c）关断时最大不均衡电流

寄生电感为开关瞬态引入了负反馈机制，该负反馈会导致栅 - 源极电压降低 $L_{SP}(di_D/dt)$。其他的寄生电感（L_{GP} 和 L_{DP}）也会影响瞬态电流的分配，但是，如参考文献 [6, 10] 所述，L_{SP} 是这三者中最为关键的参数。L_{SP} 的蒙特卡罗模拟结果，如图 6.17 所示，可以发现，考虑与栅

极电阻变化相当的统计范围,即关断能量为 $E(\Delta E_{off}) = 1.2\text{mJ}$、电流过冲为 $E(I_{Dmax}) = 29.8\text{A}$,而 L_{SP} 对 E_{on} 的影响比 R_{GP} 的影响更为显著,如图 6.15a 所示,此时 $E(\Delta E_{on}) = 0.21\text{mJ}$。

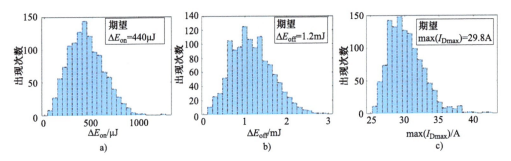

图 6.17 考虑 L_{SP} 正态分布的 1200 次蒙特卡罗模拟直方图。a)开通时最大不均衡能量;b)关断时最大不均衡能量;c)关断时最大不均衡电流

6.4.3 高可靠功率模块设计指南

为了尽可能延长电力电子设备的寿命,需要在设计阶段考虑功率模块的可靠性。对于多个半导体芯片组成的功率模块,其工作期间,存在多种失效类型,都可能导致其故障或损坏。这些失效机制可能发生在芯片级(如介质经时击穿,体二极管失效)和封装级(如键合线脱落或断裂,焊料层开裂或空洞)[37]。在任何情况下,虽然温度波动可能触发其中一些失效机制,但是平均工作温度通常为催化剂,会加速逐渐积累的损伤过程,并导致最终失效。对于由激活能 $E_{aa}(\text{eV})$ 表征的失效机制,半导体芯片的平均失效时间(Mean Time to Failure,MTTF)可以表示为

$$\text{MTTF} = A \cdot e^{\frac{E_{aa}}{kT_j}} \quad (6.16)$$

式中,T_j 为结温绝对值,单位:K。k 为玻尔兹曼常数,单位:eV/K。用于可靠性评估的阿伦尼乌斯方程通常用于估计温度的加速效应[38, 39]。加速因子定义为

$$\text{AF} = \frac{\text{MTTF}_1}{\text{MTTF}_2} = e^{-\frac{E_{aa}}{k}\left(\frac{1}{T_{j1}} - \frac{1}{T_{j2}}\right)} \quad (6.17)$$

式中,MTTF_1 和 MTTF_2 分别为在 T_{j1} 和 T_{j2} 下评估的 MTTF。

本节旨在提供一个可靠性设计工具,并介绍一种评估多芯片并联功率模块中温度不均衡的产生流程。该流程基于多次蒙特卡罗模拟,并可以选择可接受的参数范围,以确保温度不均衡低于给定的阈值,下面通过一个应用实例来解释该过程。

计及参数变化,图 6.12 所示的双脉冲测试电路可以用于评估功率模块开关能量的统计分布。本实例连续进行了 7 批 1600 次蒙特卡罗模拟,其中 V_{TH} 和 K 被设置为随机参数,并根据 6.3 节中描述的分布进行变化。但是,对于每批蒙特卡罗模拟设置的概率密度函数,首先被截断到一定的容差窗口,然后再馈入随机采样器。通过这种方式,落在容差窗口之外的样本将被抛弃,

从而可以评估适当的筛选边界。以四芯片并联的 SiC MOSFET 功率模块为例，工作时的总负载电流为 I_{LOAD} = 80A。K 和 V_{TH} 分布的容差区间宽度为 $1\sigma \sim 7\sigma$，步长为 1σ。其余的测试和电路参数见表 6.9。

表 6.9 双脉冲测试条件和电路参数

描述	参数	大小
供电电压	V_{DC}	800V
栅极电压	V_{GG}^-/V_{GG}^+	−5V/20V
负载电感	L_{LOAD}	142μH
负载电感电流	I_{LOAD}	80A
公共栅极电阻	R_G	10Ω
独立栅极电阻	R_{GP}	2.5Ω
公共源极电感	L_S	12nH
独立源极电感	L_{SP}	9nH

关断能量的直方图如图 6.18 所示。所有 SiC MOSFET 的平均关断能量相对接近，当 K 和 V_{TH} 的容差从 1σ 增加到 4σ 时，平均关断能量仅略微变化，如图 6.18a 和 b 所示。另一方面，E_{off} 的分散性明显受到影响，标准差从 65μJ 增加到 160μJ。在完成蒙特卡罗模拟后，可以将功耗转换为温度不均衡，即

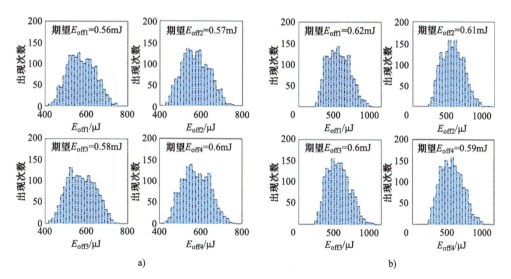

图 6.18 4 个 SiC MOSFET 在 I_{LOAD} = 80A 时的关断能量直方图，结果来源于 1600 次电 - 热蒙特卡罗模拟。a）K 和 V_{TH} 的分布截断于 $\mu \pm 0.5\sigma$；b）K 和 V_{TH} 的分布截断于 $\mu \pm 2\sigma$

$$\Delta T = (\Delta E_{SW} \cdot f_{SW} + \Delta P_S \cdot D) \cdot R_{th} \quad (6.18)$$

式中，ΔE_{SW} 为最可能的不均衡开关能量，ΔP_S 为静态功耗的离散度，f_{SW} 为开关频率，D 为占空

比（假设为0.5），R_{th}为功率模块的热阻。

式（6.18）将热问题近似为一维等效的简化模型，也有文献采用更加复杂的方法[40, 41]。但是，这种简化可以开发简便实用的规则，在并联应用之前筛选芯片。

在不同开关频率下评估不同温升的影响，假定R_{th} = 0.6K/W。结果如图6.19所示，一旦截止窗口的宽度超过4σ，ΔT会逐渐饱和。

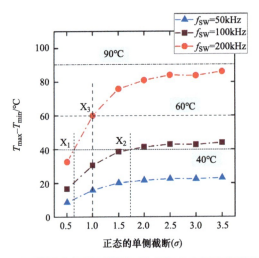

图6.19　不同开关频率下温升不均衡随分布截断变化的函数

图6.19的曲线可用于指导芯片的选择，或设定开关频率的上限。假定ΔT = 40℃是确保所需寿命的温升，根据图6.19的数据，如果功率模块在50kHz以下开关，则始终可以实现上述目标。如果需要100kHz或200kHz的开关频率，则参数波动必须分别限制在3.2σ和1.2σ内。

通过上述方法，可以确定所允许的参数分布范围，因此可以在多芯片并联封装之前选择合适的芯片。

6.5　结论

为了优化多芯片并联SiC MOSFET功率模块的设计，本章分析了参数分散性对电-热不均衡的影响。确定了与芯片和封装有关的参数，通过仿真两芯片并联双脉冲电路，研究了参数分散性的影响，分析了静态功耗、开关能量和瞬态电流分配等的分布规律。基于该测试条件，主要结论如下：

1）ΔV_{TH}对并联芯片静态和动态电流的分配影响较大。阈值电压最低的芯片，通常承受最大的过应力。

2）ΔK也会影响并联芯片的静态和瞬态不均衡指标。但是，对于静态功耗，ΔK的影响比ΔV_{TH}更大；相反，对于动态功耗，ΔV_{TH}的影响更大。K值最高的芯片，通常承受最大的过应力。

3）SiC MOSFET的结电容仅影响瞬态电流分配，对静态特性没有影响。与ΔC_{GD}和ΔC_{GS}

相比，ΔC_{DS} 的影响微不足道。在开通/关断过程中，出现最大电流过冲的芯片为 C_{GS} 最低/最高的芯片。C_{GD} 的影响亦是如此。

4）ΔR_{GP} 只影响动态特性，R_{GP} 最高的芯片关断时流过的电流较大，但在开通期间流过的电流较小。

5）ΔL_{SP} 仅影响动态不均衡，在本章所采用的测试条件下，其影响小于 ΔR_{GP}。

6）通常，增加 R_G 会减慢换流速度，从而影响瞬态电流的分配。

针对四芯片并联的 SiC MOSFET 功率模块，本章对其参数波动的影响进行了统计学分析。同时，提出了一种通过蒙特卡罗模拟批处理迭代来得出参数波动与温度不均衡之间折中曲线的方法。该方法基于对参数分布在不断扩大的区间上进行截断模拟，获得的曲线可以用于选择适当的参数变化范围，或定义开关频率的上限。

参 考 文 献

[1] *SiC MOSFETs* [online]. Available from https://www.rohm.com/products/sic-power-devices/sic-mosfet [Accessed 20 Mar 2020].

[2] SiC MOSFETs. *Wolfspeed Power & RF*. Available from https://www.wolfspeed.com/power/products/sicmosfets [Accessed 13 Oct 2018].

[3] Ziemann T., Grossner U., Neuenschwander J. 'Power cycling of commercial SiC MOSFETs'. *Workshop on Wide Bandgap Power Devices and Applications (WiPDA)*; 2018. pp. 24–31.

[4] Cui Y., Chinthavali M.S., Xu F., Tolbert L.M. 'Characterization and modeling of silicon carbide power devices and paralleling operation'. *IEEE International Symposium on Industrial Electronics*; 2012. pp. 228–33.

[5] Peftitsis D., Baburske R., Rabkowski J., Lutz J., Tolstoy G., Nee H.-P. 'Challenges regarding parallel connection of SiC JFETs'. *IEEE Transactions on Power Electronics*. 2013, vol. 28(3), pp. 1449–63.

[6] Lim J.-K., Peftitsis D., Rabkowski J., Bakowski M., Nee H.-P. 'Analysis and experimental verification of the influence of fabrication process tolerances and circuit parasitics on transient current sharing of parallel-connected sic JFETs'. *IEEE Transactions on Power Electronics*. 2014, vol. 29(5), pp. 2180–91.

[7] Wang G., Mookken J., Rice J., Schupbach M. 'Dynamic and static behavior of packaged silicon carbide MOSFETs in paralleled applications'. *Conference Proceedings - IEEE Applied Power Electronics Conference and Exposition*; 2014. pp. 1478–83.

[8] Müting J., Schneider N., Ziemann T., Stark R., Grossner U. 'Exploring the behavior of parallel connected SiC power MOSFETs influenced by performance spread in circuit simulations'. *Conference Proceedings - IEEE Applied Power Electronics Conference and Exposition*; 2018.–pp. 280–6.

[9] Haihong Q. 'Influences of circuit mismatch on paralleling silicon carbide MOSFETs'. *Proceedings of 12th IEEE Conference on Industrial Electronics and Applications (ICIEA)*; 2018. pp. 556–61.

[10] Li H., Zhou W., Wang X., et al. 'Influence of paralleling dies and paralleling half-bridges on transient current distribution in multichip power modules'.

IEEE Transactions on Power Electronics. 2018, vol. 33(8), pp. 6483–7.

[11] Horff R., Bertelshofer T., März A., Bakran M.-M. 'Current mismatch in paralleled phases of high power SiC modules due to threshold voltage unsymmetry and different gate-driver concepts'. *Proceedings of the 18th European Conference on Power Electronics and Applications*; 2016. pp. 1–9.

[12] Ishikawa S., Isobe T., Tadano H. 'Current imbalance of parallel connected SiC-MOSFET body diodes'. *Proceedings of the 20th European Conference on Power Electronics and Applications*; 2018. pp. 1–10.

[13] Fabre J., Ladoux P. 'Parallel connection of SiC MOSFET modules for future use in traction converters'. *Proceedings of Electrical Systems for Aircraft, Railway and Ship Propulsion*; 2015. pp. 1–6.

[14] Sadik D.-P., Colmenares J., Peftitsis D., Lim J.-K., Rabkowski J., Nee H.-P. 'Experimental investigations of static and transient current sharing of parallel-connected silicon carbide MOSFETs'. *Proceedings of the 15th European Conference on Power Electronics and Applications*; 2013. pp. 1–10.

[15] Peftitsis D., Sadik D.-P., Tolstoy G., Nee H.-P., Colmenares JRabkowski J. 'High-efficiency 312-kVA three-phase inverter using parallel connection of silicon carbide MOSFET power modules'. *IEEE Transactions on Industry Applications*, vol. 51(6), pp. 4664–76.

[16] Xue Y., Lu J., Wang Z., Tolbert L.M., Blalock B.J., Wang F. 'Active current balancing for parallel-connected silicon carbide MOSFETs'. *Proceedings of IEEE Energy Conversion Congress and Exposition*; 2013. pp. 1563–9.

[17] Xue Y., Lu J., Wang Z., Tolbert L.M., Blalock B.J., Wang F. 'Active compensation of current unbalance in paralleled silicon carbide MOSFETs'. *Proceedings of IEEE Applied Power Electronics Conference and Exposition*; 2014. pp. 1471–7.

[18] Mao Y., Miao Z., Wang C.-M., Ngo K.D.T. 'Balancing of peak currents between paralleled SiC MOSFETs by drive-source resistors and coupled power-source inductors'. *IEEE Transactions on Industrial Electronics.* 2017, vol. 64(10), pp. 8334–43.

[19] Hui C., Yang Y., Xue Y., Wen Y. 'Research on current sharing method of SiC MOSFET parallel modules'. *Proceedings of IEEE International Conference on Electron Devices and Solid-State Circuits*; 2018. pp. 1–2.

[20] Du M., Ding X., Guo H., Liang J. 'Transient unbalanced current analysis and suppression for parallel-connected silicon carbide MOSFETs'. *Proceedings of IEEE Conference and Expo Transportation Electrification*; 2014. pp. 1–4.

[21] Beczkowski S., Jørgensen A.B., Li H., Uhrenfeldt C., Dai X., Munk-Nielsen S. 'Switching current imbalance mitigation in power modules with parallel connected SiC MOSFETs'. *Proceedings of the 19th European Conference on Power Electronics and Applications*; 2017. pp. 1–8.

[22] Bertelshofer T., März A., Bakran M.-M. 'Limits of SiC MOSFETs' parameter deviations for safe parallel operation'. *Proceedings of the 20th European Conference on Power Electronics and Applications*; 2018. pp. 1–9.

[23] Bertelshofer T., März A., Bakran M.-M. 'Derating of parallel SiC MOSFETs considering switching imbalances'. *Proceedings of the International Exhibition and Conference for Power Electronics, Intelligent Motion, Renewable Energy and Energy Management*; 2018. pp. 1–8.

[24] Castellazzi A., Fayyaz A., Kraus R. 'SiC MOSFET device parameter spread and ruggedness of parallel multichip structures'. *Materials Science Forum*. 2018, vol. 924, pp. 811–17.

[25] Fayyaz A., Asllani B., Castellazzi A., Riccio M., Irace A. 'Avalanche ruggedness of parallel SiC power MOSFETs'. *Microelectronics Reliability*. 2018, vol. 88-90(3), pp. 666–70.

[26] Hu J., Alatise O., Ortiz Gonzalez J.A., et al. 'Robustness and balancing of parallel-connected power devices: SiC versus coolMOS'. *IEEE Transactions on Industrial Electronics*. 2016, vol. 63(4), pp. 2092–102.

[27] Rahman M.K., Musa A.M.M., Neher B., Patwary K.A., Rahman M.A., Islam M.S. 'A review of the study on the Electromigration and power electronics'. *Journal of Electronics Cooling and Thermal Control*. 2016, vol. 06(1), pp. 19–31.

[28] Chen K., Zhao Z., Yuan L., Lu T., He F. 'The impact of nonlinear junction capacitance on switching transient and its modeling for SiC MOSFET'. *IEEE Transactions on Electron Devices*. 2015, vol. 62(2), pp. 333–8.

[29] Riccio M., d Alessandro V., Romano G., Maresca L., Breglio G., Irace A. 'A temperature-dependent spice model of SiC power MOSFETs for within and out-of-SoA simulations'. *IEEE Transactions on Power Electronics*. 2018, vol. 33(9), pp. 8020–9.

[30] Baliga B.J. *Advanced power MOSFET concepts*. Boston, MA, USA: Springer; 2010.

[31] Wang J., Chung H.S.-hung., Li R.T.-ho. 'Characterization and experimental assessment of the effects of parasitic elements on the MOSFET switching performance'. *IEEE Transactions on Power Electronics*. 2013, vol. 28(1), pp. 573–90.

[32] Cree, Inc. *C2M0080120D Data Sheet*. Durham, NC, USA; 2015.

[33] Swami Y., Rai S. 'Comparative methodical assessment of established MOSFET threshold voltage extraction methods at 10-nm technology node'. *Circuits and Systems*. 2016, vol. 07(13), pp. 4248–79.

[34] Borghese A., Riccio M., Fayyaz A., et al. 'Statistical analysis of the electrothermal imbalances of mismatched parallel SiC power MOSFETs'. *IEEE Journal of Emerging and Selected Topics in Power Electronics*. 2019, vol. 7(3), pp. 1527–38.

[35] Scheuermann U. 'Statistical evaluation of current imbalance in parallel devices'. *Proceedings of the International Exhibition and Conference for Power Electronics, Intelligent Motion, Renewable Energy and Energy Management*; 2016. pp. 1–7.

[36] David H.A., Nagaraja H.N. *Order statistics (Wiley Series in Probability and Statistics)*. Hoboken, NJ, USA: Wiley; 2003.

[37] Ni Z., Lyu X., Yadav O.P., Singh B.N., Zheng S., Cao D. 'Overview of real-time lifetime prediction and extension for SiC power converters'. *IEEE Transactions on Power Electronics*. 2020, vol. 35(8), pp. 7765–94.

[38] JEDEC. *Arrhenius equation (for reliability)|JEDEC, JEDEC solid state technology association* [online]. Available from https://www.jedec.org/standards-documents/dictionary/terms/arrhenius-equation-reliability [Accessed 10 Dec 2019].

[39] Qiu Z., Zhang J., Ning P., Wen X. 'Reliability modeling and analysis of SiC MOSFET power modules'. *IECON 2017 – 43rd Annual Conference of the IEEE Industrial Electronics Society*; 2017. pp. 1459–63.

[40] Codecasa L., d'Alessandro V., Magnani A., Rinaldi N., Zampardi P.J. 'Fast novel thermal analysis simulation tool for integrated circuits (FANTASTIC)'. *20th International Workshop on Thermal Investigations of ICs and Systems*; 2014. pp. 1–6.

[41] Magnani A. 'Thermal feedback blocks for fast and reliable electrothermal circuit simulation of power circuits at module level'. *Proceedings of the International Symposium on Power Semiconductor Devices and ICs*; 2016.– pp. 187–90.

第 7 章

功率模块优化设计Ⅲ：电磁特性

Cyrille Duchesne，Philippe Lasserre，Emmanuel Batista

目前，功率半导体技术已经非常先进，而封装往往是限制功率模块性能的瓶颈。这种观点可能会令人惊讶：为什么几乎完全由无源元件组成的封装，使用的技术也似乎不如微电子技术先进，却未像芯片技术一样取得同样的进展？答案在于封装功能的多样性。封装设计通常需要在相互制约的目标之间寻找一个折中方案：从电或热角度设计一种高效的封装，或找到一种廉价的解决方案相对容易，但同时实现三个目标却很困难！为了完成功率模块的各种性能需求，封装必须使用多种元件、材料和技术。

7.1 功率模块设计

从电和热的角度来看，封装的设计与电力电子系统的设计没有本质区别：尽量减少寄生电感和寄生电阻、设计最佳的芯片冷却方案等，因此本章只涉及上述内容。

7.1.1 电气尺寸的设计

寄生参数通常会对功率模块的性能产生不良影响，此类问题常见的解决办法有
1) 减少连接中的环路面积，减小寄生电感。
2) 增加驱动能力，减小驱动电阻。
3) 限制表面积，抑制寄生电容。

功率模块中一个有趣的问题是芯片的并联：并联放置 6 颗 200A 的芯片，可以获得额定电流为 1200A 的功率模块。

首先，需要通过金属衬底的连接和布局，确保并联芯片间电流的均衡分配。这就要求并联芯片具有相同的电阻，从而保证静态特性均衡。为了在开关过程中保证动态均衡，寄生电感也必须相同，此时需要考虑交互作用。

其次，并联芯片必须具有稳定的特性。如果其中一个芯片由于制造原因（工艺问题导致的特性不一致，焊接开裂等）比其他芯片更热，那么它的损耗必须逐步减少。在并联的情况下，这意味着随着温度升高，流经恒定电压芯片的电流必须减少，即负温度系数。但是，大多数功率器件（例如 IGBT、二极管和一些 MOSFET）的动态特性较为复杂，有时具有正温度系数，而有时又具有负温度系数，这取决于电流等级。

此外，在功率模块设计过程中，为了获得更小的表面积，还需要考虑并联芯片的数量。一个功率模块可以由 6 颗 200A 的芯片组成。但是，也可以选择 8 颗 150A 的芯片或者 12 颗 100A 的芯片。但是，值得指出的是，对于高压功率器件，芯片表面积并不是电流等级的线性函数：芯片的四周为场限环，用来降低结电场峰值，提高芯片耐压。对于 6.5kV 芯片（目前 IGBT 芯片的最大电压等级），芯片边缘需要一个宽约 3mm 的带状区域，占 13.7 mm×13.7mm（目前 IGBT 芯片的最大尺寸）芯片面积的 2/3。极端情况下，一个 6mm×6mm 的芯片可能只包含周边的保护结构。

7.1.2 DBC 衬底的尺寸

从电学的角度来看，金属化层越厚，电路中的电阻越小。但是，金属化层越厚，会在金属-陶瓷界面产生较大的约束，从而降低功率模块的可靠性。从热学的角度来看，顶面金属化层越厚，可以使热量有更大的面积穿过 Al_2O_3 陶瓷（Al_2O_3 陶瓷热导率通常较差）。对于陶瓷层，通常希望其尽可能薄。但是，如果陶瓷层太薄，可能无法承受功率模块的最大电压，或者会导致较大的寄生电容。此外，从机械角度来看，为了应对金属化层所施加的约束，陶瓷层必须尽可能厚。

7.2 功率模块建模

7.2.1 基于介电视角的建模：利用材料优化电应力

1. 线性容性材料：介电常数的影响

为了提供更多定量化的影响因素，需要考虑所谓的恒定介电常数的"容性"绝缘情况。该问题可以采用 CEF 软件轻松解决，其难点在于如何找到满足每个环境边界条件的唯一解。

首先，需要在具有不同介电常数的电容绝缘层和零电导率情况下，计算电容绝缘层的电势分布和电场分布。绝缘层通常被视为理想介质，其介电常数 $\varepsilon_i = 6$，电导率为零，而空气的特性为 $\varepsilon_a = 1$ 和 $\sigma_a = 0$。

图 7.1 和图 7.2 展示了无绝缘材料和使用常数介电材料（$\varepsilon_v = 2，4，6，8，10$）的电势和电场分布的对比，以及界面邻域的电场分布。

观察上述结果，可以得到以下结论：

1）在研究的介电常数范围内，与无绝缘材料覆盖情况相比，应力分布的变化较小。因此，此类材料降低电场的作用很小。但是，在三相点附近，存在一个区域，该区域内的电场大幅增加，这与之前观察到的情况一致。

2）通过对三相点附近电场分布的详细分析，可以发现，介电常数越高，电场越弱。这与介电常数为 1 的情况相符，这种情况接近于无绝缘材料覆盖的情况。

3）当电场为 3kV/mm 左右（空气电离阈值）时，无论考虑何种材料，电场保持一致的距离约为 500μm。

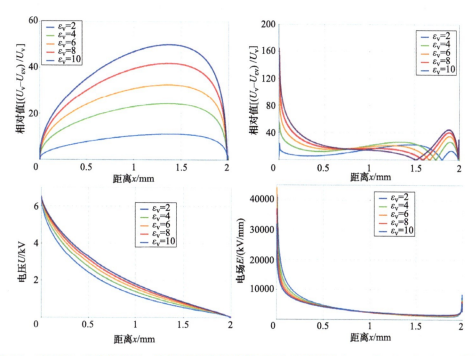

图 7.1 在 50Hz 交流信号下,使用 CEF 软件计算不同介电常数下(ε_v = 2,4,6,8,10)材料的表面电势和电场分布。展示了无绝缘材料时计算的 U- 电势曲线(ε_{sv})和电场 E(ε_{sv})的相对差异,以及使用恒定介电常数材料 U(ε_v)和 E(ε_v)计算时的结果

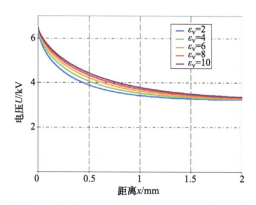

图 7.2 在交流 50Hz 和不同介电常数(ε_v = 2,4,6,8,10)下,通过 CEF 软件计算的激励 1 和 0 之间的界面电势分布

4)可以认为,对应于 1/4 电极间距的距离,是绝缘层的"有效"长度,可以获得有意义的

调节效果。

通过考虑压电陶瓷和材料之间电应力分布中的两种影响因素,可以解释第二个结论[1]。一方面,界面处的等电势线折射,取决于陶瓷和材料之间的介电跃迁。当等电势线趋于彼此偏离时,电场减小。另一方面,电势分布也取决于所涉及环境电容阻抗的相对值,特别是材料的电容阻抗。上述两种现象通过以下方式相结合:绝缘的允许值越高,风险区域中电场的最大值越低。

2. 结果分析和讨论

如果考虑介电常数均匀的材料,则电场的分布可能会低于材料的介电常数梯度。绝缘层和金属化层之间界面的折射系数在所有点都是相同的,并且等电势线在任何地方都有相同的折射系数。如果介电常数选择正确,则这些等电势线会更好地分布在整个长度上,从而降低电场分布。

因此,相较于非线性材料,具有恒定介电常数的材料,降低电场分布的效果更为显著,因为将恒定介电常数的材料应用在封装中,折射更为明显。此外,在应用梯度介电常数材料的情况下,电压为50Hz,电压分布甚至会随时间改变。

线性材料的另一个优势是实用性。电场 E 可以定量评估,但是不易确定。因此,尚无法确定该类材料在实践中是否可行。一些铁电陶瓷,如钛酸钡,在张力增加时,其容量会下降。但是我们并不关注这种特性(甚至是双重性的)。

因此,从实验的角度来看,最"合理"的解决方案是使用特性恒定的电容材料。前提是必须仔细选择与绝缘相关的材料。否则,等电势的折射将使电场集中,甚至恶化。

7.2.2 阻性材料

1. 电导率的影响

忽略传导的影响,特别是自由载荷 ρ_v,电势的分布只受泊松方程控制:

$$\Delta U = \frac{-\rho_v}{\varepsilon^*} \quad (7.1)$$

下面给出 Maxwell 三维有限元建模的结果,仿真条件如下:

1)几何网格:17000 个三角形。采用在三相点周围生成强化网格的自适应网格。
2)沿界面的计算点数:200。
3)计算精度(误差):0.5%。
4)激励 1 和 2 之间的距离:$c = 2mm$;陶瓷厚度:$a = 1mm$。
5)材料性质:陶瓷 AlN($\varepsilon_a = 8.8$);导体 1~3:铜($\sigma_c = 5.8 \times 10^7$);区域:空气($\varepsilon_r = 1.006$);
6)电源电压:$V_a = 6.5kV$,电压间隔为 500V。

为了确定涵盖大多数已知绝缘体的宽电导率范围内的电应力,在材料电导率 ρ_v 恒定且分别为 $1 \times 10^{-5} S/m$、$1 \times 10^{-7} S/m$、$1 \times 10^{-8} S/m$、$5 \times 10^{-8} S/m$、$2 \times 10^{-8} S/m$、$1 \times 10^{-10} S/m$、$1 \times 10^{-15} S/m$ 时,观察电势和电场分布的变化,仿真结果如图 7.3 所示。此外,还给出了材料中最小距离($0 \sim 10\mu m$)下电场分布的演变。

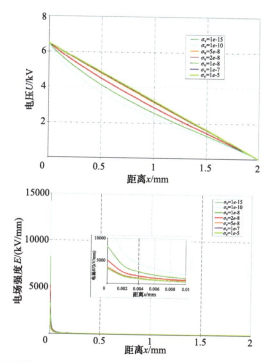

图 7.3 使用 CEF 软件计算不同电导率 1×10^{-5}S/m、1×10^{-7}S/m、1×10^{-8}S/m、5×10^{-8}S/m、2×10^{-8}S/m、1×10^{-10}S/m、1×10^{-15}S/m 下,在 50Hz 的交流激励 1 和 2 之间的电势和电场分布

2. 结果分析和讨论

从图 7.3 中可以看出:

1) σ_v 越大,在电极间的空间中,电势的线性化程度越高,因此电场越小。

2) 电导率大于或等于 $\sigma_v = 1\times10^{-5}$S/m 的材料会导致均匀应力分布效应,使得电场不超过最大值 3.25kV/mm。

在封装结构的内部,等势线密集,电势的上升非常突然,局部电场非常强烈。因此,与周围环境是完美绝缘体的情况相比,在应用高电导率材料时的电应力几乎相同,空气是极端的封装,与材料几何结构相关的峰值效应非常明显。

从时间角度来看,电势和电场的幅值与距离 x 的关系,并不能直接反映实际的电应力。它们对应于材料承受最严重应力的时刻,因此在确定材料尺寸时具有代表性。

但是,当张力之间有明显变化时,应引起注意:它们不是系统在给定时刻的状态,而是最大应变的分布。

7.2.3 容性材料和阻性材料的比较

通过模拟阻性材料的特性,取得了不错的效果,尤其是在减少电场方面。但是,目前尚未比较阻性材料和容性材料。因此,使用相同的模型,对两种材料进行比较。

通过选择不同的电气特性来模拟两种材料，因此，在50Hz频率下，一种是容性材料，另一种是阻性材料，其特性分别如下：

1）对于第一种材料，$\sigma_v = 1 \times 10^{-5}$S/m，$\varepsilon_v = 2$，对于第二种材料，$\sigma_v = 1 \times 10^{-10}$S/m，$\varepsilon_v = 2$。

2）对于绝缘材料，$\sigma_v = 1 \times 10^{-15}$S/m，$\varepsilon_v = 6$。

50Hz频率下，两种材料的容性分量为$\omega\varepsilon_0\varepsilon_v = 5.5 \times 10^{-9}$S/m。第一种材料的阻性分量为$\sigma_v = 1 \times 10^{-5}$S/m，因此，$\sigma_v > \omega\varepsilon_0\varepsilon_v$。根据最初的公式，这种材料在50Hz时被称为阻性材料。

同样地，第二种材料的电阻分量为$\sigma_v = 1 \times 10^{-10}$S/m，因此，$\sigma_v < \omega\varepsilon_0\varepsilon_v$，这种材料在50Hz时被视为容性材料。

在接下来的仿真中，"无绝缘"情况下，材料可视作空气，此时$\sigma_v = 0$，$\varepsilon_v = 1$。图7.4为阻性和容性材料表面空气中电场幅值的分布。

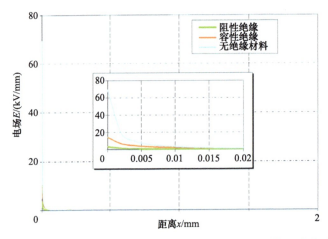

图7.4 在交流50Hz下，CEF软件计算的阻性材料（$\sigma_v = 1 \times 10^{-5}$S/m）和容性材料（$\sigma_v = 1 \times 10^{-10}$S/m）在导体1和导体2之间电场的幅值分布

对于阻性材料，有两点值得注意：

1）绝缘层的存在，对电场的影响非常明显。电极表面的电场通常是恒定的，因此，电场是均匀的，不会超过3.3kV/mm。

2）这一结果与7.2.2节的观察结果一致。

就容性材料而言，观察到的结果有所不同：

1）有绝缘材料存在时的电场分布，与无绝缘材料时的电场分布相近。但是，最大电场远超过之前使用阻性材料时的最大电场。

2）考虑到前述讨论的材料导电性影响，这一结果尚可接受。由于弱电导率阻性材料的电场降低幅度非常小，因此电导率更低的容性绝缘材料的电场降低幅度会更小。

对于使用不同电导率的绝缘材料，图7.5和图7.6分别给出了对应的等势线分布，电导率分别为$\sigma_v = 1 \times 10^{-5}$S/m和$\sigma_v = 1 \times 10^{-10}$S/m，分别展示了材料界面上的电势线折射演变，及其在界面电极间c上的分布。在第一种情况下，电场的分布总体上是均匀的，因此该结构局部可被视为平面电容。在第二种情况下，在激励 1 平面上，电场的畸变较大，因此该结构不能被视为平面电容。

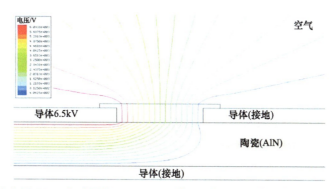

图 7.5　在交流 50Hz 和电导率 $\sigma_v = 1 \times 10^{-5}$ S/m 时，CEF 软件求解的等电势线分布

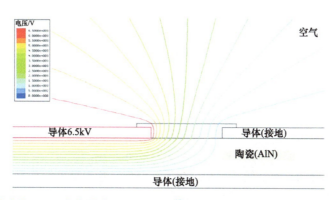

图 7.6　在交流 50Hz 和电导率 $\sigma_v = 1 \times 10^{-10}$ S/m 时，CEF 软件求解的等电势线分布

当电容材料的介质全部为绝缘材料时，电场和电势的分布与无绝缘材料时的分布差别不大。如果在给定的几何形状中存在峰值效应，而容性材料的介电常数通常在 2~10 之间，因此这种效应往往会持续存在。但是，在绝缘材料和电容材料的界面上，会出现等电势线的折射和重新分布，调节折射率可以略微减小电场。

此外，从定性的角度来看，介电常数梯度材料可以使等电势线在材料底部逐渐折射，从而在其表面形成等距的电势线和均匀的电势。但是，这种材料并不一定能实现电场降低的优化。已经证明，阻性材料的导电介质优于绝缘介质，从而导致等电势在材料和绝缘体内大幅扩展，进而引起电势的均匀化和电场的显著折射。

电场的重新分布主要取决于材料的电导率，而其程度超过了折射效应，因此在采用容性材料时，不会发生折射效应。通过比较容性材料和阻性材料的等电势线，可以说明这种现象。在仿真条件下，当材料的电导率在 $\sigma_v = 1 \times 10^{-5}$ S/m 左右时，电场可以显著降低。

此外，此时暂未考虑非线性电阻材料的特性，即电导率随电场变化。但是，此时的电场已经降低了。因此，电导率随电场的非线性变化，不一定是实现最佳应力均匀分布的必要条件。

7.2.4 基于电磁场的建模：电感和寄生参数建模

1. 多域建模：功率模块的应用

为了创建电磁暂态模型，并考虑信号的完整性，以及几何导电元件之间的耦合，可以采用多域建模，并用来提取对应于不同物理特性的模型。图 7.7 展示了多域仿真在系统老化封装中的原理，模型包括母排、功率器件、功率模块和电机的等效模型。通常基于高级描述语言 VHDL-AMS 来构建多域等效模型的仿真平台，如 ANSYS® 开发的 Simplorer 软件和 Synopsys® 开发的 SaberHDL。接下来，将介绍现有系统组件模型的技术现状，以及多层次紧凑型电磁模型的应用实例，以一个高性能高集成的仿真模型为例（涵盖了微电子连接到系统的所有结构）。

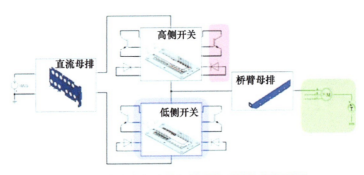

图 7.7 带有各部分精细模型的系统仿真原理图

2. 功率器件模型

功率器件模型可分为三类。第一类是"行为"模型，基于简单的有源和无源元件模型，以及电流源和电压源的组合。这类模型不需要较长的计算时间，并能正确模拟功率器件的静态工作特性。但是，它只能提供功率器件动态特性幅值的数量级特征，无法准确模拟拖尾电流和过电流等情况[2, 3]。这类模型的无源部分通过多项式方程评估，其未知数由元件的静态特性定义，通常使用参数调整或拟合参数。

第二类是"半物理"模型[4-7]，它提供了更高精度的功率器件动态效应。通过在模型中加入物理方程，来近似模拟功率器件内部的扩散方程。最后一类是"物理"模型，即在半导体物理方程的基础上考虑实际的器件特性。通过假设验证，这类模型可以解析地求解扩散方程决定的功率器件动态特性，并提供非常精确的结果[8]，这类模型的缺点在于计算时间很长。近来，VHDL-AMS 物理模型的开发逐渐成为最近研究的重点[9, 10]，因其具有良好的数字和模拟功能融合能力，而且能够管理多域多物理场仿真。如第 4 章所述，该模型在精度和计算速度之间取得了很好的平衡，可作为复杂功率模块的电-热-磁建模基础。

3. 回路间耦合的建模

模型的特性与频率密切相关。根据前述章节的结果，谐振频率约为几 MHz。为了建立精确的等效模型，需要设置两个仿真参数。

首先，必须根据谐振频率附近所需的精度，来确定等效模型的计算频率。图 7.8 展示了不同计算频率下各种等效模型的频率响应。为了在 10kHz 到几 MHz 的频率范围内获得准确的耦合模型，等效模型的计算频率必须较低。

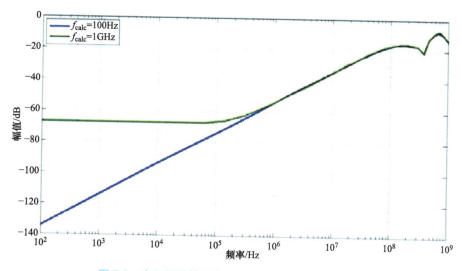

图 7.8　在不同计算频率下各种等效模型的频率响应

第二个参数是组成模型的 RLC 单元数。将单元数相乘，可以在 1GHz 以上的频率范围内完善模型。但是，该频率超出了应用的目标范围。在未来，该模型将包括 100Hz 频率以下的 RLC 单元。

4. 连接技术的建模

（1）微电子连接的建模

球形或圆柱形凸点技术可以承载的电流密度比引线键合型微电子技术更高。在建模中，连接方式的影响非常重要，所使用的三维模型如图 7.9 所示。

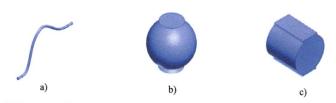

图 7.9　三种连接技术的三维模型。a）键合线；b）球；c）凸点

图 7.10 中的仿真结果展示了不同频率下各类连接技术的电阻。图 7.11 展示了凸点和球形技术的放大图。表 7.1 展示了不同频率下连接技术的电阻演变结果。图 7.12 展示了不同频率下各类连接技术的电感。由于凸点和球形的电感值较低，图 7.13 单独放大了凸点和球形技术的局部电感。

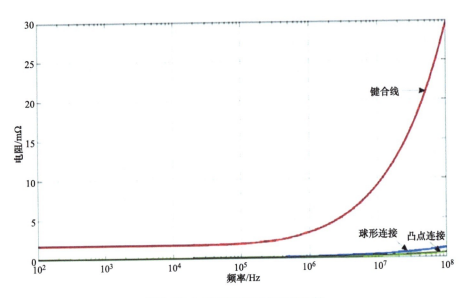

图 7.10　三类连接技术电阻的比较

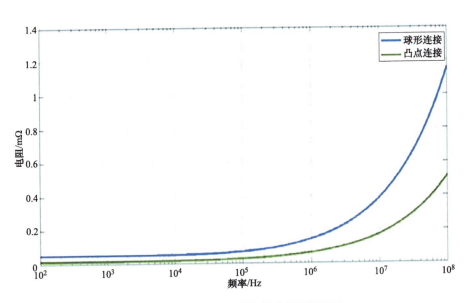

图 7.11　凸点和球形连接技术电阻的比较

表 7.1　不同连接技术的电阻值

连接类型	键合线 /mΩ	球形连接 /mΩ	凸点连接 /mΩ
1kHz 时的阻值	1613	47	13
1MHz 时的阻值	3201	140	59

第7章 功率模块优化设计 III：电磁特性

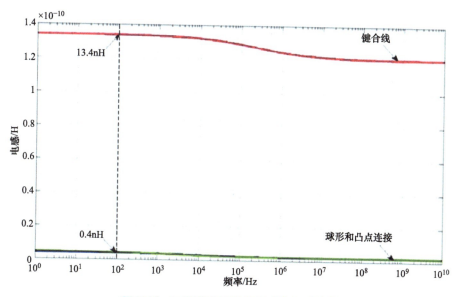

图 7.12 三种微电子连接技术的电感比较

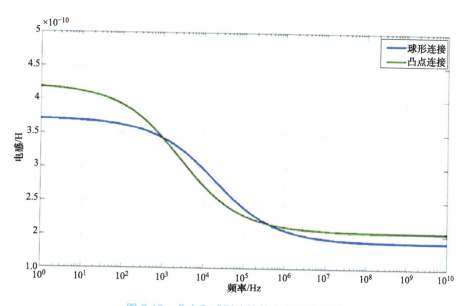

图 7.13 凸点和球形连接技术电感的比较

由于功率模块中连接部件的尺寸较小、形状细长且数量较多，因此在保证计算速度的同时，需要合理划分网格。如果计算时间过长，可以采用几何简化，如方形截面的键合线或立方体凸起，这些几何形状更容易进行网格划分。这种几何修改的近似程度大于 90%，并可在复杂的功率模块仿真中节省大量的计算时间[11, 12]。在后文所示的模型范例中，工业级 6.5kV/600A 功率模块封装的键合线将被近似为方形截面，而对于更紧凑的逆变器模型，将保留上述的细球模型。

（2）电力电子连接的建模

由前文所述，对于大电流和高电压开关，精确定义回路电感至关重要。与相同直径的圆柱形电缆相比，层叠母排主要用于降低电感。当层叠母排用于同一传导路径时，互感效应可以大大降低整体电感。如图7.14所示，这种互感被称为局部互感。

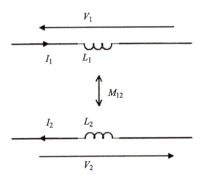

图7.14 两个导体之间的互感

这种互感效应可以用以下方程组表示：

$$V_1 = L_1 \frac{dI_1}{dt} + M_{12} \frac{dI_2}{dt} \\ V_2 = M_{21} \frac{dI_1}{dt} + L_2 \frac{dI_2}{dt} \tag{7.2}$$

根据定义，$M_{12} = M_{21} = M$，但当$I_1 = -I_2 = I$时，上述方程组可改写为

$$V_2 - V_1 = (L_1 + L_2 - 2M) dI/dt \tag{7.3}$$

研究发现，最大限度地提高互感，可以最大程度地减少整体回路电感。有几种简单的设计方法，可以优化互感[13]。最有效的方法是尽量减小层叠母排的间距。在电力电子设备中，由于母线电压较高，层叠母排的间距是由所用绝缘材料的介电强度决定。另一种方法是尽可能采用对称电流路径。图7.15展示了工业层叠母排表面的电流密度。红色矢量代表每个导电部分的电流方向。当两块板层叠相对时，过孔周围的电流密度最大。

电流传导路径上的缺口会影响母排周围的磁场，图7.16给出了最大电流密度点附近的磁场分量。

由于H_y分量与导电平面中的电流流向一致，因此H_y为零。H_z分量对应于导体平面的正常辐射行为。在母排附近4cm处，过孔会产生一个新的磁场分量H_x，其幅值较大。先进的集成技术，通常将控制回路集成到功率回路附近。从CEM的角度来看，H_x分量可以与PCB匹配。

电磁建模主要用于评估磁场分布和分量大小，然后估算出控制回路上的感应电流和电压。表7.2给出了层叠母排的寄生电感和电容值，该层叠母排由两块导电平面组成，并通过常用的绝缘片绝缘。

第 7 章　功率模块优化设计Ⅲ：电磁特性　111

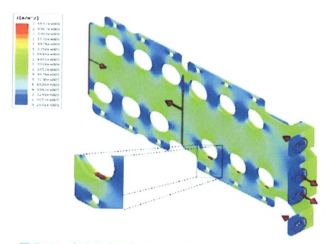

图 7.15　直流侧电流为 1200A 时母排上的电流密度仿真

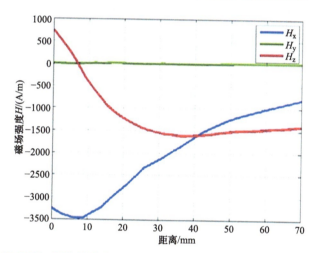

图 7.16　直流侧电流为 1200A 时母排周围磁场分量仿真结果

表 7.2　层叠母排的寄生参数

层叠母排	电感 /nH	互感耦合系数	寄生电容
导体 1	102	$k = 0.79$	96pF
导体 2	220		

5. 功率模块的电磁建模

为了考虑功率模块内部的自兼容性和信号完整性，功率模块封装的建模至关重要。结合精确的功率器件模型，功率模块封装模型可以考虑路径长度和耦合对功率器件的影响。该模型的提取方法，如图 7.17 所示。

利用功率模块的三维精确模型，通过电磁模型仿真，可以计算出电流密度的分布。每种材料的特性都与几何形状有关，对几何形状需进行精细的网格划分。首先，介绍 DBC 上层铜的网格细节。

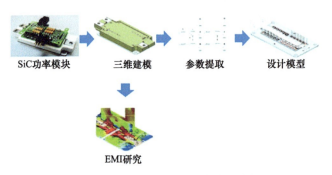

图 7.17　功率模块的建模方法和流程

图 7.18 给出了两种静态工作状态下的电流密度：二极管导通和二极管关断。为了便于介绍，仿真结果仅包括两个 DBC 衬底及其连接部分。

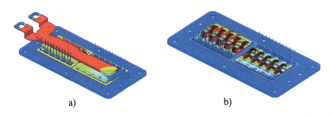

图 7.18　芯片关断时的电流密度。a）二极管导通；b）二极管关断

通过计算几何结构中的电流密度，可以依次计算出电场的分布，然后通过图 7.19 所示的详细紧凑模型，仿真电场的耦合现象。该模型的端口与所设计的功率模块等效，包括：

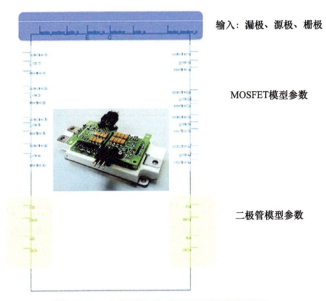

图 7.19　功率模块等效模型的输入和输出

1）模块的"真实"输入：栅极、漏极和源极。
2）芯片的输出：每个芯片的栅极、漏极和源极，以及每个二极管芯片的阳极和阴极。

通过对功率模块中每个芯片开关状态的单独仿真，该等效模型可以提供常规测量无法获得的信息。SiC MOSFET 的 $\mathrm{d}v/\mathrm{d}t$ 和 $\mathrm{d}i/\mathrm{d}t$ 比 Si IGBT 更高，可能对系统的正常工作产生较大影响，需要适当考虑其影响。芯片的布局，如图 7.20 所示。由仿真结果可以看出，两组芯片在 $\mathrm{d}i/\mathrm{d}t$ 和过电流均存在较大差异，见表 7.3。

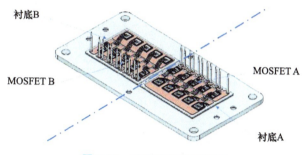

图 7.20　功率模块的布局图

表 7.3　两组芯片的 $\mathrm{d}i/\mathrm{d}t$ 和过电流仿真结果

	MOSFET A	MOSFET B
$\mathrm{d}i/\mathrm{d}t$ /（A/μs）	6	4.6
过电流 /A	70.3	60.5

造成上述差异的主要原因在于衬底和芯片位置的不对称，可以通过不同芯片回路的电感和电阻值体现，见表 7.4。Z_{DC} 阻抗可由电阻和电磁方程计算得到，交流参数考虑了趋肤效应等动态效应，涡流（或傅科电流）可以表示为

对于电阻，为

$$R_{ij} = \int_V \vec{J}_i \cdot \frac{\vec{J}_j}{\sigma} \mathrm{d}V \tag{7.4}$$

对于电感，为

$$L_{ij} = \int_V \vec{A}_i \vec{J}_j \mathrm{d}V \tag{7.5}$$

表 7.4　DBC 衬底上每个 IGBT 芯片的寄生参数

	a	b	c	d
R_{DC}/mΩ	0.24	0.25	0.36	0.36
R_{AC}/mΩ	5.34	5.47	7.11	7.07
L_{DC}/nH	47.8	48.08	55.9	55.64
L_{AC}/nH	41.37	41.70	45.73	45.45

通常，芯片所承受的电流密度越大，di/dt 越高，则寿命越短，很可能过早损坏。除了电应力，上述现象还会对功率模块的热特性产生影响，每个芯片的结温变化也可能是非均匀的。

6. 系统的电磁建模：完整的逆变器

对于工业应用来说，可以在同一个功率模块上集成完整的电路功能。此时，需要对一个完整的逆变器进行建模。功率模块的三维模型和逆变器电路的结构如图 7.21 所示。

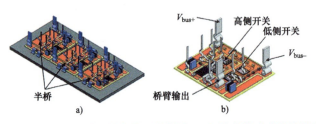

图 7.21 a）完整逆变器功率模块的三维模型；b）逆变器功率模块的半桥模型

与之前的研究不同[14, 15]，该逆变器功率模块的建模方法需要在功率模块设计之前完成。此时，功率模块可以持续进行优化。从电气的角度来看，功率模块设计的最终目标在于优化功率模块的寄生参数和共模抑制能力。此外，从几何形状的角度来看，还需要控制电流的均衡。

对于上管导通、下管导通这两种工作状态，图 7.22 给出了其电流密度的仿真结果。对于给定的上、下管控制信号，逆变器桥臂的输出如图 7.23 所示。

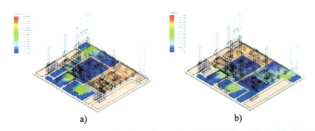

图 7.22 逆变器中的电流分布。a）上管导通；b）下管导通

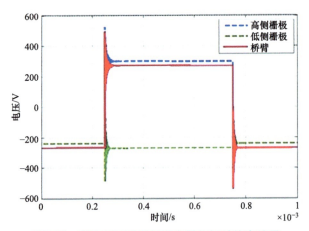

图 7.23 带有控制信号的逆变器相桥臂仿真结果

电压源逆变器的系统建模方法需要考虑脉宽调制（Pulse Width Modulation，PWM）控制信号。功率回路的辐射会产生较大的近场耦合[16-21]。由于逆变器的集成度较高，从图 7.22 中可以看出，近场耦合会对桥臂间每个开关器件产生影响。图 7.22 给出了 PWM 型控制的电驱逆变器的三相电流分布。

每次开关时，其他相桥臂也会出现电流振荡。在大感性负载下，相电流较为平滑，其频率较低，约为 100Hz，因此磁场耦合的影响较小。图 7.24 展示了逆变器的三相电压，其相位相差 120°。

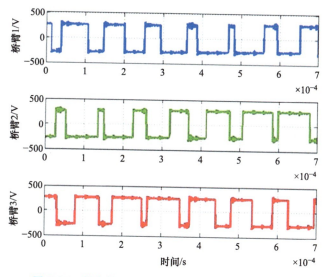

图 7.24 带有控制信号的逆变器三相桥臂仿真结果

7.3 结论

本章所应用的方法，经证实，适用于功率模块信号完整性的多尺度建模。本章包含了大量实例，例如，小功率微电子互连的表征、层叠母排的建模、集成功率模块或集成功率架构的自兼容性建模。基于上述应用实例，本章提出了相应的设计规则。优化功率模块内的功率分布，是这些设计规则的基础。通过尽可能避免非对称性和电流密度的"热点"，可以获得接近所研究结构的、更均匀的电磁场分布，从而降低耦合的概率。此外，还可以优化传导路径的几何形状，包括优化寄生电感、最大化层叠母排互感等。本章还考虑了近场耦合的建模问题，这是电力电子功率模块在高幅值和 MHz 频率下的特有问题。

参 考 文 献

[1] Duchesne C. 'Contribution to the stress grading in integrated power modules'. *ICPE 2007: IEEE International Conference on Power Electronics*; 2007.

[2] Lauritzen P.O., Ma C.L. 'A simple diode model with reverse recovery'. *IEEE Transactions on Power Electronics*. 1991, vol. 6(2), pp. 188–91.

[3] Lauritzen P.O., Andersen G.K., Helsper M. 'A basic IGBT model with easy parameter extraction'. *Power Electronics Specialists Conference*; 2001.

[4] Hefner A.R., Diebolt D.M. 'An experimentally verified IGBT model implemented in the saber circuit simulator'. *IEEE Transactions on Power Electronics*. 1994, vol. 9(5), pp. 532–42.

[5] Kraus R., Turkes P., Sigg J. 'Physics-based models of power semiconductor devices for the circuit simulator'. *29th IEEE Power Electronics Specialists Conference*; May 1998.

[6] Kraus R., Castellazzi A. 'A physics-based compact model of SiC power MOSFETs'. *IEEE Transactions on Power Electronics*. Aug. 2016, vol. 31(8), pp. 5863–70.

[7] Riccio M., d Alessandro V., Romano G., Maresca L., Breglio G., Irace A. 'A temperature-dependent spice model of SiC power MOSFETs for within and out-of-SOA simulations'. *IEEE Transactions on Power Electronics*. Sept 2018, vol. 33(9), pp. 8020–9.

[8] Berger M.J., Oliger J. 'Adaptive mesh refinement for hyperbolic partial differential equations'. *Journal of Computational Physics*. 1984, vol. 53(3), pp. 484–512.

[9] Copyitangiye L.A., Grisel R. 'Modeling of diode with VHDL-AMS including reverse recovery'. *7th International Conference of Thermal, Mechanical and Multiphysics Simulation and Experiments in Micro-Electronics and Micro-Systems*; Apr 2006.

[10] Ibrahim T., Allard B., Morel H., M'Rad S. 'VHDL-AMS model of IGBT for electrothermal simulation'. *European Conference on Power Electronics and Applications*; 2007.

[11] Lourdel G., Dienot J.-M. 'Study, design and validation of integrated near-field probes for EMC investigation on a power hybrid structure'. *Proceedings of the 2004 International Symposium on Electromagnetic Compatibility*; Silicon Valley, CA, USA; Aug. 2004. pp. 9–13.

[12] Castellazzi A., Fayyaz A., Gurpinar E., *et al.* 'Multi-chip SiC MOSFET power modules for standard manufacturing, mounting and cooling'. *Proceedings of the 2018 International Power Electronics Conference (IPEC-Niigata 2018–ECCE Asia)*; Niigata, Japan; 2018. pp. 20–4.

[13] Montrose M.I. 'EMC and printed circuit board'. *IEEE Press Series on Electronics Technology*; 1999.

[14] Castellazzi A., Ciappa M., Fichtner W., *et al.* 'Comprehensive electrothermal compact model of a 3.3kV-1200A IGBT-module'. *2007 International Conference on Power Engineering, Energy and Electrical Drives*; Setubal, Portugal; April 2007. pp. 12–14.

[15] Castellazzi A. 'Comprehensive compact models for the circuit simulation of multichip power modules'. *IEEE Transactions on Power Electronics*. May 2010, vol. 25(5), pp. 1251–64.

[16] Zitouna B., Ben Hadj Slama J., Slama J.B.H. 'Enhancement of time-domain electromagnetic inverse method for modeling circuits radiations'. *IEEE*

Transactions on Electromagnetic Compatibility. April 2016, vol. 58(2), pp. 534–42.

[17] Saidi S., Ben Hadj Slama J., Slama J.B.H. 'A near-field technique based on PZMI, GA, and ANN: application to power electronics systems'. *IEEE Transactions on Electromagnetic Compatibility*. Aug. 2014, vol. 56(4), pp. 784–91.

[18] Saidi S., Ben Hadj Slama J., Slama J.B.H. 'Analysis and modeling of power MOSFET radiation'. *Progress in Electromagnetics Research*. 2013, vol. 31, pp. 247–62.

[19] Slama J.B.H., Tlig M. 'Effect of the MOSFET choice on conducted EMI in power converter circuits'. *Proceedings of the 2012 16th IEEE Mediterranean Electrotechnical Conference*; Yasmine Hammamet, Tunisia; March 2012. pp. 25–8.

[20] Slama J.B.H., Hrigua S., Costa S., Revol B., Gautier C. 'Relevant parameters of SPICE3 MOSFET model for EMC analysis'. *Proceedings of 2009 IEEE International Symposium on Electromagnetic Compatibility*; Austin, TX, USA; 17-21 Aug. 2009. pp. 17–21.

[21] Cocquerelle J.L., Pasquier C. 'Electromagnetic radiation of switching converters'. *Rayonnement electromagnetique des convertisseurs a decoupage*; France; 2002.

第 8 章

功率模块寿命的评估方法

Noriyuki Miyazaki，Nobuyuki Shishido，Yutaka Hayama

以图 8.1 所示的 IGBT 功率模块为例，结构完整性的关键位置在于芯片表面的键合线落点，以及芯片与 DBC 衬底铜层的焊料连接处。在功率模块工作期间，由于功率模块各种材料的热膨胀系数不匹配，功率模块内部的热应力会发生交替变化，上述连接点也会受到温度循环的影响。因此，热疲劳现象是影响功率模块结构完整性的关键因素，包括：键合线脱落（键合线从芯片表面脱落）、底部开裂（键合线跟部断裂）、焊料层开裂（焊料层产生裂纹并发生扩展）。本章将讨论上述热疲劳现象。近年来，越来越多的宽禁带半导体（如 SiC 和 GaN）功率模块被开发并得到商业化应用，它们的工作温度预计将超过 200℃。本章还讨论了功率模块在 200℃以上温度时的热疲劳现象。

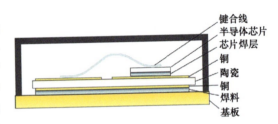

图 8.1 IGBT 功率模块示意图

从科技发展史来看，在土木工程结构、船体结构、飞机结构、压力容器、管道等大型结构的安全设计和运行方面，有关结构完整性评估的学科都得到了飞速发展，尤其是断裂力学和材料疲劳强度等方面。电子封装是一种小尺寸或微型结构，应力源较为集中，例如，集中在不同材料之间的界面。因此，大型结构的结构完整性评估方法，可以应用在电力电子封装上[1]。1986 年，由于自动驾驶 IC 芯片焊料层的疲劳失效问题，日本一家汽车公司决定召回一批可能突然启动的故障汽车。这一故障引起了人们对电子封装结构完整性的关注。自 20 世纪 80 年代以来，有关集成电路封装结构完整性的问题，得到了大量的关注。另一方面，针对功率模块的此类研究，开始于 20 世纪 90 年代[2,3]，并发表了多篇综述论文[4-8]。研究人员认为，功率模块结构完整性的重点，在于功率模块的在线状态监测和剩余寿命评估[5,7,8]。

与汽车和家用电器相比，输电系统和轨道交通中使用的功率模块较少，可以通过在线状态监测和定期检查，来确认其结构完整性。但是，汽车和家用电器中使用的大量功率模块却无法经过及时的检查。功率模块等电子设备一旦发生故障，有可能造成如前所述的严重事故，并有可能导致大量产品被召回。因此，有必要在设计阶段评估功率模块的结构完整性，防止其在工作期间发生故障。基于计算机辅助工程的应力分析、断裂力学和材料强度，已被用于确保大型结构和集成电路封装的结构完整性。

本章基于断裂力学和材料强度等角度，回顾了以往有关功率模块热疲劳评估方法的相关研究。此外，还提出了在设计阶段确保功率模块结构完整性的研究方法。

8.1 键合线失效

本节主要介绍两种键合线的失效模式，即键合线跟部开裂和脱落。

8.1.1 键合线跟部开裂

当键合线与具有不同热膨胀系数的元件连接时，若温度发生变化，两者会发生相对运动。在反复的温度循环下，键合线的跟部会反复承受较高的局部应力，从而出现跟部开裂的疲劳现象。此时，疲劳失效的循环次数（疲劳寿命或寿命）N_f，可由Coffin-Manson模型[9, 10]求得[11-13]

$$N_f = C(\Delta\varepsilon_p)^p \tag{8.1}$$

式中，$\Delta\varepsilon_p$为单个循环的塑性应变范围，C和p为材料常数。在高温下，除了塑性应变外，还会引起蠕变应变，此时，应将Coffin-Manson模型（8.1）中$\Delta\varepsilon_p$改为单个循环的非弹性应变范围$\Delta\varepsilon_{in}$，可以表示为

$$\Delta\varepsilon_{in} = \Delta\varepsilon_p + \Delta\varepsilon_c \tag{8.2}$$

式中，通过考虑塑性和蠕变应变的非弹性有限元分析，可以获得单个循环的塑性应变范围$\Delta\varepsilon_p$和蠕变应变范围$\Delta\varepsilon_c$。

另一种预测键合线跟部开裂寿命的方法是能量法[14]。Celnikier等人提出了用于估计铝键合线寿命的方程[14]：

$$N_f(I) = w_p^{cr}/\Delta w_p(I) \tag{8.3}$$

式中，$\Delta w_p(I)$为电流I条件下每个周期的塑性能量密度，w_p^{cr}为从$\Delta w_p(I)$周期中确定的根部裂纹塑性能量密度极限。参考文献[14]比较了式（8.3）和式（8.1）所得到的跟部裂纹寿命。尽管作者认为两种方法是一致的，但从结果来看，一致性并不好。

参考文献[4, 5]指出，在商业化的IGBT多芯片并联功率模块中，很少出现键合线跟部开裂的情况。当超声波键合工艺未优化时，在长时间的耐久试验后才会出现键合线跟部开裂，因此他们认为键合线的主要失效模式是脱落。根据最新的实验发现[15]，硅凝胶灌封的IGBT模块中总是出现键合线脱落，而在树脂灌封的IGBT功率模块中，键合线脱落发生的温度范围较大（$\Delta T = 80$℃，100℃），而在小温度范围（$\Delta T = 60$℃）内可能同时发生键合线脱落和跟部开裂。相较于硅凝胶，树脂更能限制键合线的移动，因此，硅凝胶灌封的IGBT功率模块和树脂灌封的IGBT功率模块相比，键合线的应力和应变差别很大，这是两种IGBT功率模块的键合线失效模式不同的根本原因。当封装材料从硅凝胶变为树脂时，功率模块也会出现跟部开裂的现象。对于树脂灌封的IGBT功率模块，Choi等人[16]和Zeng等人[17]也观察到了类似的跟部开裂现象。

8.1.2 键合线脱落

1. 传统的失效模型

如 8.1.1 节所述,键合线脱落是 IGBT 功率模块中铝线的主要失效模式,已经有许多文献研究了这种失效模式。这些文献认为,热疲劳寿命与温度范围相关。键合线脱落现象中的疲劳寿命 N_f 与两个参数相关:每个循环的温度范围 ΔT 和平均温度 T_m[3],可以表示为

$$N_f = C_1 (\Delta T)^{p_1} \tag{8.4}$$

式中,p_1 为材料常数,C_1 为 T_m 的函数。此外,温度波动的持续时间 $t_{\Delta T}$ 对寿命预测的结果也有较大影响[18],而且 C_1 为 T_m 和 $t_{\Delta T}$ 的函数。

从机械工程的角度来看,疲劳寿命 N_f 由 Coffin-Manson 模型给出:

$$N_f = C_2 (\Delta \varepsilon_p)^{p_2} \tag{8.5}$$

相对于每个循环中的塑性应变范围 $\Delta \varepsilon_p$,如果每个循环中的弹性应变范围 $\Delta \varepsilon_e$ 非常小,那么式(8.4)就相当于没有机械加载的纯热疲劳条件下的 Coffin-Manson 模型[3]。正如参考文献 [19] 所述,当 $\Delta \varepsilon_e$ 与 $\Delta \varepsilon_p$ 相比不能忽略时,即在高循环疲劳的情况下,式(8.5)将会得到错误的结果。在高温下,除了塑性应变外,还会产生蠕变。在这种情况下,使用非弹性应变范围 $\Delta \varepsilon_{in} = \Delta \varepsilon_p + \Delta \varepsilon_c$ 对 Coffin-Manson 模型(8.5)做如下修改[20]:

$$N_f = C_3 (\Delta \varepsilon_{in})^{p_3} \tag{8.6}$$

式中,p_3 和 C_3 为材料常数。在键合线反复承受温度变化导致的热疲劳时,如果不能忽略蠕变的影响,则应使用模型(8.6)。与式(8.4)中的 ΔT 不同,式(8.6)中的 $\Delta \varepsilon_{in}$ 是一个难以通过实验测量的物理量,但是其精确值可以通过同时考虑塑性变形和蠕变变形的有限元分析来获得。

欧洲的研究人员已开发了基于 ΔT 的失效模型,并被专门用于评估功率模块的键合线脱落寿命。然而,对于从事集成电路电子封装可靠性的研究人员来说,该问题尚未达成共识,因为在集成电路电子封装可靠性研究中,只能使用式(8.6)。在电力电子领域,主要关注如何监测运行中的功率模块,而在集成电路领域,集成电路封装在设计阶段的寿命评估至关重要。大量集成电路封装在经过较短的研发阶段后就会投向市场,与功率模块相比,其使用寿命相对较短。从经济风险管理的角度来看,集成电路封装在设计阶段的寿命评估比在线监测更为重要。ΔT 易于测量,可用于监测运行中的功率模块。如参考文献 [19] 所述,基于式(8.4),研究人员已经提出了各种失效模型。

Coffin-Manson 模型[21]:

$$N_f = A \Delta T^{-n} \tag{8.7}$$

通用的 Coffin-Manson 模型[22]:

$$N_f = (\Delta T - \Delta T_0)^{-n} \tag{8.8}$$

改进的 Coffin-Manson 模型[3]:

$$N_f = A\Delta T^{-n} e^{E_a/k_b T_m} \tag{8.9}$$

修正的 Coffin-Manson 模型[19]:

$$N_f = A(\Delta T - \Delta T_0)^{-n} e^{E_a/k_b T_m} \tag{8.10}$$

Bayerer 模型[23]:

$$N_f = A\Delta T^{-n} e^{\beta_2/T_{min}} t_{on}^{\beta_3} I^{\beta_4} V^{\beta_5} D^{\beta_6} \tag{8.11}$$

通用的 Bayerer 模型[19]:

$$N_f = A(\Delta T - \Delta T_0)^{-n} e^{\beta_2/T_{min}} t_{on}^{\beta_3} I^{\beta_4} V^{\beta_5} D^{\beta_6} \tag{8.12}$$

式中，k_b 为玻尔兹曼常数。为了适应式（8.7）的各种工作条件，式（8.8）~式（8.12）所示的失效模型还包括了一些附加参数，包括：与弹性应变范围相关的温度范围 ΔT_0、平均绝对温度 T_m、最小绝对温度 T_{min}、导通时间 t_{on}、每根键合线的电流 I、芯片的耐压 V、键合线的直径 D。引入上述附加参数的原因在于塑性应变和蠕变应变对功率模块寿命的影响不仅仅体现在温度范围上。常数 A、n、E_a、β_2、β_3、$\varepsilon_{in}(=\varepsilon_p+\varepsilon_c)$ 和 β_6 可根据实验数据确定。随着附加参数数量的增加，需要更多的实验数据，来确定与附加参数相关的常数。

在基于 $\Delta\varepsilon_{in}(=\Delta\varepsilon_p+\Delta\varepsilon_c)$ 的失效模型（8.6）中，由于 $\Delta\varepsilon_{in}$ 不包括弹性应变范围，因此考虑了温度参数 ΔT_0 的影响。其他温度参数 T_m 和 T_{min} 是与塑性和蠕变应变相关的参数。时间参数 t_{on} 是与蠕变应变相关的参数。在本章 8.2 节所述的几项关于芯片焊料层开裂的研究中[24-26]，为了考虑蠕变应变对功率模块寿命的影响，基于 ΔT 的失效模型引入了热循环频率 f，以 ΔT 作为时间参数，这些时间参数对蠕变应变有较大影响。如果使用从电热仿真中获得的温度分布，分析热塑性蠕变，$\Delta\varepsilon_{in}$ 中就包含了时间因素的影响。其他参数 I、V 和 D 的影响与时间因素相同。因此，在使用基于 $\Delta\varepsilon_{in}$ 的失效模型（8.6）评估功率模块的使用寿命时，基于 ΔT 的失效模型中所有参数的影响都由 $\Delta\varepsilon_{in}$ 表示，因此不需要额外的参数。另一方面，如果使用基于 ΔT 的失效模型（8.4），则必须考虑选择参考文献 [19] 所述的失效模型来评估寿命。基于 $\Delta\varepsilon_{in}$ 的失效模型优于基于 ΔT 的失效模型，因为前者比后者简单，而且前者模型中需要通过实验数据确定的常数数量少于后者。因此，前者比后者需要更少的实验数据，来建立失效模型。此外，正如参考文献 [8] 所述，在基于 ΔT 的失效模型（8.7）~（8.12）中，相关常数的取值是针对特定功率模块确定的，因此，当应用在其他功率模块时，需要重新校准。此外，如果功率模块由相同的材料组成，则无论功率模块的尺寸如何，基于 $\Delta\varepsilon_{in}$ 的失效模型（8.6）都不需要重新校准。

键合线脱落通常被视为一种由于热疲劳引起的裂纹扩展现象，并采用应变强度因子来描述该现象[27]。单个循环的裂纹扩展速率，由 Paris 定律给出：

$$\frac{da}{dN} = C(\Delta K_{\varepsilon eq})^n \tag{8.13}$$

式中，a、N 和 $\Delta K_{\varepsilon eq}$ 分别为裂纹长度、循环数和等效应变强度因子范围，考虑了开放模式（模式Ⅰ）和平面剪切模式（模式Ⅱ），C 和 n 为材料常数。在恒定的温度循环后，根据式（8.13）

计算连接段的剩余长度，并与实验数据进行比较，结果较为一致。虽然从材料强度方面来看，该方法较为合理，但是无法表述高温下塑性应变和蠕变应变较大的失效模式。

2. 高温下的失效模式

SiC 和 GaN 等宽禁带功率模块的工作温度将超过 200℃。Matsunaga 和 Uegai 在参考文献[28]中提到，在温度超过 200℃ 时，铝键合线的寿命会达到极限，如图 8.2 所示。Yamada 等人[29]和 Agyakwa 等人[30]也观察到类似现象。在基于式（8.4）的寿命评估中，需要更多的温度参数来描述寿命饱和现象。蠕变应变的增加，以及铝线屈服应力的降低，导致塑性应变增加，非弹性应变范围 $\Delta \varepsilon_{in}$ 也随温度单调增加。根据式（8.6）的寿命模型，铝线脱落寿命随温度升高单调递减，式（8.6）不能解释图 8.2 所示铝线脱落寿命的饱和现象。针对该问题，Yang 等人[31]开展了相关研究。他们提出了铝线与 Si 芯片界面的损伤模型，包括温度和材料时变特性的影响。他们提出的模型考虑了高温下重结晶造成的损伤抵消和损伤累积，该模型包含五个参数。通过特定系统的实验结果，来确定相关参数的取值[30]。界面损伤和裂纹长度的时变特性，可以通过联立求解常微分方程获得。但是，也存在不确定性，即由特定系统确定的常数是否具有通用性，也即是否适用于与特定系统有相同材料，但是形状和尺寸不同的系统。

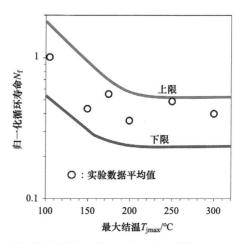

图 8.2 最大结温 T_{jmax} 与归一化循环寿命 N_f 之间的关系[28]

下面将重点讨论适用于温度超过 200℃ 的铝键合线脱落失效模型，在此温度范围内，铝线脱落寿命已不再随温度变化。上述任何失效模型都已不适合描述这种饱和现象。当温度超过 200℃ 时，蠕变变形和屈服应力急剧下降会导致塑性变形，铝键合线会出现较大的应力松弛。在失效模型中，应当考虑应力松弛对铝线脱落寿命的影响。

（1）非弹性应变能密度范围 ΔW_{in}

单个循环的非弹性应变能密度范围 ΔW_{in}，是由单个循环应力 - 非弹性应变滞回曲线围成的面积，可由以下积分表示：

$$\Delta W_{in} = \oint_C \sigma_{ij} d\varepsilon_{ij}^{in} \tag{8.14}$$

式中，σ_{ij} 和 ε_{ij}^{in} 分别为应力张量和非弹性应变张量，C 为与单个应力 - 非弹性应变曲线的滞回环对应的积分路径。该失效模型可以表示为

$$N_f = C_4 (\Delta W_{in})^{p_4} \tag{8.15}$$

式中，p_4 和 C_4 为材料常数。

式（8.15）是由 Morrow 提出的低循环疲劳能量模型[32]。该模型不仅包含非弹性应变，还包含应力，因此 ΔW_{in} 是一个考虑了应力松弛的物理量。Kanda 等人的研究表明[33]，式（8.15）等价于式（8.6）在循环加载条件下获得稳态应力 - 非弹性应变的情况。式（8.15）常被用于电

子封装中焊点的寿命预测[26, 34-36]，以及键合线脱落寿命的预测[37]。

（2）非线性断裂力学参数 T^* 的取值范围 ΔT^*

其他对高温下热疲劳寿命预测有用的物理量可能是断裂力学参数。主要分为两类：一类是线性断裂力学参数，如应力强度因子 K；另一类是非线性断裂力学参数，如 J 积分。在高温下，屈服应力和蠕变变形的减小会产生较大的非弹性应变，因此应当采用非线性断裂力学参数，来讨论高温下的断裂问题。学者 Rice 提出的 J 积分表示为[38]

$$J = \int_{\Gamma_0} (Wn_1 - t_i u_{i,1}) \, \mathrm{d}\Gamma \tag{8.16}$$

式中，W、n_1 和 t_i 分别为应变能密度、向外的法向量和牵引向量，W 和 t_i 可以表示为

$$W = \int_0^{\varepsilon_{ij}} \sigma_{ij} \mathrm{d}\varepsilon_{ij} \tag{8.17}$$

$$t_i = \sigma_{ij} n_j \tag{8.18}$$

Γ_0 是包围裂纹尖端的任意积分路径，如图 8.3 所示。J 积分的物理意义是流入裂纹尖端附近的断裂过程区域的能量流。在塑性变形理论下，J 积分具有路径无关性，使其可以使用远场的 σ_{ij} 和 ε_{ij} 值计算准确的 J 积分。这一点非常重要，因为裂纹尖端是 σ_{ij} 和 ε_{ij} 发散的奇异点。

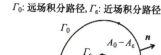

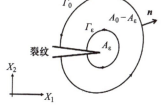

图 8.3 J 积分路径与 T^* 积分路径

随后，为了应用于循环载荷下的疲劳裂纹生长，J 积分被扩展到 ΔJ 积分范围[39-42]。ΔJ 定义为

$$\Delta J = \int_{\Gamma_0} (\Delta W n_1 - \Delta t_i u_{i,1}) \mathrm{d}\Gamma \tag{8.19}$$

式中，

$$\Delta W = \int_0^{\Delta \varepsilon_{ij}} \Delta \sigma_{ij} \mathrm{d}\Delta \varepsilon_{ij} \tag{8.20}$$

在式（8.20）中，$\Delta \sigma_{ij}$ 和 $\Delta \varepsilon_{ij}$ 是应力范围和应变范围，分别为循环载荷过程中当前状态与参考状态之间的差异：

$$\Delta \sigma_{ij} = \sigma_{ij} - \sigma_{ij}^{(0)} \tag{8.21}$$

$$\Delta \varepsilon_{ij} = \varepsilon_{ij} - \varepsilon_{ij}^{(0)} \tag{8.22}$$

上标（0）代表参考状态，牵引力范围 Δt_i 和变形 Δu_i 可以表示为

$$\Delta t_i = t_i - t_i^{(0)} \tag{8.23}$$

$$\Delta u_i = u_i - u_i^{(0)} \tag{8.24}$$

根据 Lamba[39]、Wüthrich[41] 和 Tanaka[42] 的观点，如果裂纹是开放的，且应变能密度范围 ΔW 是关于 $\Delta \varepsilon_{ij}$ 的单值函数，则 J 积分范围 ΔJ 与 J 积分具有相同的路径依赖性。Kubo 等人[43]详细讨论了在载荷循环过程中裂纹闭合时 ΔJ 的路径无关性。

对于热应力问题、蠕变变形问题、塑性流动理论问题和动态问题，由式（8.16）定义的 J 积分失去了路径独立性。针对此类问题，Atluri 等人[44, 45] 提出了与路径无关的非线性断裂力学参数 T^* 积分，其定义为

$$\begin{aligned} T^* &= \int_{\Gamma_\varepsilon} [Wn_1 - t_i u_{i,1}] \mathrm{d}\Gamma \\ &= \int_{\Gamma_0} (Wn_1 - t_i u_{i,1}) \mathrm{d}\Gamma - \int_{A_0 - A_\varepsilon} [W_{,1} - (\sigma_{ij} u_{i,1})_{,j}] \mathrm{d}A \end{aligned} \quad (8.25)$$

式中，积分路径 Γ_ε、Γ_0 以及域 A_0 和 A_ε，如图 8.3 所示。Γ_0 是包围裂纹尖端的任意积分路径，而 Γ_ε 是包围存在于裂纹尖端附近的断裂过程区域的积分路径。对于受塑性变形理论约束，且不发生卸载的问题，由于右侧的第二项变为零，此时 T^* 积分与 J 积分相同。因此，T^* 积分是 J 积分在各种载荷情况下的泛化。

在反复温度循环下的热疲劳问题中，同时发生热塑性应变和蠕变应变，参考文献 [37] 提出了与 ΔJ 定义方式相同的 T^* 积分范围 ΔT^*：

$$\begin{aligned} \Delta T^* &= \int_{\Gamma_\varepsilon} (\Delta W n_1 - \Delta t_i \Delta u_{i,1}) \mathrm{d}\Gamma \\ &= \int_{\Gamma_0} (\Delta W n_1 - \Delta t_i \Delta u_{i,1}) \mathrm{d}\Gamma - \int_{A_0 - A_\varepsilon} [\Delta W_{,1} - (\Delta \sigma_{ij} \Delta u_{i,1})_{,j}] \mathrm{d}A \end{aligned} \quad (8.26)$$

该表达式适用于裂纹扩展的情况。当裂纹闭合时，式（8.26）中的 ΔT^* 需要做如下修改：

$$\begin{aligned} \Delta T^* &= \int_{\Gamma_\varepsilon} [\Delta W n_1 - \Delta t_i \Delta u_{i,1}] \mathrm{d}\Gamma \\ &= \int_{\Gamma_0} [\Delta W n_1 - \Delta t_i \Delta u_{i,1}] \mathrm{d}\Gamma - \int_{A_0 - A_\varepsilon} [\Delta W_{i,1} - (\Delta \sigma_{ij} \Delta u_{i,1})_{,j}] \mathrm{d}A \\ &\quad - \int_{\Gamma_{1'2'}} \Delta t_i^{(a)} (\Delta u_{i,1}^{(a)} + \Delta u_{i,1}^{(b)}) \mathrm{d}\Gamma \end{aligned} \quad (8.27)$$

如图 8.4 所示，$\Gamma_{1'2'}$ 表示 Γ_{12} 上的裂纹闭合部分，上标（a）和（b）表示裂纹表面 Γ_{12} 和 Γ_{45} 的数量。参考文献 [37] 给出了式（8.26）和式（8.27）的推导过程。

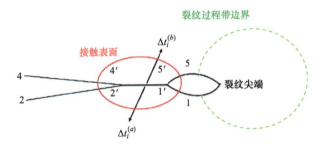

图 8.4　部分封闭的裂纹表面

基于 ΔT^* 积分的失效模型为

$$N_f = C_5(\Delta T^*)^{p_5} \tag{8.28}$$

3. 高温下失效模型的应用

参考文献 [37] 给出了在高温条件下应用式（8.15）和式（8.28）失效模型的结果，并将这些模型预测的键合线脱落寿命与 Matsunaga 和 Uegai 的实验数据进行了比较[28]。图 8.5 展示了键合线结构的有限元模型。键合线部分受到温度循环的影响，初始温度为 25℃，周期为 2s，温度范围为 80℃。对五种情况最高结温 T_{jmax}（即 T_{jmax} = 105℃、150℃、200℃、250℃和 300℃）进行了热弹塑性蠕变的有限元分析。

在有限元分析中，应用式（8.15）中的 ΔW_{in} 时，使用区域平均的非弹性应变能密度范围 $\overline{\Delta W_{in}}$，其定义为

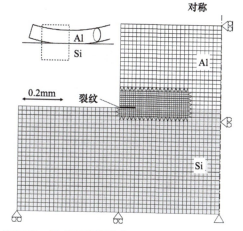

图 8.5　键合线结构的有限元模型和边界条件

$$\overline{\Delta W_{in}} = \sum_{k=1}^{N}\{(\Delta W_{in})_k \times A_k\} \Big/ \sum_{k=1}^{N} A_k \tag{8.29}$$

式中，N 和 A_k 分别为选定域中包含的有限元个数和元素 k 的面积。在寿命计算中，应将式（8.15）中的 ΔW_{in} 替换为 $\overline{\Delta W_{in}}$。

T^* 的精确计算可采用式（8.26）或式（8.27）。商业有限元软件中没有计算 ΔT^* 的功能，如 MARC、ANSYS 等。因此，采用以下近似计算方法来评估 ΔT^*，采用商业有限元软件 MSC MARC2015 研究键合线脱落的问题。

1）Smelser 和 Gurtin[46] 指出，如果裂纹位于键合线上，由式（8.16）定义的 J 积分对于双材料复合结构是有效的。因此，可以使用通用有限元程序 MSC MARC2015 中的标准函数计算多条积分路径的 J 积分值。

2）采用外推法，可以通过过程 1 中计算的远场 J 积分，得到裂纹尖端附近积分路径 Γ_{ε} 处的近场 J 积分。如式（8.16）所示，近场 J 积分值等同于 T^* 积分值。

3）近场的 ΔJ 值可由下式计算：

$$\Delta J = J_{max} - J_{min} \tag{8.30}$$

式中，J_{max} 和 J_{min} 为在单个加载周期内近场 J 积分值的最大值和最小值。

4）根据式（8.26），近场的 ΔJ 积分值等于 ΔT^* 积分值。

理论上来说，式（8.30）定义的 J 积分范围 ΔJ 是不正确的[47]，但是很多文献[48-53]都采用了此 J 积分范围，因为疲劳裂纹扩展速率与 ΔJ 具有较好的相关性。此外，参考文献 [54] 的研究表明，对于热疲劳问题，根据式（8.30）计算出的 $\Delta J = J_{max} - J_{min}$ 与根据 ΔJ 定义的式（8.19）

计算出的值相当接近。

通过从裂纹尖端 $X=0$ 到 X_{ave} 的裂纹延伸线上的有限元分析,可以得到式(8.29)定义的非弹性应变能密度范围 $\overline{\Delta W_{in}}$ 的面积平均值。图 8.6 展示了 $\overline{\Delta W_{in}}$ 随裂纹尖端距离的变化规律。可以发现,$\overline{\Delta W_{in}}$ 取决于计算时所选择的域,因此,无法确定和选择唯一的域。当在寿命评估中使用非弹性应变范围 $\Delta \varepsilon_{in}$ 时,也会出现类似情况。

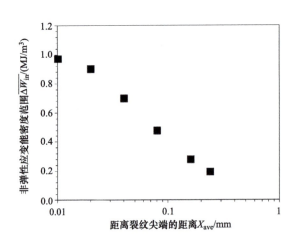

图 8.6　$T_{jmax}=200$℃ 和 $\Delta T=80$℃下,应变能密度范围 $\overline{\Delta W_{in}}$ 的面积平均随裂纹尖端距离的变化

图 8.7 展示了归一化失效循环次数随最大结温 T_{jmax} 的变化情况,并将基于 $\Delta \varepsilon_{in}$、$\overline{\Delta W_{in}}$ 和 ΔT^* 的失效模型得出的结果与 Matsunaga 和 Uegai 的实验数据进行了比较[28]。与实验数据相比,基于 ΔT^* 的失效模型结果最好。

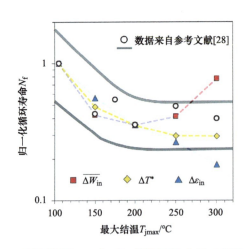

图 8.7　最大结温 T_{jmax} 与归一化循环寿命 N_f 之间的关系

8.2 芯片焊料层开裂

功率芯片一般通过芯片焊料层与衬底相连。当温度反复变化时，由于半导体芯片和衬底之间的热膨胀系数不匹配，芯片焊料层会受到反复的热应力。这种反复的热应力会引起芯片焊料层的热疲劳，从而导致芯片焊料层出现裂纹。虽然多篇综述论文介绍了电子封装中焊点热疲劳寿命的评估方法和焊料的解析方程[55-58]，但是本章主要关注与芯片焊料层开裂的寿命评估相关的论文。

此前，几乎所有关于芯片焊料层开裂的论文都涉及芯片焊料层水平方向的裂纹扩展，8.2.1～8.2.3 节回顾了有关此类芯片焊料层开裂的研究。最近，在高温下运行的功率模块中观察到了沿芯片焊料层厚度或垂直方向扩展的芯片焊料层裂纹。8.2.4 节也讨论了这种类型的芯片焊料层裂纹。

芯片焊料层裂纹的总寿命，通常为裂纹起始寿命和裂纹扩展寿命之和。在键合线脱落和倒装芯片封装中焊接凸点疲劳失效的情况下，与总寿命相比，裂纹扩展寿命可以忽略不计，因为芯片表面键合线的尺寸和倒装芯片封装中焊接凸点的尺寸最多只有几毫米。在功率芯片表面完全粘附在衬底上时，连接部分的尺寸仅为几厘米。因此，裂纹扩展寿命与总寿命之比较大。因此，本章将分别介绍不考虑和考虑裂纹扩展的芯片焊料层开裂寿命评估方法。

8.2.1 不考虑裂纹扩展的寿命评估方法

1. 基于温度范围的寿命评估

受 Norris 和 Landzberg 的论文的启发[24]，一些文献提出不同的基于温度范围的寿命评估模型：

参考文献 [24，59]，有

$$N_f = A f^m \Delta T^{-n} e^{E_a/k_b T_{max}} \tag{8.31}$$

参考文献 [59，60]，有

$$N_f = A f^m \Delta T^{-n} e^{E_a/k_b T_{max}} [\text{corr}(\Delta T)]^{-1/c} \tag{8.32}$$

参考文献 [61]，有

$$N_f = A(1/t_{hot})^m \Delta T^{-n} e^{E_a/k_b T_{max}} \tag{8.33}$$

式（8.31）主要针对 Pb-Sn 共晶焊料。A、m、n 和 E_a 是从实验数据中确定的材料常数，k_b 为玻尔兹曼常数，T_{max} 为最大绝对温度。当评估 Sn-Ag-Cu 无铅焊料时，式（8.32）和式（8.33）对式（8.31）进行了一定的修订。在式（8.31）和式（8.32）中，f 为温度循环的频率，$\text{corr}(\Delta T)$ 为校正项，由下式给出

$$\text{corr}(\Delta T) = a \ln(\Delta T) + b \tag{8.34}$$

式中，a 和 b 为由参考文献 [62] 提供的与封装和焊料材料相关的常数，c 为与温度曲线有关的常数。在式（8.33）中，t_{hot} 为单个循环中焊料处于高温状态的时间。如 8.1.2 节所述，基于 ΔT 的寿命评估模型，还可以添加其他参数来描述更复杂的现象。

此外，可以定义加速因子 AF：

$$AF = \frac{(N_f)_2}{(N_f)_1} \quad (8.35)$$

式中，下标 1 和 2 表示不同的状态。基于此方程，可以根据加速测试得到的寿命 $(N_f)_1$，估计功率模块在实际使用条件下的寿命 $(N_f)_2$。式（8.31）的加速因子 AF 表示为

$$AF = \frac{(N_f)_2}{(N_f)_1} = \left(\frac{f_2}{f_1}\right)^m \left(\frac{\Delta T_1}{\Delta T_2}\right)^n e^{(E_a/k_b)\{1/(T_{max})_2 - 1/(T_{max})_1\}} \quad (8.36)$$

在推导上述模型时，状态 1 和状态 2 中的参数 A、m、n 和 E_a 的值相同。式（8.32）和式（8.33）的推导方法类似。

2. 基于非弹性应变范围的寿命评估

寿命预测可以采用基于应变范围的 Coffin-Manson 模型：

$$N_f = C_3 (\Delta \varepsilon_{in})^{P_3} \quad (8.37)$$

与温度范围 ΔT 不同，弹性应变范围 $\Delta \varepsilon_{in}$ 很难测量，但是可以通过有限元分析获得其准确值。

基于温度范围 ΔT 的寿命评估模型（8.31）和（8.32），包括最大温度 T_{max}、温度循环频率 f 和每个温度循环的高温持续时间 t_{hot} 及 ΔT 来模拟复杂的工作条件。与这些参数相关的常数 A、m、n 和 E_a，可以根据实验数据拟合确定。其他参数 T_{max}、f 和 t_{hot} 都与塑性和蠕变应变有关，因此通过非弹性有限元分析获得的塑性应变范围 $\Delta \varepsilon_{in}$ 已包括 T_{max}、f 和 t_{hot} 的影响。因此，即使在复杂的工作条件下，基于非弹性应变范围 $\Delta \varepsilon_{in}$ 的失效模型也不需要额外的参数。

基于 $\Delta \varepsilon_{in}$ 的寿命估计，式（8.37）已被广泛用于集成电路封装中的焊点寿命评估[20, 63-67]。但与基于 ΔT 的失效模型（8.31）~（8.33）相比，基于 $\Delta \varepsilon_{in}$ 的失效模型（8.37）在芯片焊料层开裂寿命评估方面的应用较少[68-71]。

3. 基于非弹性应变能密度范围的寿命评估

使用非弹性应变能密度范围的寿命评估模型，不仅适用于键合线脱落，还适用于芯片焊料层开裂，可以表示为

$$N_f = C_4 (\Delta W_{in})^{P_4} \quad (8.38)$$

该模型已被用于预测集成电路封装中小凸点的寿命[34, 65, 67, 72-75]，其中裂纹扩展寿命相对于总寿命可以忽略不计。在参考文献 [26, 36, 76, 77] 中，式（8.38）被用于预测功率模块中的

芯片焊料层开裂的寿命。芯片焊料层的尺寸为几厘米，远大于键合线的尺寸，因此芯片焊料层开裂寿命的评估模型（8.38），通常与后面描述的裂纹扩展寿命模型一起使用。

在实际应用式（8.38）时，采用式（8.29）所给出的面积/体积平均应变能密度范围 $\overline{\Delta W_{in}}$ 取代 ΔW_{in}。此时，必须考虑选择哪个域作为与热疲劳破坏有关的非弹性应变能密度范围。疲劳破坏一般发生在应力集中部位。因此，应选择一个包括应力集中部分的域，但无法唯一确定该域。Nakajima 等人[78]通过假设裂纹尖端周围的应力和应变受 HRR 场控制[79, 80]，来处理均质材料中的裂纹。他们考虑了一个边长 L_{area} 的正方形域，其中心位于裂纹尖端。假设 ΔW_{in} 是边长为 L_{area} 的正方形域中平均的非弹性应变能量密度范围。由于 ΔW_{in} 与 L_{area} 成反比，因此存在以下关系：

$$\Delta W_{in\text{-}c} = \Delta W_{in} \cdot L_{area} \tag{8.39}$$

式中，$\Delta W_{in\text{-}c}$ 为与 L_{area} 无关的比例常数。因此，可以使用新参数 $\Delta W_{in\text{-}c}$ 来讨论芯片键合线脱落的寿命，而无需选择用于计算 ΔW_{in} 的特定区域。式（8.39）适用于处理塑性变形理论和稳态蠕变变形，否则 $\Delta W_{in\text{-}c}$ 将依赖于区域选择，如在卸载和瞬态蠕变变形的塑性变形情况下，裂纹尖端周围的应力和应变不受 HRR 场的控制。此外，缺口和尖角处的应力奇异性也不由 HRR 场表示，因此 $\Delta W_{in\text{-}c}$ 与区域有关。

8.2.2　考虑裂纹扩展的寿命评估方法

疲劳裂纹扩展速率，即每个循环中裂纹的扩展速率 da/dN，可以用 Paris 定律表示[81]：

$$\frac{da}{dN} = C_1 (\Delta K)^{n_1} \tag{8.40}$$

式中，C_1 和 n_1 是材料常数，表示每个循环的应力强度因子范围。式（8.40）在满足裂纹尖端小尺度屈服条件时才成立，而韧性材料中的裂纹则不满足这个条件。此时，应当使用式（8.2）定义的非弹性应变范围 $\Delta \varepsilon_{in}$、式（8.14）定义的非弹性应变能密度范围 ΔW_{in}，以及式（8.19）定义的 J 积分范围 ΔJ 的 Paris 定律进行修改，具体如下：

$$\frac{da}{dN} = C_2 (\Delta \varepsilon_{in})^{n_2} \tag{8.41}$$

$$\frac{da}{dN} = C_3 (\Delta W_{in})^{n_3} \tag{8.42}$$

$$\frac{da}{dN} = C_4 (\Delta J)^{n_4} \tag{8.43}$$

由于塑性变形和蠕变变形情况下的 ΔJ 路径不独立，因此应使用 T^* 的积分范围 ΔT^*，而不是 ΔJ 积分范围：

$$\frac{\mathrm{d}a}{\mathrm{d}N} = C_5 (\Delta T^*)^{n_5} \tag{8.44}$$

8.2.1 节提到的寿命评估模型,基本上可以提供疲劳裂纹的起始寿命,并且对于微型凸点等小尺寸焊点的疲劳寿命,也可以提供较好的预测。功率模块的芯片尺寸非常大,因此不能忽略裂纹扩展寿命。如果 N_0 和 N_1 分别为疲劳裂纹起始寿命和裂纹扩展寿命,则总寿命 N 可以表示为

$$N = N_0 + N_1 = N_0 + \frac{L_c}{\mathrm{d}a/\mathrm{d}N} \tag{8.45}$$

式中,L_c 为临界裂纹长度,即出现温度快速升高或电学特性快速变化时的长度。

1. 基于非弹性应变范围的寿命评估

式(8.37)和式(8.41)分别用于估计疲劳裂纹初始寿命和疲劳裂纹扩展寿命。

疲劳裂纹初始寿命的模型为

$$N_0 = \alpha_1 (\Delta \varepsilon_{\mathrm{in}})^{\beta_1} \tag{8.46}$$

裂纹扩展速率的模型为

$$\frac{\mathrm{d}a}{\mathrm{d}N} = \gamma_1 (\Delta \varepsilon_{\mathrm{in}})^{\delta_1} \tag{8.47}$$

以上模型也存在一定的问题。如 8.1.2 节所示,疲劳裂纹通常出现在应力集中的区域。在裂纹产生后,裂纹尖端为应力和应变的奇异点,因此在选择 $\Delta \varepsilon_{\mathrm{in}}$ 的评估点时存在任意性。在最初的 Paris 定律中,使用应力强度因子范围 ΔK 来避免这种任意性。应力强度因子 K 是表示应力奇异性强度的指标之一。$\varepsilon_{\mathrm{in}}$ 积分和 T^* 积分分别由式(8.16)和式(8.25)确定,它们与应力强度因子 K 类似,如果它们具有路径无关性,则可以唯一地确定应力奇异性的强度。

Déplanque 等人[82]将这种方法应用于功率 MOSFET 器件,评估 Sn-Pb 共晶焊料合金和 Sn-Ag-Cu 无铅焊料合金的芯片焊料层开裂的疲劳寿命。他们使用沿裂纹扩展线从裂纹尖端($x=0$)到某一点($x=u$)处平均的累积非弹性(蠕变)应变,来估计疲劳寿命。虽然这篇论文对累积非弹性(蠕变)应变的定义不太清楚,但是如果它表示每个温度循环的累积非弹性(蠕变)应变,则与式(8.46)和式(8.47)中使用的非弹性(蠕变)应变范围 $\Delta \varepsilon_{\mathrm{in}}$ 等效。其他研究人员也使用式(8.47)来获得功率模块的裂纹扩展寿命[83-85]。他们将裂纹扩展路径划分为多个分段,每个分段都是沿裂纹路径分配的有限元的一个边,根据式(8.47)可求出在每个分段中扩大的裂纹扩展寿命。目前尚不清楚该方法是否考虑了裂纹扩展寿命。如果未考虑,则该方法预测的寿命会偏短。

日本的研究人员提出了一种模拟疲劳裂纹发生和裂纹扩展路径的方法[86, 87]。此方法采用塑性和蠕变应变的有限元应力分析,基于 Coffin-Manson 模型和线性累积损伤准则(Miner 准则),获得损伤参数 D。通过降低杨氏模量,使其与未损坏材料相比处于较小的值,从而排除满足

$D=1$ 的情况。这种方法可用于预测 QFP 焊点[86]和 BGA 焊点[87]在热疲劳条件下的裂纹扩展路径，也可用于预测 IGBT 功率模块芯片焊料层的裂纹扩展[88, 89]。这种方法可以处理三维结构中二维裂纹的扩展，而参考文献[82–85]中采用的方法只能处理二维结构中一维裂纹的扩展。

2. 基于非弹性应变能密度范围的寿命评估

基于此方法，式（8.38）和式（8.42）分别用于评估疲劳裂纹萌生寿命和裂纹扩展寿命。

疲劳裂纹萌生寿命的模型：

$$N_0 = \alpha_2 (\Delta W_{in})^{\beta_2} \qquad (8.48)$$

疲劳裂纹扩展速率的模型：

$$\frac{da}{dN} = \gamma_2 (\Delta W_{in})^{\delta_2} \qquad (8.49)$$

此方法最初由学者 Darveaux 提出，主要用于评估集成电路芯片封装中的芯片焊料层的开裂寿命[90, 91]。此后也被其他学者用于估计集成电路芯片封装[92, 93]和功率模块[94-96]的芯片焊料层开裂寿命。如 8.1.2 节和 8.2.1 节所述，在将 ΔW_{in} 应用于式（8.48）和式（8.49）时，Darveaux 提出对 ΔW_{in} 进行体积平均，得到 $(\Delta W_{in})_{ave}$，基本等同于 8.1.2 节描述的 $\overline{\Delta W_{in}}$。但是，如何选择计算区域来得到 $(\Delta W_{in})_{ave}$ 呢？采用非弹性应变能密度范围的研究人员尚未给出任何答案，只是指出计算区域应包括应力最大的区域。

Kariya 等人[97]获得了式（8.49）中的常数 γ_2 和 δ_2，用于评估银烧结纳米颗粒的裂纹扩展速率。而纳米银颗粒有望成为下一代功率模块的芯片焊料层材料。在参考文献[97]中，他们使用了体积平均的 ΔW_{in}，其值取决于选择用于计算的域。他们建议使用由式（8.39）定义的 ΔW_{in-c} 而不是体积平均的 ΔW_{in}，因为 ΔW_{in-c} 与用于计算 ΔW_{in} 的域无关且唯一确定[98]。此时，疲劳裂纹扩展速率由下式给出：

$$\frac{da}{dN} = \gamma_2 (\Delta W_{in-c})^{\delta_2} \qquad (8.50)$$

他们使用银烧结纳米颗粒制成单边缺口试样，在变形控制的脉动拉伸模式下进行疲劳裂纹扩展试验，并根据试验数据确定了式（8.50）中的常数 γ_2 和 δ_2。如 8.2.1 节所述，式（8.50）的应用仅限于符合塑性变形理论和稳态蠕变变形的无卸载塑性变形。

3. 基于断裂力学参数的寿命评估

使用断裂力学参数进行寿命评估的模型为式（8.40）、式（8.43）和式（8.44）。非弹性应变范围 $\Delta \varepsilon_{in}$ 和非弹性应变能密度范围 ΔW_{in} 取决于所选的点或域，并且它们没有唯一确定的值。另一方面，裂纹尖端周围的应力和应变仅取决于断裂力学参数。而由路径积分定义的 ΔJ 和 ΔT^* 在数值分析上具有一定的优势，因为如果它们与路径无关，它们的值即可通过远场物理量进行评估。Kariya 等人提出的参数 ΔW_{in-c} 也可视为断裂力学参数之一。

采用初始的 Paris 定律作为裂纹扩展寿命的模型，Coffin-Manson 模型作为裂纹起始寿命的模型，研究人员对功率模块进行热疲劳寿命分析[99]。根据分析结果，几乎所有的总寿命都主要由裂纹起始寿命构成,而裂纹扩展寿命仅占总寿命的3.6%。分析所用的封装材料为95Pb-5Sn钎料合金。由于95Pb-5Sn钎料合金具有较大韧性,不满足小尺度屈服条件,因此裂纹扩展寿命较短,因此,采用由应力强度因子范围ΔK表示的初始Paris定律是无效的。

学者Pao对电子封装中焊点热疲劳寿命预测方面进行了开创性的研究[100]。他采用基于ΔJ的式(8.43)作为热疲劳引起的裂纹扩展速率的模型,采用基于C^*的模型[101]作为因蠕变引起的裂纹扩展速率的模型,即

由热疲劳引起的裂纹扩展速率模型:

$$\frac{\mathrm{d}a}{\mathrm{d}N} = \gamma_3 (\Delta J)^{\delta_3} \quad (8.51)$$

由蠕变引起的裂纹扩展速率模型:

$$\frac{\mathrm{d}a}{\mathrm{d}N} = \gamma'_3 (C^*)^{\delta'_3} \quad (8.52)$$

Kariya等人[102]在变形控制的拉伸-拉伸加载条件和140℃等温条件下,对烧结银纳米颗粒制成的单边缺口试样进行了疲劳裂纹扩展试验。他们采用基于ΔJ的关系作为疲劳裂纹扩展速率的计算模型:

$$\frac{\mathrm{d}a}{\mathrm{d}N} = \gamma_3 (\Delta J)^{\delta_3} \quad (8.53)$$

常数γ_3和δ_3需要从实验数据中确定。在应用式(8.53)时,可以根据Asada等人[103]提出的简化模型计算ΔJ的值。如果考虑热变形和蠕变变形,ΔJ会失去路径独立性,不能像$\Delta \varepsilon_{in}$和ΔW_{in}一样被唯一确定。

8.1.2节中所述的断裂力学参数T^*和ΔT^*与路径无关,它们是在热变形和蠕变变形条件下唯一确定的参数,是此类变形条件下有效的断裂力学参数。因此,建议使用以下模型来表示高温条件下的疲劳裂纹扩展速率,在高温条件下,除塑性变形外,热变形和蠕变变形也很重要:

$$\frac{\mathrm{d}a}{\mathrm{d}N} = \gamma_4 (\Delta T^*)^{\delta_4} \quad (8.54)$$

在使用断裂力学参数(如ΔT^*)进行寿命评估方法时,必须假定裂纹存在。因此,将断裂力学参数应用于寿命评估的一个重要问题,是如何评估疲劳裂纹起始寿命。以下是这一问题的解决方案:

1)通过不假设裂纹的方法评估疲劳裂纹起始寿命,即式(8.46)和式(8.48)。

2)通过以下模型获得疲劳裂纹的起始寿命N_0:

$$N_0 = \alpha_4 (\Delta T^*)^{\beta_4} \quad (8.55)$$

通过假设短裂纹来评估疲劳裂纹起始寿命。在这种情况下,应将多长的裂纹视为短裂纹的问题尚未确定。一种办法是通过改变裂纹长度对N_0进行敏感性分析,将裂纹长度对N_0的敏感性变低的裂纹视为短裂纹。

8.2.3　其他寿命评估方法

1. 连续损伤力学

通过引入范围为 0~1 的损伤变量 D，连续损伤力学可以在连续介质力学框架内，处理从空隙等微缺陷的产生和凝聚，到宏观裂纹扩展的失效过程。D 值等于 0 和 1 分别代表无损坏和完全损坏。D 通常定义为损坏面积与初始面积之比。损伤变量 D 直接影响应力，并通过应力间接影响材料的解析方程。Murakami 在参考文献 [104] 中详细介绍了连续损伤力学。采用这种方法，可以在不明确假设裂纹的情况下处理结构的破坏问题。

参考文献 [105，106] 介绍了一些受连续破坏力学破坏的焊点情况。这些文献通过简单的测试系统和加载条件获得焊点的损坏程度。此外，损伤力学还被应用于功率模块的芯片焊料层开裂 [107,108]。这些研究采用的方法与 Yang 等人在评估键合线脱落寿命时采用的方法类似 [31]。根据 Yang 等人提出的方法，影响 D 变化的因素可由温度 T、非弹性应变 ε_{in}、损伤变量 D 和裂纹尖端距离 x 的函数表示，根据参考文献 [109] 中裂纹长度与热循环次数之间关系的实验数据，确定每个函数中包含的常数。通过联立求解常微分方程，可以得到损伤变量和裂纹长度的时变情况。在连续损伤力学中，损伤变量 D 被纳入连续介质力学的框架，并引入到连续介质力学的控制方程中。另一方面，在参考文献 [107,108] 中，表示损伤变量 D 的函数的选择是经验性的，而不是理论性的。因此，将这种方法归类为连续损伤力学并不合适。

2. 扰动状态概念

Desai 和 Basaran 等人 [110-113] 提出了另外一种连续损伤力学方法，被称为分布状态概念（Distributed State Concept, DSC）。该方法基于统一的解析模型，考虑了材料在热机械加载下的弹性、塑性和蠕变应变、微裂纹、损伤和降解或软化以及峰后刚化。DSC 方法的基本假设如下：成型材料元素是处于两种参考状态（相对完整状态和完全调整状态）材料的混合物。根据这一假设，观察到的应力张量 σ_{ij}^a 由以下模型给出：

$$\sigma_{ij}^a = (1-D)\sigma_{ij}^i + D\sigma_{ij}^c \tag{8.56}$$

式中，上标 a、i 和 c 分别表示观测、相对完整和完全调整状态，D 为一种标量干扰函数或无序度参数相对于原始参考状态的变化速率，可被视为退化或损伤的指标。通过曲线拟合测试数据，可以得到一个经验退化函数 D。这种方法已被应用于电子封装中 Sn-Pb 钎焊点的热疲劳问题 [110,112,113]。基于统一本构模型，Desai [114,115] 详细总结了 DSC 方法。此外，Basaran 等人 [116,117] 提出了统一力学理论，即牛顿运动定律和热力学定律的统一，并从熵（系统中的无序度量）中推导出 D 的表达式。可以在不需要测试数据的情况下，从统一力学理论中得到 D 的理论表达式。基于统一力学理论的 DSC 方法，已被应用于低循环疲劳 [116]、热疲劳 [117]、谐振下的动态加载 [118] 和并发热循环和动态加载 [119]。最近，由 Basaran 领导的研究团队提出了基于统一力学理论的复杂三维解析和计算模型的推导，用于预测损伤和疲劳寿命 [120]。

DSC 方法也易于导入非线性有限元仿真 [112,118]，并通过非线性有限元分析获得 D 在疲劳过程中的变化。虽然基于统一解析模型和统一力学理论的 DSC 方法，尚未用于评估功率模块中芯片焊料层开裂的寿命，但它们是很有潜力的方法。期待这些方法能用于功率模块的结构完整性评估。

3. 凝聚区模型

凝聚区模型（Cohesive Zone Model, CZM）是一种用于处理韧性材料中裂纹扩展现象的模型。在该模型中，即使裂纹表面分离，粘力也会作用于裂纹表面，并且裂纹在粘力的阻力下逐渐扩展。裂纹表面上粘力作用的区域称为凝聚区。假定当粘力变为零时，裂纹表面完全分离。CZM 的详细描述见参考文献 [121]。该模型可处理结构失效问题，而不需假设具有应力和应变奇异性的裂纹和裂纹尖端。CZM 不仅适用于微小焊点的热疲劳[122]，也适用于功率模块中芯片焊料层的热疲劳[123]。

8.2.4 厚度方向上芯片焊料层失效的寿命评估方法

近年来，功率模块高温运行的需求不断增加。在这样的环境下，参考文献 [124–126] 已经观察到了芯片焊料层在厚度方向上的失效（以下简称"垂直失效"）。在参考文献 [124] 中，当在（$T_{jmin}=50℃$，$T_{jmax}=150℃$）和（$T_{jmin}=50℃$，$T_{jmax}=175℃$）的温度条件下进行功率循环测试时，观察到了 Sn-Cu 焊料的垂直失效，其中 T_{jmin} 和 T_{jmax} 分别为最低结温和最高结温。参考文献 [125] 测试了三种芯片焊料合金，即 Pb-5Sn-1.5Ag、Sn-7Cu 和 Sn-3Cu-10Sb，这些合金在 $T_{jmax}=175℃$ 和 $\Delta T=150℃$ 进行功率循环。结果表明，Pb 基焊料合金 Pb-5Sn-1.5Ag 的主要失效模式是芯片焊料层中的水平方向失效（以下简称"水平失效"），而 Sn 基焊料合金 Sn-7Cu 和 Sn-3Cu-10Sb 的主要失效模式是垂直失效。针对由 Si 芯片、Sn-Ag-Cu-Sb 焊料和不同衬底组成的四种试样，参考文献 [126] 开展了 50 ~ 175℃的热循环测试。测试结果总结如下：

1) 水平失效主要出现在由具有大热膨胀系数的衬底构成的试样中，即在 Si 芯片和衬底之间存在较大的热膨胀系数不匹配。

2) 垂直失效主要出现在由具有小热膨胀系数的衬底构成的试样中，即在 Si 芯片和衬底之间存在小的热膨胀系数不匹配。

下面介绍垂直失效的寿命评估方法。Harubeppu 等人[127] 提出了一个寿命评估模型，假设在高温下通过蠕变变形在晶界上生成并扩展了空洞，然后在低温下由于拉伸应力形成晶间裂纹。他们定义每个循环的蠕变损伤 D_c 为累积蠕变应变，每个循环的疲劳损伤 D_f 为温度范围的幂。蠕变损伤仅由蠕变变形引起，因此 D_c 与 D_f 无关。另一方面，疲劳损伤会促进蠕变损伤产生的晶界空隙的凝聚，因此当 D_c 较小时，疲劳损伤对总损伤的贡献较小，而当 D_c 增大时，疲劳损伤对总损伤的贡献变大。基于此，他们提出每个循环的总损伤 $D=D_c(1+D_f)$。然后，寿命 N_f 由 $N_f \propto 1/D$ 给出。所提出的寿命评估模型包含三个表征蠕变应变率的材料属性、三个表征热疲劳的材料属性，以及一个取决于功率模块结构的系数，即所谓的拟合参数，该拟合参数由特定功率模块的寿命实验确定。总之，Harubeppu 等人[127] 提出的寿命评估模型不能用作功率模块设计阶段的寿命评估，因为功率模块的寿命不能仅由材料特性评估。

在化工厂和核电站设备的结构可靠性研究中，部分文献对由温度循环引起的重复热应力引起的蠕变损伤进行了研究。线性累积损伤规则[128] 和应变范围分区方法[129, 130]，是处理疲劳 - 蠕变相互作用问题的典型方法，需要同时考虑疲劳损伤和蠕变损伤。可以使用上述方法来估计功率模块中芯片焊料层垂直失效的寿命，但是目前尚未有此类研究。

8.3 功率循环测试和热循环测试

功率循环测试或热循环测试，常被用于评估功率模块的结构完整性。功率循环测试需要设置测试条件，如电压、电流、冷却方法和环境温度。由于功率模块的焦耳加热效应，测试样品产生温度循环。在热循环测试中，测试样品在温箱中承受温度循环。功率循环测试的温度分布是不均匀的，而热循环测试的温度分布是均匀的。如参考文献 [3，23] 所述，键合线脱落寿命通常出现在功率循环测试中。此时，基于 IEC 60747 标准[131]，通过集-射极电压 V_{CE} 来评估结温。从 V_{CE} 获得的结温代表芯片平均温度，并不代表键合线落点的温度。键合线脱落现象，是由于键合线与半导体芯片之间的热膨胀系数不匹配，而引起的键合线局部失效。键合线局部温度会导致键合线脱落。在某些情况下，局部温度与从 V_{CE} 获得的芯片平均温度之间，存在较大差异，如参考文献 [132] 所示。在建立式（8.7）~式（8.12）所示的键合线脱落失效模型时，应使用红外热成像仪或热电偶测量的键合线落点的温度，或使用电热仿真软件计算的温度，而不是仅仅采用从 V_{CE} 中提取的温度。当式（8.6）用于评估键合线脱落寿命时，$\Delta\varepsilon_{in}$ 是一个具体指标，表示键合线落点处的局部非弹性应变，直接影响键合线脱落的局部失效模式。其他物理量也类似于 $\Delta\varepsilon_{in}$，如非弹性应变能密度范围 ΔW_{in}、非线性断裂力学参数 J 的积分范围 ΔJ 和非线性断裂力学参数 T^* 积分范围 ΔT^*。从科学的角度来看，功率循环测试中从 V_{CE} 获得的温度范围 ΔT，不是描述键合线脱落寿命的有效参数。如果坚持使用基于 ΔT 的键合线脱落失效模型，应该采用热循环测试代替功率循环测试，或使用实验测量或 CAE 工具计算得出的接合部位的局部温度。更好预测键合线脱落寿命的失效模型是基于 $\Delta\varepsilon_{in}$、ΔW_{in}、ΔJ 和 ΔT^* 的模型。

接下来介绍芯片焊料层的水平失效。式（8.31）~式（8.33）中给出的寿命评估模型均来自于热循环测试。在热循环测试中，温度分布是均匀的，因此衬底的温度与芯片的温度相同。在热循环测试中，芯片焊料层水平失效的源头在于芯片和衬底的热膨胀系数差异，引起的剪切应力 ΔCTE，由以下模型给出：

$$(\alpha_D - \alpha_S)(T_{max} - T_{min}) = \Delta CTE \cdot \Delta T \tag{8.57}$$

在功率循环测试中，芯片和衬底之间存在温度差。设最高温度 T_{max} 和最低温度 T_{min} 下的温度差为 Δ_{max} 和 Δ_{min}。功率循环测试中，衬底和芯片之间的热膨胀系数不同，由此产生的剪切应力是引起芯片焊料层水平失效的根本原因，其表示为

$$\begin{aligned}(\alpha_D - \alpha_S)(T_{max} - T_{min}) + \alpha_S(\Delta_{max} - \Delta_{min}) \\ = \Delta CTE \cdot \Delta T + \alpha_S(\Delta_{max} - \Delta_{min})\end{aligned} \tag{8.58}$$

预计温度差 ΔT_{max} 和 ΔT_{min} 非常小，因为焊料层与芯片和衬底相比非常薄。因此，式（8.58）中的第二项可以忽略不计，水平失效的源头在热循环测试和功率循环测试中几乎相同。因此可以得出结论：从热循环测试得到的失效模型，即式（8.31）~式（8.33），可应用于实际工况下功率模块的寿命评估。

8.4 研究现状总结

本章总结了用于估计功率模块中键合线和芯片焊料层热疲劳寿命的方法。

1）欧美研究人员已提出基于温度范围的纯经验模型，主要用于估计键合线脱落寿命和芯片焊料层开裂寿命。它们分别是，式（8.7）～式（8.12）预测芯片焊料层脱落寿命，式（8.31）～式（8.33）评估芯片焊料层开裂寿命。在这些模型中，寿命 N_f 由影响 N_f 的物理量的乘积来表示，根据实验数据确定与物理量相关的常数。为了模拟功率模块复杂的实际工作条件，确定这些常量需要大量的实验数据。此外，这些模型仅限于特定的功率模块，从这些功率模块中获得的实验数据可用于制定寿命评估模型。

2）相比于基于温度范围 ΔT 的键合线脱落和芯片焊料层开裂的寿命评估模型，基于非弹性应变范围 $\Delta \varepsilon_{in}$、非弹性应变能密度范围 ΔW_{in}、非线性断裂力学参数 J 积分范围 ΔJ 和非线性断裂力学参数 T^* 积分范围 ΔT^* 的评估模型更简单，因为上述物理量直接影响热疲劳。例如，基于 $\Delta \varepsilon_{in}$ 的寿命估计模型包含所有基于温度范围 ΔT 的模型中的温度因素和时间因素。除了温度范围 ΔT 之外，其他物理量与 $\Delta \varepsilon_{in}$ 类似。

3）由于屈服应力和蠕变变形的减小产生了较大的塑性变形，因此基于非弹性应变范围 $\Delta \varepsilon_{in}$ 的寿命评估模型，不能代表功率模块高温运行时所特有的现象。模型中应考虑应力松弛对热疲劳寿命的影响。基于 ΔW_{in}、ΔJ 和 ΔT^* 的模型，在功率模块高温运行的情况下是有效的。其中，ΔW_{in} 取决于评估时所选择的域，且其值不唯一。对于 ΔJ 和 ΔT^* 此类的断裂力学参数，如果它们具有路径无关性，则其值可唯一确定。在热变形和蠕变变形条件下，ΔJ 与路径有关，而 ΔT^* 与路径无关。因此，建议使用基于 ΔT^* 的模型，来评估高温下的热疲劳寿命。

4）在键合线脱落寿命中，由于键合线落点长度很短，因此可以忽略裂纹扩展寿命。另一方面，与键合线落点长度相比，功率模块的芯片焊料层尺寸较大，因此，在使用由 Paris 定律给出的疲劳裂纹扩展速率评估芯片焊料层裂纹的寿命时，应考虑裂纹扩展寿命。

5）基于连续损伤力学和内聚区模型的寿命评估方法能够同时处理裂纹初始和裂纹扩展问题，而无需假设裂纹尖端具有应力和应变奇异性。在基于连续损伤力学的方法中，Desai 和 Basaran 等人提出了基于统一解析模型和统一力学理论的分布状态概念方法，并成功地将这些方法应用于集成电路封装的寿命评估。期待这些方法能成为功率模块结构完整性评估的有效方法，特别是用于芯片焊料层裂纹的寿命评估。商业有限元软件，如 MARC、ANSYS 等，尚未具备仿真连续损伤力学和内聚区模型的标准功能。因此，需要在商用有限元软件中新增这些功能，或开发新的专用有限元软件。雨流计数法经常被用作周期计数算法[133-135]，用于预测复杂载荷下的寿命。不同于 Coffin-Manson 类的损伤模型，基于连续破坏力学和内聚区模型的寿命评估方法，与雨流计数法不匹配。因此，这些方法需要逐步计算损伤变量 D，需要花费大量的计算时间。

6）随着制造工艺和工作环境的变化，功率模块遇到了新的机械可靠性问题。例如，当功率模块的封装材料从硅凝胶变为硬质树脂时，键合线的跟部开裂成为了主要的失效模式。为了应对高温工作环境，当使用低热膨胀系数衬底时，沿厚度方向的芯片焊料层失效也变得更明显。因此，需要理清该失效模式变得明显的原因，并为这种失效模式的寿命评估制定相应的方法。

7）如 IEC 60747 标准中所述，在功率循环测试中通过集-射极电压 V_{CE} 来评估温度范围 ΔT，但此方法已不适用于评估键合线脱落此类局部失效的寿命。因为从 V_{CE} 提取的温度是芯片的平均温度，而不是故障处的局部温度。键合线落点的局部温度会导致键合线脱落。总之，虽然根据 IEC 60747 标准从功率循环测试中获得的键合线脱落寿命模型，可用于评估工况下功率模块的剩余寿命，预测现有功率模块的寿命，但是不适合用于评估设计阶段的键合线脱落寿命，因为基于 IEC 60747 标准确定的温度，并不代表键合线落点的局部温度。因此，在设计阶段，应该使用从热循环测试中得到的键合线脱落寿命数据，来预测寿命。

8.5 未来研究方向

我们应该转变寿命评估的模式，从纯经验失效模型（如基于 ΔT 的失效模型）在线评估，或监测功率模块的剩余寿命，转变为在功率模块设计阶段使用基于物理/力学的失效模型（如基于 $\Delta \varepsilon_{in}$、ΔW_{in} 和 ΔT^* 的失效模型），或基于通用解析模型和通用力学理论的分布状态概念方法，进行寿命评估。今后将有大量的功率模块应用于各个领域，而功率模块的故障和召回将对我们的日常生活造成不利影响。因此，功率模块制造商应向市场提供可靠的功率模块。从这个角度来看，需要强调上述评估模式转变的必要性，并提出在设计阶段确保功率模块结构完整性的研究方法，具体如下：

1）通过材料测试得到键合线和焊料的材料性能。需要以下材料特性：①弹塑性特性；②蠕变特性；③ Coffin-Manson 类模型的疲劳特性；④ Paris 类模型的疲劳裂纹扩展特性。代表③和④的物理量应该是一个可以唯一确定的断裂力学参数。在断裂力学参数中，应选择非线性断裂力学参数，因为键合线和焊料层使用的是韧性材料。建议选择非线性断裂力学参数 T^* 的范围 ΔT^*，因为它对各种加载条件包括蠕变变形和热弹塑性变形具有路径独立性。

2）建议使用机械加载试验，来获取 Coffin-Manson 类模型的疲劳特性和 Paris 类模型的疲劳裂纹扩展特性[102]，而不是耗时的热循环试验和功率循环试验。这些测试数据有助于估计功率模块焊料层中裂纹起始和裂纹扩展的寿命。机械加载试验还可用于估计键合线脱落寿命[136,137]。

3）可通过充分利用有限元软件等工具，以及从材料测试中获得的功率模块组成材料的非弹性材料特性，在设计阶段使用以下流程估计功率模块的寿命：

步骤1：根据电路设计，通过电热分析获得功率模块在工作条件下的温度分布。

步骤2：基于步骤1中获得的功率模块温度分布和功率模块的设计结构，利用键合线和焊料层材料的弹塑性和蠕变特性，从热弹塑性蠕变分析中获得变形、应变和应力等物理量。

步骤3：基于步骤2中获得的物理量，计算出与疲劳特性和疲劳裂纹扩展特性有关的物理量，如 $\Delta \varepsilon_{in}$、ΔW_{in}、ΔJ、ΔT^* 等。

步骤4：基于步骤3的结果，分别从 Coffin-Manson 类模型的疲劳特性和 Paris 类模型的疲劳裂纹扩展特性中，获得键合线脱落寿命和焊料层裂纹寿命。

根据上述步骤评估功率模块设计阶段的寿命，应检查得到的寿命结果是否满足设计目标。如果不满足设计目标，则需要更改设计，以确保功率模块的结构完整性。功率模块结构完整性设计的流程图如图 8.8 所示。

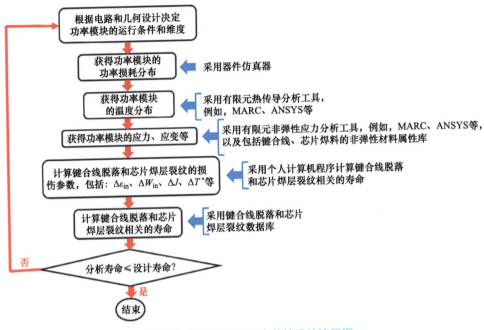

图 8.8 功率模块结构完整性设计流程图

参 考 文 献

[1] Wild R.N. 'Fatigue properties of solder joints'. *Welding Journal*. 1972, vol. 51(11), pp. 521s–6s.

[2] Wu W., Held M., Jacob P., Scacco P., Birolini A. 'Investigation on the long term reliability of power IGBT modules'. *Proceedings of the 7th International Symposium on Power Semiconductor Devices and ICs*; Yokohama, Japan; May 1999. pp. 443–8.

[3] Held M., Jacob P., Nicoletti G., ScaccoP., Poech M.-H. 'Fast power cycling test for insulated gate bipolar transistor modules in traction application'. *International Journal of Electronics*. 1999, vol. 86(10), pp. 1193–204.

[4] Ciappa M. 'Selected failure mechanisms of modern power modules'. *Microelectronics Reliability*. 2002, vol. 42(4-5), pp. 653–67.

[5] Yang S., Xiang D., Bryant A., Mawby P., Ran L., Tavner P. 'Condition monitoring for device reliability in power electronic converters: a review'. *IEEE Transactions on Power Electronics*. 2010, vol. 25(11), pp. 2734–52.

[6] Yang L., Agyakwa P.A., Johnson C.M. 'Physics-of-failure lifetime prediction models for wire bond interconnects in power electronic modules'. *IEEE Transactions on Device and Materials Reliability*. 2013, vol. 13(1), pp. 9–17.

[7] Moeini R., Tricoli P., Hemida H., Baniotopoulos C. 'Increasing the reliability of wind turbines using condition monitoring of semiconductor devices: a review'. *IET Renewable Power Generation*. 2018, vol. 12(2), pp. 182–9.

[8] Hanif A., Yu Y., DeVoto D., Khan F. 'A comprehensive review toward the state-of-the-art in failure and lifetime predictions of power electronic devices'. *IEEE Transactions on Power Electronics*. 2019, vol. 34(5), pp. 4729–46.

[9] Coffin L.F. 'A study of the effects of cyclic thermal stresses in a ductile metal'. *Transactions of the American Society of Mechanical Engineers*. 1954, vol. 76(6), pp. 931–50.

[10] Manson S.S. 'Behavior of materials under conditions of thermal stress. NACA-TN-1170'. 1954.

[11] Ramminger S., Seliger N., Wachutka G. 'Reliability model for Al wire bonds subjected to heel crack failures'. *Microelectronics Reliability*. 2000, vol. 40(8-10), pp. 1521–5.

[12] Merkle L., Kaden T., Sonner M., *et al*. 'Mechanical fatigue properties of heavy aluminum wire bonds for power applications'. *Proceedings of the 2nd Electronics System integration Technology Conference*; Greenwich, UK; Sep. 2008. pp. 1363–7.

[13] Merkle L., Sonner M., Petzold M. 'Lifetime prediction of thick aluminium wire bonds for mechanical cyclic loads'. *Microelectronics Reliability*. 2014, vol. 54(2), pp. 417–24.

[14] Celnikier Y., Benabou L., Dupont L., Coquery G. 'Investigation of the heel crack mechanism in Al connections for power electronics modules'. *Microelectronics Reliability*. 2011, vol. 51(5), pp. 965–74.

[15] Nakajima D., Motoyama K., Masuhara T., Tamura S., Fujimoto K. 'The failure mode of wire bond in transfer molded power modules'. *Proceedings of the 25th Symposium on Microjoining and Assembly Technology in Elecctronics (Mate 2019)*; Yokohama, Japan; Jan. 2019. pp. 123–6.

[16] Choi U.-M., Blaabjerg F., Jørgensen S. 'Study on effect of junction temperature swing duration on lifetime of transfer molded power IGBT modules'. *IEEE Transactions on Power Electronics*. 2017, vol. 32(8), pp. 6434–43.

[17] Zeng G., Borucki L., Wenzel O., Schilling O., Lutz J. 'First results of development of a lifetime model for transfer molded discrete power devices'. *International Exhibition and Conference for Power Electronics, Intelligent Motion, Renewable Energy and Energy Management (PCIM Europe 2018)*; Nuremberg, Germany; Jun. 2018. pp. 706–13.

[18] Choi U.-M., Ma K., Blaabjerg F. 'Validation of lifetime prediction of IGBT modules based on linear damage accumulation by means of superimposed power cycling tests'. *IEEE Transactions on Industrial Electronics*. 2018, vol. 65(4), pp. 3520–9.

[19] Zhang Y., Wang H., Wang Z., Yang Y., Blaabjerg F. 'Impact of lifetime model selections on the reliability prediction of IGBT modules in modular multilevel converters'. *Proceedings of the 2017 IEEE Energy Conversion Congress and Exposition*; Cinnnati, OH, USA; Oct. 2017. pp. 4202–7.

[20] Yu Q., Shiratori M., Kaneko S., Ishihara T., Wang S. 'Analytical and experimental hybrid study on thermal fatigue strength of electronic solder joints. 2nd report. Evaluation by isothermal mechanical fatigue tests'. *Transactions*

of the Japan Society of Mechanical Engineers: Series A. 1998, vol. 64(619), pp. 558–63.

[21] Manson S.S. *Thermal Stress and Low Cycle Fatigue.* 33. New York: McGraw-Hill; 1966.

[22] Wang H., Ma K., Blaabjerg F. 'Design for reliability of power electronic systems'. *Proceedings of the 38th Annual Conference of the IEEE Industrial Electronics Society (IECIN 2012)*; Montreal, QC, Canada; Oct. 2012. pp. 33–44.

[23] Bayerer R., Herrmann T., Licht T., Lutz J., Feller M. 'Model for power cycling lifetime of IGBT modules – various factors influencing lifetime'. *Proceedings of the 5th International Conference on Integrated Power Systems*; Nuremberg, Germany; Mar. 2008.

[24] Norris K.C., Landzberg A.H. 'Reliability of controlled collapse interconnections'. *IBM Journal of Research and Development.* 1969, vol. 13(3), pp. 266–71.

[25] Kovacevic-Badstuebner I.F., Kolar J.W., Shilling U. 'Modelling for the lifetime prediction of power semiconductor modules' in Chung H.S., Wang H., Blaabjerg F., Pecht M. (eds.). *Reliability of Power Electronic Converter System.* London: IET; 2015. pp. 103–40.

[26] Yang X., Lin Z., Ding J., Long Z. 'Lifetime prediction of IGBT modules in suspension choppers of medium/low-speed maglev train using an energy-based approach'. *IEEE Transactions on Power Electronics.* 2018, vol. 34(1), pp. 738–47.

[27] Sasaki K., Iwasa N. 'Thermal and structural simulation techniques for estimating fatigue life of an IGBT model'. *Proceedings of the 20th International Symposium on Power Semiconductor Devices and IC's*; Orlando, FL, USA; May 2008. pp. 181–4.

[28] Matsunaga T., Uegai Y. 'Thermal fatigue life evaluation of aluminum wire bonds'. *Proceedings of the 1st Electronics System integration Technology Conference*; Dresden, Germany; Sep. 2006. pp. 726–31.

[29] Yamada Y., Takaku Y., Yagi Y., *et al.* 'Reliability of wire-bonding and solder joint for high temperature operation of power semiconductor device'. *Microelectronics Reliability.* 2007, vol. 47(12), pp. 2147–51.

[30] Agyakwa P.A., Corfield M.R., Yang L., Li J.F., Marques V.M.F., Johnson C.M. 'Microstructural evolution of ultrasonically bonded high purity Al wire during extended range thermal cycling'. *Microelectronics Reliability.* 2011, vol. 51(2), pp. 406–15.

[31] Yang L., Agyakwa P.A., Johnson C.M. 'A time-domain physics-of-failure model for the lifetime prediction of wire bond interconnects'. *Microelectronics Reliability.* 2011, vol. 51(9-11), pp. 1882–6.

[32] Morrow J. 'Cyclic plastic strain energy and fatigue of metals' in Lazan B.J. (ed.). *Internal Friction, Damping, and Cyclic Plasticity (ASTM STP 378).* West Conshohocken, PA, USA: ASTM International; 1965. pp. 45–85.

[33] Kanda Y., Kariya Y., Oto Y. 'Influence of cyclic strain-hardening exponent on fatigue ductility exponent for a Sn-Ag-Cu micro-solder joint'. *Journal of Electronic Materials*. 2012, vol. 41(3), pp. 580–7.

[34] Clech J.-P. 'Solder reliability solutions: a PC-based design-for-reliability tool'. *Soldering and Surface Mount Technology*. 1997, vol. 9(2), pp. 45–54.

[35] Ciappa M., Carbognani F., Cova P., Fichtner W. 'A novel thermomechanics-based lifetime prediction model for cycle fatigue failure mechanisms in power semiconductors'. *Microelectronics Reliability*. 2002, vol. 42(9-11), pp. 1653–8.

[36] Riedel G.J., Schmidt R., Liu C., Beyer H., Alaperä I. 'Reliability of large area solder joints within IGBT modules: Numerical modeling and experimental results'. *Proceedings of the 7th International Conference on Integrated Power Electronics Systems*; Nuremberg, Germany; Mar. 2012. p. 06.4.

[37] Shishido N., Hayama Y., Morooka W., Hagihara S., Miyazaki N. 'Application of nonlinear fracture mechanics parameter to predicting wire-liftoff lifetime of power module at elevated temperatures'. *IEEE Journal of Emerging and Selected Topics in Power Electronics*. 2019, vol. 7(3), pp. 1604–14.

[38] Rice J.R. 'A path independent integral and the approximate analysis of strain concentration by notches and cracks'. *Journal of Applied Mechanics*. 1968, vol. 35(2), pp. 379–86.

[39] Lamba H.S. 'The *J*-integral applied to cyclic loading'. *Engineering Fracture Mechanics*. 1975, vol. 7(4), pp. 693–703.

[40] Dowling N.E., Begley J.A. 'Fatigue crack growth during gross plasticity and the *J*-integral' in Rice J.R., Paris P.C. (eds.). *Mechanics of Crack Growth (ASTM STP 590)*. West Conshohocken, PA, USA: ASTM International; 1976. pp. 82–103.

[41] Wüthrich C. 'The extension of the *J*-integral concept to fatigue cracks'. *International Journal of Fracture*. 1982, vol. 20(2), pp. R35–7.

[42] Tanaka K. 'The cyclic *J*-integral as a criterion for fatigue crack growth'. *International Journal of Fracture*. 1983, vol. 22(2), pp. 91–104.

[43] Kubo S., Yafuso T., Nohara M., Ishimaru T., Ohji K. 'Investigation on path-integral expression of the *J*-integral range using numerical simulations of fatigue crack growth'. *JSME International Journal: Series I*. 1989, vol. 32(2), pp. 237–44.

[44] Atluri S.N. 'Path-independent integrals in finite elasticity and inelasticity, with body forces, inertia, and arbitrary crack-face conditions'. *Engineering Fracture Mechanics*. 1982, vol. 16(3), pp. 341–64.

[45] Brust F.W., McGowan J.J., Atluri S.N. 'A combined numerical/experimental study of ductile crack growth after a large unloading, using T^*, J, and *CTOA* criteria'. *Engineering Fracture Mechanics*. 1986, vol. 23(3), pp. 537–50.

[46] Smelser R.E., Gurtin M.E. 'On the *J*-integral for bi-material bodies'. *International Journal of Fracture*. 1977, vol. 13(3), pp. 382–4.

[47] Banks-Sills L., Volpert Y. 'Application of the cyclic *J*-integral to fatigue crack propagation of Al 2024-T351'. *Engineering Fracture Mechanics*. 1991, vol. 40(2), pp. 355–70.

[48] Gasiak G., Rozumek D. '∆*J*-integral range estimation for fatigue crack growth rate description'. *International Journal of Fatigue*. 2004, vol. 26(2), pp. 135–40.

[49] Shahani A.R., Kashani H.M., Rastegar M., Dehkordi M.B. 'A unified model for the fatigue crack growth rate in variable stress ratio'. *Fatigue & Fracture of Engineering Materials & Structures*. 2009, vol. 32(2), pp. 105–18.

[50] Takeda T., Shindo Y., Narita F. 'Vacuum crack growth behavior of austenitic stainless steel under fatigue loading'. *Strength of Materials*. 2011, vol. 43(5), pp. 532–6.

[51] Božić Ž., Mlikota M., Schmauder S. 'Application of the ∆*K*, ∆*J* and ∆*CTOD* parameters in fatigue crac*k* growth modelling'. *Technical Gazette*. 2011, vol. 18(3), pp. 459–66.

[52] Ktari A., Baccar M., Shah M., Haddar N., Ayedi H.F., Rezai-Aria F. 'A crack propagation criterion based on ∆*CTOD* measured with 2D-digital image correlation technique'. *Fatigue & Fracture of Engineering Materials & Structures*. 2014, vol. 37(6), pp. 682–94.

[53] Li L., Yang Y.H., Xu Z., Chen G., Chen X. 'Fatigue crack growth law of API X80 pipeline steel under various stress ratios based on *J*-integral'. *Fatigue & Fracture of Engineering Materials & Structures*. 2014, vol. 37(10), pp. 1124–35.

[54] Furuhashi I., Wakai T. 'Revisions of Fracture Mechanics Parameters Analysis Code CANIS-J(2D). PNC-TN9410 95-080'. 1995.

[55] Ridout S., Bailey C. 'Review of methods to predict solder joint reliability under thermo-mechanical cycling'. *Fatigue & Fracture of Engineering Materials and Structures*. 2007, vol. 30(5), pp. 400–12.

[56] Wong E.H., van Driel W.D., Dasgupta A., Pecht M. 'Creep fatigue models of solder joints: a critical review'. *Microelectronics Reliability*. 2016, vol. 59(1), pp. 1–12.

[57] Yao Y., Long X., Keer L.M. 'A review of recent research on the mechanical behavior of lead-free solders'. *Applied Mechanics Reviews*. 2017, vol. 69(4), p. 040802.

[58] Chen G., Zhao X., Wu H. 'A critical review of constitutive models for solders in electronic packaging'. *Advances in Mechanical Engineering*. 2017, vol. 9(8), pp. 1–21.

[59] Huang X., Wu W.-F., Chou P.-L. 'Fatigue life and reliability prediction of electronic packages under thermal cycling conditions through FEM analysis and acceleration models'. *Proceedings of the 14th International Conference on Electronic Materials and Packaging*; Lantau Island, China; Dec. 2012.

[60] Salmela O. 'Acceleration factors for lead-free solder materials'. *IEEE Transactions on Components and Packaging Technologies*. 2007, vol. 30(4), pp. 700–7.

[61] Dauksher W. 'A second-level SAC solder-joint fatigue-life prediction methodology'. *IEEE Transactions on Device and Materials Reliability*. 2008, vol. 8(1), pp. 168–73.

[62] Salmela O., Putaala J., Nousiainen O., Uusimäki A., Särkkä J., Tammenmaa M. 'Multipurpose lead-free reliability prediction model'. *Proceedings of the 2016 Pan Pacific Microelectronics Symposium*; Big Island, HI, USA; Jan. 2016.

[63] Darveaux R., Banerji K. 'Fatigue analysis of flip chip assemblies using thermal stress simulations and a Coffin-Manson relation'. *Proceedings of the 41st Electronic Components and Technology Conference*; Atlanta, GA, USA; May 1991. pp. 797–805.

[64] Pang J.H.L., Tan T.-I., Sitaraman S.K. 'Thermo-mechanical analysis of solder joints fatigue and creep in a flip chip on board package subjected to temperature cycling loading'. *Proceedings of the 48th Electronic Components and Technology Conference*; Seattle, WA, USA; May 1998. pp. 878–83.

[65] Schubert A., Dudek R., Auerswald E., Gollhardt A., Michel B., Reichl H. 'Fatigue life models for SnAgCu and SnPb solder joints evaluated by experiments and simulation'. *Proceedings of the 53rd Electronic Components and Technology Conference*; New Orleans, LA, USA; May 2003. pp. 603–10.

[66] Kim I.H., Park T.S., Yang S.Y., Lee S.B. 'A comparative study of the fatigue behavior of SnAgCu and SnPb solder joints'. *Key Engineering Materials*. 2005, vol. 297-300, pp. 831–6.

[67] Karppinen J.S., Li J., Mattila T.T., Paulasto-Kröckel M. 'Thermomechanical reliability characterization of a handheld product in accelerated tests and use environment'. *Microelectronics Reliability*. 2010, vol. 50(12), pp. 1994–2000.

[68] Hansen P., McCluskey P. 'Failure models in power device interconnects'. *Proceedings of the 2007 European Conference on Power Electronics and Applications*; Aalborg, Denmark; Sep. 2007.

[69] O'Keefe M., Vlahinos A. 'Impacts of cooling technology on solder fatigue for power modules in electric traction drive vehicles'. *Proceedings of the 2009 IEEE Vehicle Power and Propulsion Conference*; Dearborn, MI, USA; Sep. 2009. pp. 1182–8.

[70] Barbagallo C., Malgioglio G.L., Petrone G., Cammarata G. 'Thermal fatigue life evaluation of SnAgCu solder joints in a multi-chip power module'. *Journal of Physics: Conference Series*. 2017, vol. 841, p. 012014.

[71] Cavallaro D., Greco R., Bazzano G. 'Effect of solder material thickness on power MOSFET reliability by electro-thermo-mechanical simulations'. *Microelectronics Reliability*. 2018, vol. 88-90, pp. 1168–71.

[72] Darveaux R. 'Solder joint fatigue life model'. *Proceedings of the 1997 TMS Annual Meeting*; Orlando, FL, USA; Feb. 1997. pp. 213–8.

[73] Amagai M., Nakao M. 'Ball grid array (BGA) packages with the copper core solder balls'. *Proceedings of the 48th Electronic Components and Technology Conference*; Seattle, WA, USA; May 1998. pp. 692–701.

[74] Amagai M. 'Characterization of chip scale packaging materials'. *Microelectronics Reliability*. 1999, vol. 39(9), pp. 1365–77.

[75] Zahn B.A. 'Solder joint fatigue life model methodology for 63Sn37Pb and 95.5Sn4Ag0.5Cu materials'. *Proceedings of the 53rd Electronic Components and Technology Conference*; New Orleans, LA; May 2003. pp. 83–94.

[76] Thébaud J.-M., Woirgard E., Zardini C., Azzopardi S., Briat O., Vinassa J.-M. 'Strategy for designing accelerated aging tests to evaluate IGBT power modules lifetime in real operation mode'. *IEEE Transactions on Components and Packaging Technologies*. 2003, vol. 26(2), pp. 429–38.

[77] Hu B., Ortiz Gonzalez J., Ran L., et al. 'Failure and reliability analysis of a SiC power module based on stress comparison to a Si device'. *IEEE Transactions on Device and Materials Reliability*. 2017, vol. 17(4), pp. 727–37.

[78] Nakajima Y., Ono K., Kariya Y. 'Evaluation of fatigue crack propagation of Sn–5.0Sb/Cu joint using inelastic strain energy density'. *Materials Transactions*. 2019, vol. 60(6), pp. 876–81.

[79] Hutchinson J.W. 'Singular behaviour at the end of a tensile crack in a hardening material'. *Journal of the Mechanics and Physics of Solids*. 1968, vol. 16(1), pp. 13–31.

[80] Rice J.R., Rosengren G.F. 'Plane strain deformation near a crack tip in a power-law hardening material'. *Journal of the Mechanics and Physics of Solids*. 1968, vol. 16(1), pp. 1–12.

[81] Paris P., Erdogan F. 'A critical analysis of crack propagation laws'. *Journal of Basic Engineering*. 1963, vol. 85(4), pp. 528–33.

[82] Déplanque S., Nüchter W., Wunderle B., Schacht R., Michel B. 'Lifetime prediction of SnPb and SnAgCu solder joints of chips on copper substrate based on crack propagation FE-analysis'. *Proceedings of the 7th International Conference on Thermal, Mechanical and Multiphysics Simulation and Experiments in Micro-Electronics and Micro-Systems (EuroSimuE 2006)*; Como, Italy; Apr. 2006.

[83] Lu H., Tilford T., Bailey C., Newcombe D.R. 'Lifetime prediction for power electronics module substrate mount-down solder interconnect'. *Proceedings of the 2007 International Symposium on High Density Packaging and Microsystem Integration*; Shanghai, China; Jun. 2007.

[84] Yin C.Y., Lu H., Musallam M., Bailey C., Johnson C.M. 'In-service reliability assessment of solder interconnect in power electronics module'. *Proceedings of the 2010 Prognostics and System Health Management Conference*; Macao, China; Jan. 2010.

[85] Kostandyan E.E., Sørensen J.D. 'Reliability assessment of solder joints in power electronic modules by crack damage model for wind turbine applications'. *Energies*. 2011, vol. 4(12), pp. 2236–48.

[86] Mukai M., Hirohata K., Takahashi H., Kawakami T., Takahashi K. 'Damage path simulation of solder joints in QFP'. *Proceedings of ASME 2005 Pacific Rim Technical Conference and Exhibition on Integration and Packaging of MEMS, NEMS, and Electronic Systems collocated with the ASME 2005 Heat Transfer Summer Conference*; San Francisco, CA, USA; Jul 2005. p. IPACK2005-73297.

[87] Tanie H., Terasaki T., Naka Y. 'A new method for evaluating fatigue life of micro-solder joints in semiconductor structures'. *Proceedings of ASME 2005 Pacific Rim Technical Conference and Exhibition on Integration and Packaging of MEMS, NEMS, and Electronic Systems collocated with the ASME 2005 Heat Transfer Summer Conference*; San Francisco, CA, USA; Jul 2005. p. IPACK2005-73331.

[88] Anzawa T., Yu Q., Shibutani T., Shiratori M. 'Reliability evaluation for power electronics devices using electrical thermal and mechanical analysis'. *Proceedings of the 9th Electronics Packaging Technology Conference*; Singapore; Dec. 2007. pp. 94–9.

[89] Shinohara K., Yu Q. 'Reliability evaluation of power semiconductor devices using coupled analysis simulation'. *Proceedings of the 12th IEEE Intersociety Conference on Thermal and Thermomechanical Phenomena in Electronic Systems*; Las Vegas, NV, USA; Jun 2010.

[90] Darveaux R. 'Effect of simulation methodology on solder joint crack growth correlation'. *Proceedings of the 50th Electronic Components and Technology Conference*; Las Vegas, NV, USA; May 2000. pp. 1048–58.

[91] Darveaux R. 'Effect of simulation methodology on solder joint crack growth correlation and fatigue life prediction'. *Journal of Electronic Packaging*. 2002, vol. 124(3), pp. 147–54.

[92] Zhang L., Sitaraman R., Patwardhan V., Nguyen L., Kelkar N. 'Solder joint reliability model with modified Darveaux's equations for the micro SMD wafer level-chip scale package family'. *Proceedings of the 53rd Electronic Components and Technology Conference*; New Orleans, LA, USA; May 2003. pp. 572–7.

[93] Hossain M.M., Jagarkal S.G., Agonafer D., Lulu M., Reh S. 'Design optimization and reliability of PWB level electronic package'. *Journal of Electronic Packaging*. 2007, vol. 129(1), pp. 9–18.

[94] Bai J.G., Calata J.N., Lu G.-Q. 'Discussion on the reliability issues of solder-bump and direct-solder bonded power device packages having double-sided cooling capability'. *Journal of Electronic Packaging*. 2006, vol. 128(3), pp. 208–14.

[95] Xie X., Bi X., Li G. 'Thermal-mechanical fatigue reliability of PbSnAg solder layer of die attachment for power electronic devices'. *Proceedings of the 10th International Conference on Electronic Packaging Technology and High Density Packaging*; Beijing, China; Aug. 2009. pp. 1181–5.

[96] Chen H.-C., Guo S.-W., Liao H.-K. 'The solder life prediction model of power module under thermal cycling test (TCT)'. *Proceedings of the 13th International Microsystems, Packaging, Assembly and Circuit Technology Conference*; Taipei, Taiwan; Oct. 2018. pp. 104–7.

[97] Kimura R., Kariya Y., Mizumura N., Sasaki K. 'Effect of sintering temperature on fatigue crack propagation rate of sintered Ag nanoparticles'. *Materials Transactions*. 2018, vol. 59(4), pp. 612–9.

[98] Sato T., Kariya Y., Takahashi H., Nakamura T., Aiko Y. 'Evaluation of fatigue crack propagation behavior of pressurized sintered Ag nanoparticles and its

application to thermal fatigue life prediction of sintered joint'. *Materials Transactions*. 2019, vol. 60(6), pp. 850–7.

[99] Sundararajan R., McCluskey P., Azarm S. 'Semi analytic model for thermal fatigue failure of die attach in power electronic building blocks'. *Proceedings of the 4th International High Temperature Electronics Conference*; Albuquerque, NM, USA; Jun. 1998. pp. 94–102.

[100] Pao Y.-H. 'A fracture mechanics approach to thermal fatigue life prediction of solder joints'. *IEEE Transactions on Components, Hybrids, and Manufacturing Technology*. 1992, vol. 15(4), pp. 559–70.

[101] Riedel H. 'Creep deformation at crack tips in elastic-viscoplastic solids'. *Journal of the Mechanics and Physics of Solids*. 1981, vol. 29(1), pp. 35–49.

[102] Shioda R., Kariya Y., Mizumura N., Sasaki K. 'Low-cycle fatigue life and fatigue crack propagation of sintered Ag nanoparticles'. *Journal of Electronic Materials*. 2017, vol. 46(2), pp. 1155–62.

[103] Asada Y., Shimakawa T., Kitagawa M., Kodaira T., Wada Y., Asayama T. 'Analytical evaluation method of *J*-integral in creep-fatigue fracture for type 304 stainless steel'. *Nuclear Engineering and Design*. 1992, vol. 133(3), pp. 361–7.

[104] Murakami S. *Continuum Damage Mechanics: Approach to the Analysis of Damage and Fracture (Solid Mechanics and Its Applications, 185)*. Dordrecht/Heidelberg/London/New York: Springer-Verlag; 2012.

[105] Xiao H., Li X., Liu N., Yan Y. 'A damage model for SnAgCu solder under thermal cycling'. *Proceedings of the 12th International Conference on Electronic Packaging Technology and High Density Packaging*; Shanghai, China; Aug. 2011. pp. 772–6.

[106] Yao Y., He X., Keer L.M., Fine M.E. 'A continuum damage mechanics-based unified creep and plasticity model for solder materials'. *Acta Materialia*. 2015, vol. 83, pp. 160–8.

[107] Rajaguru P., Lu H., Bailey C. 'A time dependent damage indicator model for Sn3.5Ag solder layer in power electronic module'. *Microelectronics Reliability*. 2015, vol. 55(11), pp. 2371–81.

[108] Lai W., Chen M., Ran L., *et al.* 'Study on lifetime prediction considering fatigue accumulative effect for die-attach solder layer in an IGBT module'. *IEEJ Transactions on Electrical and Electronic Engineering*. 2018, vol. 13(4), pp. 613–21.

[109] Darveaux R., Enayet S., Reichman C., Berry C.J., Zafar N. 'Crack initiation and growth in WLCSP solder joints'. *Proceedings of the 61st Electronic Components and Technology Conference*; Lake Buena Vista, FL, USA; May 2011. pp. 940–53.

[110] Desai C.S., Toth J. 'Disturbed state constitutive modeling based on stress-strain and nondestructive behavior'. *International Journal of Solids and Structures*. 1996, vol. 33(11), pp. 1619–50.

[111] Desai C.S., Basaran C., Zhang W. 'Numerical algorithms and mesh dependence in the disturbed state concept'. *International Journal for Numerical Methods in Engineering*. 1997, vol. 40(16), pp. 3059–83.

[112] Desai C.S., Basaran C., Dishongh T., Prince J.L. 'Thermomechanical analysis in electronic packaging with unified constitutive model for materials and joints'. *IEEE Transactions on Components, Packaging, and Manufacturing Technology: Part B*. 1998, vol. 21(1), pp. 87–97.

[113] Basaran C., Desai C.S., Kundu T. 'Thermomechanical finite element analysis of problems in electronic packaging using the disturbed state concept: Part 1—Theory and formulation'. *Journal of Electronic Packaging*. 1998, vol. 120(1), pp. 41–7.

[114] Desai C.S., Whitenack R. 'Review of models and the disturbed state concept for thermomechanical analysis in electronic packaging'. *Journal of Electronic Packaging*. 2001, vol. 123(1), pp. 19–33.

[115] Desai C.S. 'Disturbed state concept as unified constitutive modeling approach'. *Journal of Rock Mechanics and Geotechnical Engineering*. 2016, vol. 8(3), pp. 277–93.

[116] Basaran C., Yan C.-Y. 'A thermodynamic framework for damage mechanics of solder joints'. *Journal of Electronic Packaging*. 1998, vol. 120(4), pp. 379–84.

[117] Basaran C., Tang H. 'Implementation of a thermodynamic framework for damage mechanics of solder interconnects in microelectronic packaging'. *International Journal of Damage Mechanics*. 2002, vol. 11(1), pp. 87–108.

[118] Basaran C., Chandaroy R. 'Mechanics of Pb40/Sn60 near-eutectic solder alloys subjected to vibrations'. *Applied Mathematical Modelling*. 1998, vol. 22(8), pp. 601–27.

[119] Chandaroy R., Basaran C. 'Damage mechanics of surface mount technology solder joints under concurrent thermal and dynamic loading'. *Journal of Electronic Packaging*. 1999, vol. 121(2), pp. 61–8.

[120] Bin Jamal N., Kumar A., Rao C.L., Basaran C. 'Low cycle fatigue life prediction using unified mechanics theory in Ti-6Al-4V alloys'. *Entropy*. 2020, vol. 22(1), p. 24.

[121] Elices M., Guinea G.V., Gómez J., Planas J. 'The cohesive zone model: advantages, limitations and challenges'. *Engineering Fracture Mechanics*. 2002, vol. 69(2), pp. 137–63.

[122] Bhate D., Chan D., Subbarayan G., Nguyen L. 'A nonlinear fracture mechanics approach to modeling fatigue crack growth in solder joints'. *Journal of electronic packaging*. 2008, vol. 130(2), p. 021003.

[123] Benabou L., Sun Z., Dahoo P.R. 'A thermo-mechanical cohesive zone model for solder joint lifetime prediction'. *International Journal of Fatigue*. 2013, vol. 49, pp. 18–30.

[124] Miyazaki T., Ikeda O. 'Development of Sn-Cu based solder for power modules'. *Journal of Smart Processing*. 2015, vol. 4(4), pp. 184–9.

[125] Miyazaki T., Ikeda O., Kushima T., Kawase D. 'Reliability and failure modes in power cycling tests for solder bonding'. *Proceedings of the 25th Symposium on Microjoining and Assembly Technology in Electronics (Mate 2019)*; Yokohama, Japan; Jan. 2019. pp. 337–40.

[126] Tanaka Y., Fukumoto A., Endo K., Taya M., Yamazaki K., Nishikawa K. 'Evaluation of vertical degradation in lead-free solder'. *Proceedings of the 22nd Symposium on Microjoining and Assembly Technology in Electronics (Mate 2016)*; Yokohama, Japan; Feb. 2016. pp. 135–40.

[127] Harubeppu Y., Tanie H., Ikeda O., et al. 'Study on vertical crack mechanism of solder'. *Proceedings of the JSME M&M2019 Conference*; Fukuoka, Japan; Nov. 2019. p. OS0312.

[128] Taira S. 'Lifetime of structures subjected to varying load and temperature' in Hoff N.J. (ed.). *Creep in Structures*. Berlin/Göttingen/Heidelberg: Springer-Verlag; 1962. pp. 96–124.

[129] Halford G.R., Hirschberg M.H., Manson S.S. 'Temperature effects on the strain range partitioning approach for creep fatigue analysis' in Carden A.J., McEvily A.J., Wells A.J. (eds.). *Fatigue at Elevated Temperatures (ASTM STP 520)*. West Conshohocken, PA, USA: ASTM International; 1973. pp. 658–69.

[130] Manson S.S. 'The challenge to unify treatment of high temperature fatigue–a partisan proposal based on strain range partitioning' in Carden A.J., McEvily A.J., Wells C.H. (eds.). *Fatigue at Elevated Temperatures (ASTM STP 520)*. West Conshohocken, PA, USA: ASTM International; 1973. pp. 744–82.

[131] SEMIKRON. *Application note AN1404: thermal resistance of IGBT modules–specification and modelling*. Nuremberg, Germany: SEMIKRON international GmbH; 2014.

[132] Schwabe C., Seidel P., Lutz J. 'Power cycling capability of silicon low-voltage MOSFETs under different operation conditions'. *Proceedings of the 31st International Symposium on Power Semiconductor Devices and ICs*; Shanghai, China; May 2019. pp. 495–8.

[133] Endo T. 'Review on life prediction for complex load versus time histories. (Critical review on rainflow algorithm)'. *Transactions of the Japan Society of Mechanical Engineers: Series A*. 1988, vol. 54(501), pp. 869–74.

[134] Khosrovaneh A.K., Dowling N. 'Fatigue loading history reconstruction based on the rainflow technique'. *International Journal of Fatigue*. 1990, vol. 12(2), pp. 99–106.

[135] Samavatian V., Iman-Eini H., Avenas Y. 'An efficient online time-temperature-dependent creep-fatigue rainflow counting algorithm'. *International Journal of Fatigue*. 2018, vol. 116. pp. 284–92.

[136] Khatibi G., Lederer M., Weiss B., Licht T., Bernardi J., Danninger H. 'Accelerated mechanical fatigue testing and lifetime of interconnects in microelectronics'. *Procedia Engineering*. 2010, vol. 2(11), pp. 511–9.

[137] Czerny B., Khatibi G. 'Cyclic robustness of heavy wire bonds: Al, AlMg, Cu and CucorAl'. *Microelectronics Reliability*. 2018, vol. 88-90(6–8), pp. 745–51.

第 9 章

金属界面银烧结的耐高温 SiC 功率模块

Chuantong Chen, Katsuaki Suganuma

9.1 引言

银烧结正逐渐成为功率模块中芯片焊料层的重要互连技术。相比传统的焊料连接或导电粘合剂连接，银烧结有着优异的可加工性、耐高温性和耐用性。大量研究表明，银烧结可以在无压、低温以及常气压的温和烧结条件下，实现芯片与衬底的坚固可靠连接。但是，仅在银金属化层上进行银烧结是不够的，因为工业上需要为特定应用，或为降低制造成本，而使用不同的表面金属化层。目前，很少有学者研究在温和烧结条件下，通过银烧结实现不同表面金属化层上的可靠芯片连接，对银烧结在不同表面金属化层（如银、金、铜和铝）上的连接质量和热老化可靠性，仍缺乏系统的研究。为了理清采用银烧结技术的 SiC 功率模块在高温下的应用效果，本章将介绍银烧结在不同金属界面上的连接质量、热老化可靠性和连接机理。

9.2 SiC 半导体与功率模块

电力系统是现代工业中实现能量高效利用的重要组成部分。而电力电子已经发展为一种用于能量生产、转换与储存的关键技术[1-4]。在电能转换过程中，电力电子装置的功率损耗，很大程度取决于功率模块的性能[5]。在过去几十年里，有关 Si 材料的研究取得了很大进展，在半导体材料中占据着重要的位置。但是，由于材料特性的限制，在阻断电压、工作温度以及开关特性方面，Si 功率模块已经接近理论性能极限，无法满足未来对高功率密度的迫切需求。因此，为了适应更高的功率密度，减少高频系统中的损耗并实现更高的效率，需要开发基于新型半导体材料的功率模块。为了克服传统 Si 功率模块的这一局限性，SiC 材料应运而生，为功率电子元件带来了革命性的变化[6-10]。SiC 具有优异的物理特性[11-18]，如宽带隙（>3eV）、高临界场强（>3MV/cm）和高饱和速率（>2×10^7cm/s）[7]，因此可以克服 Si 材料的局限性。此外，传统 Si 芯片的工作温度，通常不超过 150℃，而 SiC 芯片的工作温度高达 250℃。表 9.1 列出了传统半导体材料（Si 和 GaAs）的物理特性与电气特性。与 Si 相比，SiC 半导体具有更高的带隙能量、击穿电压、饱和速率，以及优异的热特性[19-21]。此外，SiC 芯片的开关速度、击穿电压和导电性，可以极大地提高功率模块的性能。由于 SiC 具有更好的导电性，因此芯片面积更小、能效更高，对逆变器系统大有裨益。

表 9.1 不同半导体材料的物理和电气特性[19-21]

材料	带隙能量 /eV	相对介电常数	击穿场强 /(kV/cm)	电子迁移率 /[cm²/(V·s)]	空穴迁移率 /[cm²/(V·s)]	热导率 /[W/(cm·K)]	最大结温 /℃
Si	1.12	11.9	300	1500	600	1.5	150
GaAs	1.43	13.1	400	8500	400	0.46	350
6H-SiC	3.03	9.66	2500	—	101	4.9	700
4H-SiC	3.26	10.1	2200	1000	115	4.9	750

SiC 功率模块通常由 SiC 芯片、金属陶瓷衬底、键合线、灌封材料和外壳组成。对于需要在极高温度下工作的电力电子设备，正常工作时需要配备散热器。所有组件以相应的方式互连，从而组成一个完整的 SiC 功率模块，图 9.1 展示了一种典型的 SiC 功率模块结构。由于功率模块是由多层具有不同热膨胀系数和杨氏模量的材料堆叠而成，在高温下，热膨胀系数不匹配引起的热应力会导致缺陷的产生和传播。因此，热应力是 SiC 功率模块制造和运行中的关键问题之一[22, 23]。失效通常发生在这些相对薄弱的区域，不同组件之间的互连质量，直接影响 SiC 功率模块的性能和可靠性。芯片连接材料必须具有优异的热导率和电导率，并能承受超过 250℃ 的高温。顶部互连必须适应严重的热膨胀系数不匹配和高开关频率。此外，为了有效传导芯片产生的热量，金属陶瓷衬底（如直接键合铜（DBC）和直接键合铝（DBA）），必须具有与芯片材料相似的热膨胀系数和高热导率。因此，适用于高温的互连方法和材料是 SiC 功率模块封装面临的新挑战[24-27]。

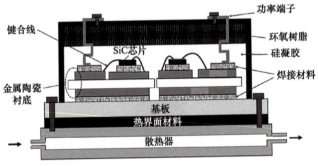

图 9.1 SiC 功率模块的典型结构

9.3 SiC 功率模块的芯片连接技术

芯片连接是 SiC 功率模块中最重要的互连部分。芯片需要焊接到衬底上，主要目的为导电、散热和结构固定。目前，传统功率模块广泛使用焊料连接、瞬态液相键合和导电胶粘接等芯片连接方式。但是，这些传统的芯片连接方法无法满足 SiC 芯片超过 250℃ 的高温要求。为了应对 SiC 功率模块在恶劣工作条件下带来的挑战，已经开发了一些新的芯片连接方法和材料用于 SiC 芯片的连接。本节将简要介绍 SiC 功率模块中的芯片连接技术。

9.3.1 高温焊料连接

焊料连接是最常见的连接技术，通过熔化的焊料将芯片和衬底连接起来，目前含铅焊料和无铅焊料，如 Sn-Cu 焊料和 Sn-Ag-Cu（SAC）焊料，已被用于芯片连接和其他电气设备中。但是，含铅焊料对环境和人类健康有害，且含铅焊料也受到相关法律的限制[28-32]。由于 Sn-Cu 焊料和 SAC 焊料的熔点较低，且存在金属间化合物层，可能存在机械可靠性和热传导等方面的问题[33-36]。由于 SiC 功率模块的工作温度较高，焊料也应当具有高熔点。许多无铅焊料如 Au-Sn、Ag-Bi、Zn-Al 和 Zn-Sn 都可能应用于 300℃ 以上的高温场合。但是，作为芯片焊料层材料，上述无铅焊料仍存在一些问题，例如，脆性金属间化合物层、润湿性差、热导率低以及电导率低等。焊料连接的另一个问题是焊接过程中的液态相。在焊接过程中，由于芯片的位置偏移、接合层的楔形厚度和空隙等一系列问题，芯片会在液膜上浮动。表 9.2 总结了几类高温焊料，包括几种无铅焊料及其熔化温度。

表 9.2 典型的高温焊料 [31, 32, 37, 38]

合金		组成（wt.%）	固相温度/℃	液相温度/℃
高铅合金体系	Pb-Sn	Sn-65Pb	183	248
		Sn-70Pb	183	258
		Sn-80Pb	183	279
		Sn-90Pb	268	301
		Sn-95Pb	300	314
		Sn-98Pb	316	322
	Pb-Ag	Pb-2.5Ag	304	304
		Pb-1.5Ag-1Sn	309	309
Sn-Sb 合金体系	Sn-Sb	Sn-5Sb	235	240
		Sn-25Ag-10Sb	228	395
Au 合金体系	Au-Sn	Au-20Sn	280（共晶）	
	Au-Si	Au-3.15Si	363（共晶）	
	Au-Ge	Au-12Ge	356（共晶）	
Bi 合金体系	Bi-Ag	Bi-2.5Ag	263（共晶）	
		Bi-11Ag	263	360
Zn 合金体系	Zn-Al	Zn-(4-6)Al(-Ga, Ge, Mg)	300~380	
	Zn-Sn	Zn-(10-30)Sn	199	360
	Zn	Zn	420	

9.3.2 瞬态液相键合

瞬态液相（Transient Liquid Phase，TLP）键合是一种基于均匀金属接合结构的连接技术，在高熔点的金属中加入低熔点金属，并通过扩散或共晶反应形成连接层[39-41]。图 9.2a 展示了 TLP 键合技术在不同阶段的演变过程。首先，位于键合结构中间的低熔点薄膜，与周围的高熔点薄膜发生扩散和反应，最终形成均匀的键合结构。通常采用熔点低的 Sn 和 In 作为中间金属，而 Ag、Au、Ni 和 Cu 不仅具有高熔点，还可以与 Sn 或 In 发生快速折射反应，因此常被用作衬底金属化层材料[43-46]。根据相关文献报道，Ni-Sn 基 TLP 键合过程中会产生一层均匀的 Ni_3Sn_4 金属间化合物，其熔点高达 794℃。

此外，一些文献还研究了将高熔点和低熔点金属颗粒混合作为连接材料，如图 9.2b 所示。在加工过程中，低熔点金属颗粒液化，并与金属化层和高熔点颗粒发生反应，生成均匀的连接结构[42, 47, 48]。与传统的 TLP 键合相比，这种键合工艺的加工时间更短。但是通过 TLP 键合工艺实现的连接，存在导热性差、导电性差、机械性能差等问题，会影响 SiC 功率模块的性能。

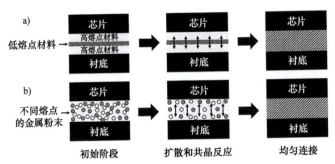

图 9.2 TLP 焊接流程图。a) 基于箔片的 TLP 键合工艺; b) 基于金属粉末的 TLP 键合工艺[42]

9.3.3 固态焊接技术

根据最新文献，一种使用多孔银[49, 50]或银箔[51, 52]的固态焊接技术，可被用于高温场合。这种焊接的机理为固体界面的相互扩散，由于需要高温或高压条件[50, 52]，因此成本较高。在 Si 芯片表面镀银的直接焊接方法，已有报道。这种银-银镀膜层可以焊接，称为"直接银连接"或"应力迁移连接"[53-56]，可以在低温低压条件下实现令人满意的界面连接质量。但是，由于镀膜层的尺寸仅为几微米，无法缓解功率模块中因恶劣的工作环境和高温可靠性变化而产生的热应力。由于热应力会严重影响功率模块的使用寿命，人们开发出了一种抑制芯片应力的软中间结合层[57]。铝片固态焊接技术的原理，如图 9.3 所示。首先，有序排列 SiC 芯片的背面和 DBA 的表面，并由厚度为 0.2μm 的 Ti 层和厚度为 1μm 的 Ag 层完成金属化。通过图 9.3a 所示

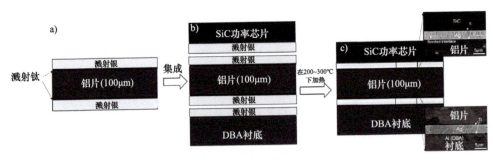

图 9.3 铝固态焊接技术的原理图

的溅射工艺,将 Ti/Ag 层溅射在铝片的两侧。随后,将铝片夹在 SiC 芯片与 DBA 衬底之间。将夹在中间的 SiC、铝片和 DBA 样品在压力为 1MPa 的热板上加热 1h,温度范围为 200～350℃,最终得到可靠的 Ag-Ag 表面连接,如图 9.3c 所示。

9.3.4 银烧结技术

为了应对 SiC 功率模块的高温工作环境,通过纳米银浆进行银烧结,是一种新型的芯片连接方案,这种材料可承受超过 300℃ 的高温,而且烧结后的银浆具有优异的导电性和导热性[58-63]。银浆由银颗粒和有机溶剂组成,小颗粒具有较高的表面能,可在 250℃ 以下烧结。烧结后,由于银的自扩散作用,银颗粒融合为单形多孔结构[64-66]。这种多孔银结构的熔点高达 900℃。此外,银还具有优异的导热性、导电性和稳定的化学性质。以上优点都完美匹配 SiC 功率模块的芯片连接要求。银烧结的典型流程,如图 9.4 所示。首先用钢网印刷法将银浆印刷到衬底上,然后将芯片放置在衬底表面。将预制好的夹层结构加热,蒸发浆料中的有机溶剂,将银颗粒烧结成均匀的结构。

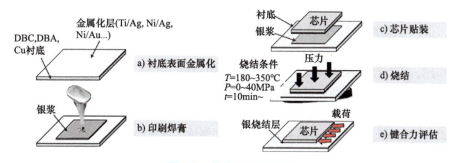

图 9.4 银烧结的流程图

尽管一些研究称纳米银浆可在低温低压条件下烧结,但是大多数纳米银浆在烧结过程中仍需要 5～40MPa 的高气压[64-66]。原因在于,银纳米颗粒的比表面积较大,容易聚集,通常需要保护性分散剂来制备纳米银浆。但是,大量的分散剂抑制了纳米颗粒的烧结,使其仍然保持为浆状,从而降低了芯片连接的强度。成本是采用纳米银颗粒需要考虑的因素。最近不少专利报道称,微米/亚微米银浆可用于芯片连接,并表现出优异的热稳定性和抗热冲击性能[67,68]。微米/亚微米银浆的主要优点是成本低,约为纳米银浆的 1/10,因为微米/亚微米银颗粒更容易制造和保存。微米/亚微米银浆可以在低温、低压(0.4MPa)甚至更低的压力条件下烧结[67-70]。廉价、简单的烧结工艺,是银烧结连接技术发展的必然趋势。同时,现有的纳米或亚微米尺寸的银颗粒可以保证烧结性能。这些微小的颗粒可以在相对较低的温度下烧结,很好地填充了微米级银颗粒之间的空隙,并将大的银颗粒和结合界面连接起来。这种银浆在烧结后还具有较好的密度,因此能为芯片连接提供较低的电阻和较高的热导率。由于银颗粒密度较高,含有微米和亚微米银颗粒的混合银浆可以逐渐烧结成致密的多孔银结构。这种混合银浆在高温老化和热冲击测试(约 –50～250℃)中表现出优异的热稳定性。图 9.5a～d 展示了从纳米到微米的银颗粒尺寸,以及常用于银浆的颗粒形状。图 9.5e～g 展示了使用纳米银颗粒、微米银球体和微米银薄片在相同溶剂下形成的浆料的横截面。微米银球几乎没有烧结，而微米银片的烧结程度与纳米银颗粒相同。

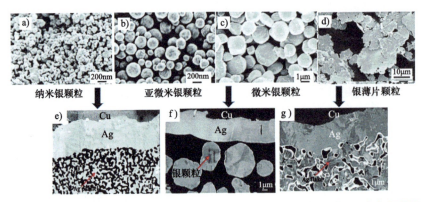

图9.5 a)~d)用于银浆料的纳米/微米银颗粒的不同尺寸与形状；e)~g)在相同溶剂下使用纳米银颗粒、微米银球体和微米银薄片的芯片连接结构的横截面

此外，仅包含微米尺寸的银薄片浆料的连接性能，甚至优于混合银浆。许多研究人员已经观察到在微米级银薄片浆料中产生了纳米银颗粒[71-74]。纳米银颗粒主要源于银的氧化与还原反应的协同作用，以及微米级银薄片颗粒中微应变的释放。生成的纳米颗粒尺寸在10nm以内，不含有机层，因此可以加速烧结过程。据报道，在200℃、0.36MPa的低压烧结条件下，通过微米级银薄片浆料实现的连接能够达到约40MPa的剪切强度。此外，在没有任何辅助压力的情况下，在250℃下，该连接可以达到45MPa的剪切强度。图9.6a和b给出了烧结微米级银薄片浆料的透射电子显微镜观察结果。在银薄片颗粒上可以发现许多位错。通过透射电子显微镜可以观察到，在烧结后出现了大量的纳米银颗粒，可以实现更低的烧结温度，并产生更多的颈状连接，如图9.6c和d所示。

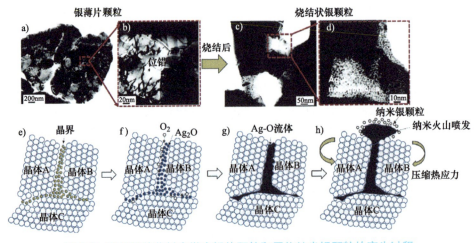

图9.6 烧结银片浆料中微米银片颗粒和原位纳米银颗粒的产生过程

仿真结果表明,在具有面心立方晶胞结构的纳米晶体金属中,位错在其变形中发挥较大的作用[75, 76]。氧原子通过晶界渗透到银膜中,在银的晶界形成 Ag_2O 液体。当压应力恒定时,晶界处的 Ag_2O 液体以纳米颗粒的形式被挤向自由表面。初始银薄片颗粒内部的高密度晶界和位错,很容易导致晶粒结构变形并产生残余应变。这种残余应变可能导致应力迅速达到恒定值,并在烧结过程中释放新的纳米银颗粒。纳米银颗粒生成过程如图 9.6e~h 所示。

9.4 不同金属表面的银烧结

在功率模块中,银烧结包括在芯片和衬底上的金属化层与焊接界面的相互扩散过程,该过程决定了功率模块结构的连接强度及其高温可靠性。衬底表面金属化对焊接质量的影响,已成为芯片连接的一个研究热点。焊料层连接界面通常是芯片连接中的薄弱区域,不同的表面金属化层可能导致不同的连接机制,从而严重影响芯片连接的质量。通常,为了匹配银浆的烧结,衬底需要预先电镀一层金属化层,如银或金,因为银与表面金属化层之间的相互扩散可实现牢固的接合界面[77-80]。一些研究称,在烧结的银浆和 DBC 或 DBA 衬底之间添加中间层,可以实现可靠的芯片连接。

9.4.1 钛/银金属化层上的银烧结连接

银金属化是银烧结工艺最常见的表面处理技术之一[81-83]。使用银作为镀层材料,主要是银的自扩散使其易于形成均匀的焊接界面。烧结的银与银镀层融合在一起,从而形成一个良好的焊接界面。因此,在镀银表面烧结银可以形成良好的烧结银结构和均匀的焊接界面,从而更易实现可靠的芯片连接。

本节使用平均直径为 3μm 的微米片状颗粒(AgC239,福田金属箔和粉末株式会社)和平均直径为 300nm 的亚微米级银球形颗粒(S211A-10,大建化学株式会社)作为银填料,重量比为 1:1,如图 9.7a 所示。使用混合型搅拌器(HM-500,基恩士株式会社),将这些混合颗粒与一种醚型溶剂(CELTOL-IA,大赛尔株式会社)混合,制成混合银浆。为了保持适当的黏度,浆料中的溶剂量约为重量的 12%。使用热重(Thermogravimetric,TG)和差热分析(Differential Thermal Analysis,DTA)设备(2000SE Netzsch,德国塞尔布),评估银浆的热特性。测试条件

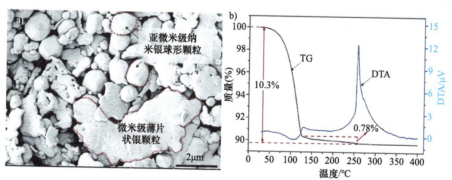

图 9.7 a)由微米片状颗粒和亚微米级球形颗粒混合的银填料;b)混合银浆在静态空气气氛下的 TG-DTA 曲线

为静态空气 10K/min，初始浆料重量为 11.03mg，采用无盖铝盘作为支架。图 9.7b 展示了浆料在静态空气条件下，10K/min 加热速率下的 TG-DTA 曲线。在该温度范围内，浆料的总失重率为 10.3%，接近银填料和溶剂的重量比[84]。

根据 TG 曲线的变化趋势，银浆的失重可以大致分为两个阶段。在初始阶段，浆料在室温下保持稳定，在 50～125℃时，由于溶剂蒸发，浆料的重量明显降低。随着温度的升高，在 125～255℃时，由于残留有机物的燃烧，浆料的重量又降低了 0.78%。在 255℃以上，浆料的重量没有明显降低，表明溶剂已被完全清除。在 125℃左右，DTA 曲线出现了一个微小的放热峰，并在 255℃左右出现了一个巨大的放热峰。目前，由于银浆的热特性很复杂，可能涉及有机残留物在银催化作用下的分解，以及银颗粒在表面的扩散结晶，因此尚不清楚其具体热特性。由于优异的放热特性和易于去除等优点，银浆是低温无压烧结的理想材料。

为了模拟实际的连接方式，实验采用 SiC 芯片（3mm×3mm×0.5mm）和 DBC 衬底（Cu/Si₃N₄/Cu，30mm×30mm×2mm）作为测试样品。芯片和衬底都通过溅射法涂覆了 200nm 厚的 Ti 层和 1μm 厚的银金属化层。通过丝网印刷的方式，使用金属掩模在 DBC 衬底印刷混合银浆，然后使用芯片贴装机（MRS-850，Okuhara Electric 公司），将芯片放置在印刷的浆料表面。然后，在 180℃、200℃和 250℃的环境中，将试样放在热板上加热 30min。烧结过程不需要额外的压力，加热速率约为 10℃/min。最后，将连接件放在自然环境中冷却至室温。采用高温箱（Espec ST110），在 250℃下烧结 1000h，评估银烧结连接的高温稳定性。

图 9.8a～c 展示了在 250℃烧结温度下使用混合银浆制备的连接部分的横截面微观结构，可以看到，片状和亚微米颗粒已被烧结成多孔结构，界面结合非常紧密。图 9.8d 展示了在无压力

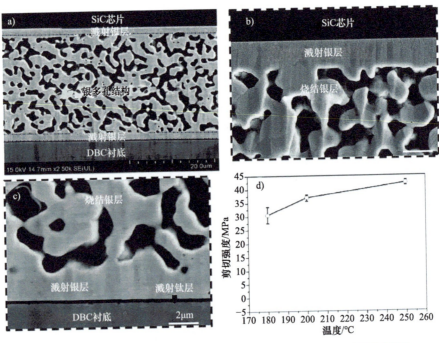

图 9.8　a)～c) 连接部分的横截面微观结构；d) 不同温度下的剪切强度

辅助时，不同烧结温度下银烧结浆料连接的接合强度。在 180℃下，银烧结连接的平均剪切强度为 30.72MPa。在 200℃和 250℃下，剪切强度分别提高到 35.4MPa 和 42.43MPa。因此，使用 CELTOL-IA 溶剂的混合银浆可实现低温无压烧结[85]。此外，180℃的烧结温度使该浆料可以用于无法耐高温的柔性和可穿戴设备。

在 250℃条件下，1000h 的老化过程中，烧结银层的微观结构演变如图 9.9 所示。图 9.9a～c 分别为烧结后、500h 和 1000h 老化后样品的扫描电镜图像。如图 9.9a 所示，初始的烧结银具有微孔结构，其中含有大量银晶粒。随着高温老化的进行，银晶粒变得粗大，并逐渐成长为较大的晶粒。当老化时间增加到 1000h 时，银连接完全由大晶粒组成。同时，晶粒的粗化也引起了微孔结构中空洞的变化。空洞数量明显减少，而孔径却大大增加，这表明较大的空洞来自较小的空洞，符合传统的奥斯特瓦尔德熟化理论[86, 87]。此外，对于初始烧结结构，烧结银与电镀银之间存在良好的连接，但随着老化时间的增加，连接性会降低。连接性如图 9.9d 所示，它是图 9.9a 的局部放大视图。图 9.9e 和 f 分别为图 9.9b 和 c 的放大视图。

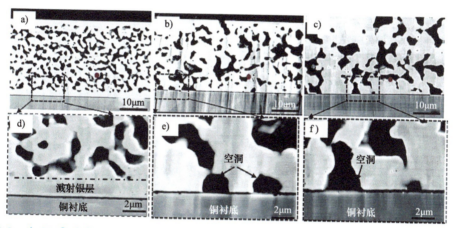

图 9.9 在 250℃老化过程中，电镀银金属化结构上烧结 Ag 的演变过程。a）烧结后的结构；b）经过 500h 老化后的结构；c）经过 1000h 老化后的结构；d）～f）图 a～c 界面的放大视图

如图 9.9 所示，银金属化层在老化过程中发生了很大变化。最初，烧结银与溅射银在烧结结构中的连接较好，其在衬底侧的厚度约为 2μm，但经过高温老化 1000h 后，烧结银层和银金属化层之间的银自扩散导致银层完全消失。另一方面，经过 500h 老化后，溅射银层出现了空洞，并且随着老化时间的增加而增多。溅射银层中空洞的出现，是由于与钛之间的脱润现象。其原因可能是在 250℃下持续粗化时，由于应力迁移，为了维持粗化过程，多孔银吸收了银金属化层中的银原子。

此外，利用电子背散射衍射分析了老化过程前后银晶粒的变化，包括晶粒取向、尺寸和晶界，如图 9.10 所示。烧结前的银晶粒取向随机，因此老化过程对晶粒取向的影响很小。如图 9.10c 所示，随着老化时间的增加，晶粒尺寸明显增大。最初，连接层的平均晶粒尺寸约为 827.2nm，且分布较广。经过 1000h 的老化后，银晶粒尺寸增大至 1178.4nm，略大于烧结时的晶粒大小。250℃下晶粒间的热扩散导致了晶粒尺寸的增加。

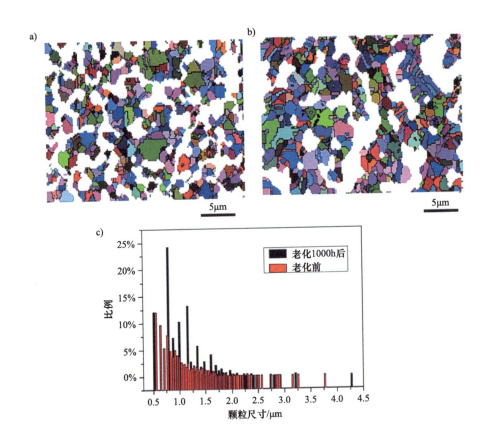

图9.10 微米级银连接层老化前后的电子背散射衍射结果。a）烧结后；b）经过1000h老化后；c）老化前后颗粒尺寸的变化

图9.11a为烧结混合银浆在250℃下老化1000h期间平均剪切强度的变化[86]。最初，烧结层的强度约为35.4MPa。在接下来的高温过程中，除了200h前略有波动外，强度几乎保持稳定。经过1000h的老化后，烧结层的强度约为37.5MPa。为了区分强度波动是否来自老化效应，通过单因素方差进行分析。较低的 F 值（0.17）意味着强度波动是由样品的正常误差而非老化效应引起的。因此，烧结银层可以保持优异的高温稳定性。此外，其稳定强度高于传统的92.5Pb5Sn2.5Ag焊点和纳米多孔银焊层。这意味着微米银浆是一种适用于高温场合的芯片连接层替代材料。此外，还研究了250℃下老化1000h前后的烧结银层的断口表面。从图9.11b和c中可以看出，在断裂面上，烧结后的银晶粒存在较大的变形。这表明银晶粒在剪切试验中经历了从伸长到断裂的过程。如图9.11d和e所示，经过1000h的老化后，在烧结银层内部，焊接层也发生了断裂，这表明烧结最薄弱的部分仍然是烧结银层。在断裂的银晶粒处可以观察到较大的变形，这表明老化过程并未改变烧结银层在剪切试验中的断裂特性。

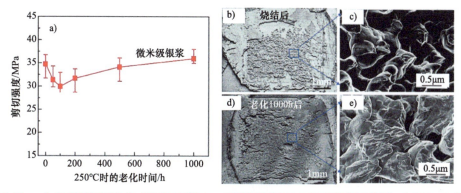

图 9.11 a）在 250℃下老化 1000h 过程中，烧结银焊层的平均剪切强度变化；b）和 c）烧结后焊层的断裂表面；d）和 e）250℃下老化 1000h 后的焊层断裂表面

9.4.2 镀金表面的银烧结连接

在电子工业中，金是一种广泛使用的镀层材料。与银镀层相比，金镀层通常是一种更理想的选择，因为金具有良好的导电性、导热性以及优异的化学抗性[77, 78, 88, 89]。金镀层已广泛应用在电极、Si/SiC 芯片和印制电路板。最近，出现了以次磷酸盐为还原剂的无电解镀镍（Electroless Ni plating，EN）、以甲酸盐为还原剂的化学钯电镀（Electroless pure Palladium，EP）、氰化物型浸金电镀（Immersion Gold plating，IG），通常称为 ENEPIG。因其工艺简单、可焊性好、消耗率低以及良好的机械可靠性能而受到广泛关注。但是，ENEPIG 工艺的金层厚度一般为 0.2μm。如果需要更厚的金层，通常需要在 ENEPIG 工艺完成后，采用工业化无电解金（Electroless Gold，EG）工艺。此外，在不采用 EP 工艺的情况下，工业上还可采用无电解镍电镀/浸金电镀（Electroless Ni/Immersion Gold，ENIG）和无电解镍电镀/浸金电镀/无电解金（Electroless Ni plating/Immersion Gold plating/Electroless Gold，ENIGEG）工艺。最近，在金表面烧结银成为了研究热点，但在低温、低压烧结条件下获得稳定的银-金连接存在一定的困难。此外，银-金连接层也存在热老化可靠性的问题，特别是对于 ENIG 工艺，其中 Ni 层通过金晶粒边界扩散到金层，导致老化测试后芯片的剪切强度降低。最近的研究表明，不同的镀金工艺会导致顶面的金晶粒结构不同，从而导致不同的银-金接合强度。

本节设计并评估了四种电镀工艺，即无电解镍电镀/无电解金（Electroless Ni plating/Electroless Gold，ENEG）、ENIG、ENEPIG 和无电解镍电镀/无电解纯钯电镀/浸金电镀/无电解金（Electroless Ni plating/Electroless pure Palladium plating/Immersion Gold plating/Electroless Gold，ENEPIGEG），并保持相同的顶部金层厚度。通过电子背散射衍射技术研究了金晶粒结构对烧结银-金连接层剪切强度的影响。此外，在 250℃的老化测试（1000h）条件下，评估了采用优化银浆和镀金工艺的烧结银-金连接层的热稳定性。通过扫描电子显微镜、能量色散 X 射线光谱、透射电子显微镜和 X 射线衍射系统分析了热稳定性烧结银-金连接层的界面结合机制和性能。

随后，制备了 ENIG、ENIGEG、ENEPIG 和 ENEPIGEG，并分别镀在 DBA 衬底上。在所有镀金工艺中，EN 的厚度均设定为 7μm。在 ENIG 和 ENEPIG 的情况下，通过 IG 的一步法工艺制作 0.15μm 厚的金层。对于 ENIGEG 和 ENEPIGEG 工艺，首先分别通过 IG 工艺和 EG 工艺电镀 0.05μm 和 0.1μm 厚的金层，电镀工艺来自日本的一家公司（C. Uyemura & Co., Ltd），如图 9.12 所示[90]。

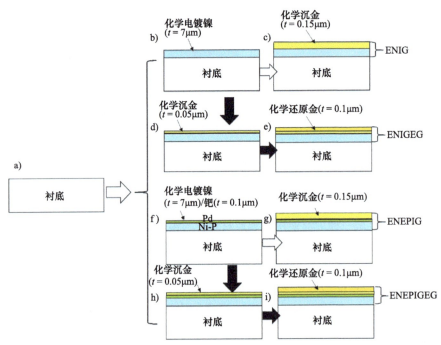

图 9.12　a) 衬底的制备；b)、c) ENIG 的电镀过程；d)、e) ENIGEG 的电镀过程；f)、g) ENEPIG 的电镀过程；h)、i) ENEPIGEG 的电镀过程

首先，在 SiC 芯片表面（3mm×3mm×0.45mm）依次溅射 0.1μm 厚的钛层和 2μm 厚的银层，然后，利用钢网印刷工艺将银浆涂覆在每个衬底上，将 SiC 芯片放置在银浆表面。所有样品均在无压条件下在 250℃的热板上烧结 30min。使用剪切试验机（Dage 4000，日本）以 50μm/s 的剪切速度评估了烧结银-金层的连接强度。在剪切测试后，选择具有最佳芯片剪切强度的浆料，应用在 ENIGEG、ENEPIG、ENEPIGEG 衬底上，并在与 ENIG 衬底相同的条件下烧结。最后，通过优化银浆和镀金工艺获得最佳的银-金连接结构，用于评估烧结银-金连接层在 250℃下 1000h 的热稳定性。

图 9.13a~d 分别为 ENIGEG、ENIG、ENEPIGEG、ENEPIG 镀层表面的高倍扫描电子显微镜图像，可以清楚地发现，ENIGEG 和 ENEPIGEG 方法制作的表面较为粗糙。与 ENIGEG 和 ENEPIGEG 相比，ENIG 和 ENEPIG 表面的金晶粒更加清晰。与图 9.13a~d 相对应，图 9.13e~h 分别为不同镀金衬底上烧结银连接层的横截面。片状银浆烧结成均匀连续的多孔结构，表明银浆在低温无辅助压力下具有良好的烧结性能。从横截面图像来看，与 ENIGEG 电镀工艺相比，ENIG 电镀工艺制作的金层具有更致密的银晶粒结构。此外，ENEPIG 电镀工艺的晶粒尺寸比 ENEPIGEG 工艺大。另一方面，ENIGEG 和 ENEPIGEG 的金表面都覆盖有烧结银。金层呈现出

断裂的结构，其内部产生了一些空洞，如图 9.13e 和 g 所示。金层的断裂结构可能是由于金扩散到了烧结银浆中。图 9.13f 和 h 分别为 ENIG 和 ENEPIG 电镀，金层内部没有产生较大的空洞，金层呈现出与烧结银层紧密结合的紧凑结构[90]。

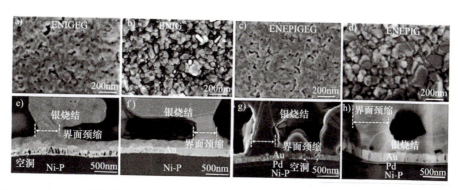

图 9.13　a)~d) ENIGEG、ENIG、ENEPIGEG 和 ENEPIG 电镀表面的扫描电子显微镜图像，e)~h) 与图 a~d 对应的不同镀金衬底上的烧结银连接的横截面

在四种镀金衬底上通过片状银浆烧结连接的芯片剪切强度如图 9.14a 所示。可以发现，ENIGEG 衬底的芯片剪切强度最低，为 14.3MPa，而 ENEPIG 衬底的芯片剪切强度最高，为 33.9MPa。ENIG 电镀衬底的芯片剪切强度为 26.9MPa。当在 ENEPIG 衬底上烧结银浆时，剪切强度明显提高。由于四种烧结银 - 金连接层的断裂模式发生在银界面颈缩的同一位置，因此烧结银浆与镀金层界面的界面连接率，或连接程度，可以由每微米的界面颈缩宽度来计算。通过随机选择不同颈缩位置，计算烧结银 - 金连接处的界面颈缩，如图 9.13e~h 所示。剪切强度与界面连接比例之间的关系，如图 9.14b 所示。结果表明，剪切强度随着界面连接比例的增大而增加。对于四种镀金衬底，由于烧结银 - 金连接层的断裂模式，与银界面颈缩位置发生的断裂模式相同，因此界面颈缩的大小，是决定剪切强度的重要因素。此外，连接界面的巨大差异可能与金层的晶粒结构差异有关，下面将结合电子背散射衍射技术讨论金层的晶粒结构。

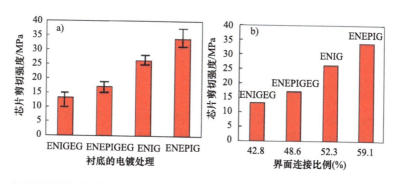

图 9.14　a) 通过片状银浆烧结连接在四种镀金衬底上的银烧结连接的芯片剪切强度；b) 剪切强度与界面连接比例之间的关系

为了进一步确定不同扩散过程之间的关系，以及 ENEPIG 衬底上实现牢固结合的机理，我们通过电子背散射衍射技术表征了 ENIGEG、ENIG、ENEPIGEG 和 ENEPIG 电镀表面的晶粒结构。图 9.15a～d 分别为 ENIGEG、ENIG、ENEPIGEG 和 ENEPIG 电镀表面的电子背散射衍射反极图（IPF）。四个金表面都由相对于彼此随机取向的结晶颗粒组成，这意味着所有金镀层均为多晶线。图 9.15e～h 分别为与图 9.15a～d 相对应的极点图。结果表明，与其他镀层相比，ENEPIG 镀层具有较大比例的金（111）晶粒取向。据报道，银（111）/金（111）的面间自由能高于其他晶粒。银原子更容易扩散到金（111）中，形成稳定的银-金固溶体，从而降低界面自由能。

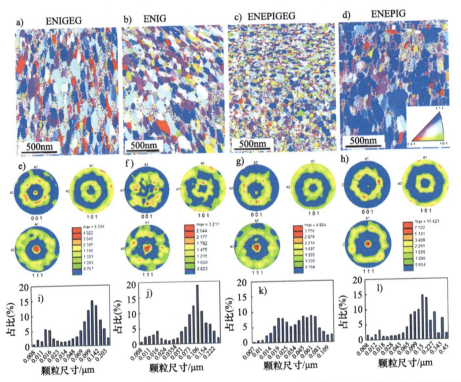

图 9.15　a)～d) ENIGEG、ENIG、ENEPIGEG 和 ENEPIG 电镀下金表面的电子背散射衍射 IPF；e)～h) 图 a～d 对应的金表面极点图；i)～l) ENIGEG、ENIG、ENEPIGEG 和 ENEPIG 电镀下的金晶粒尺寸分布图

此外，图 9.15i～l 分别为 ENIGEG、ENIG、ENEPIGEG 和 ENEPIG 镀层的晶粒尺寸分布。ENIGEG、ENIG、ENEPIGEG 和 ENEPIG 的平均晶粒尺寸分别为 0.07μm、0.09μm、0.04μm 和 0.12μm。对于块状金属的晶粒结构，晶粒尺寸越小，晶界越多。由于能量消耗较小，晶界扩散比晶格扩散更容易发生。由于金晶粒尺寸的差异，银原子向 ENEPIGEG 的扩散速度快于 ENEPIG，而 ENIGEG 的扩散速度快于 ENIG。由于脆性结合线的存在，晶界扩散在金-银烧结中起负作用。研究证实，大量银-金界面扩散会导致剪切强度的下降。由于晶界扩散会快速消耗

大量的银，并在结合界面上形成薄弱的颈缩，因此，晶界扩散会明显降低结合强度。此外，更快的晶界扩散会消耗更多的银原子，从而导致更小的界面缩颈，如图 9.13e~h 所示。与其他镀层相比，ENEPIG 镀层的晶粒尺寸最大、晶界扩散较小，因此芯片剪切强度最高。

此外，研究还发现，剪切强度不仅受金晶粒尺寸的影响，还可能受烧结过程中钯层阻挡的影响，例如，即使 ENIGEG 的金晶粒尺寸大于 ENEPIGEG，但 ENEPIGEG 的剪切强度仍大于 ENIGEG。此前提到，镍层会扩散到金层中，甚至穿过金层到达顶面。由于镍在空气中特别是在高温烧结中很容易氧化，如果镍原子扩散到顶部表面并被氧化，银-金连接层的剪切强度将会降低。为了验证烧结后镍原子的存在，在 250℃空气中加热 30min 后，采用能谱仪点分析法，评估了 ENIGEG、ENIG、ENEPIGEG、ENEPIG 基片表面金、镍和氧原子的含量。结果见表 9.3。在加热后，ENIGEG、ENIG 衬底上的镍含量明显大于 ENEPIGEG、ENEPIG 衬底上的镍含量。氧原子的趋势与镍原子类似。因此，可以认为阻挡钯层在一定程度上可以阻止镍向金层扩散，从而影响了银-金连接层的剪切强度[90]。

表 9.3 在 250℃空气中加热 30min 后，ENIGEG、ENIG、ENEPIGEG 和 ENEPIG 表面金、镍和氧原子的含量

镀金工艺	Au（at.%）	Ni（at.%）	O（at.%）
ENIGEG	52.02	42.66	5.32
ENIG	63.71	32.11	4.18
ENEPIGEG	88.21	11.21	0.58
ENEPIG	91.79	8.21	0

四种镀金工艺的机理如图 9.16 所示。首先，对于图 9.16a 和 c 所示的 ENIGEG 和 ENIG 衬底，在烧结过程中，镍层会通过金晶粒边界扩散到金层中，导致芯片剪切强度下降。此外，如图 9.16b 和 d 所示，由于 ENIG 衬底比 ENIGEG 衬底具有更大的晶粒尺寸和更光滑的表面，烧结后发生的银-金扩散较少，从而具有更大的界面连接比和更强的剪切强度。图 9.16e 和 g 分别为 ENEPIGEG 和 ENEPIG 衬底，由于钯层阻止了镍向金层的扩散，因此 ENEPIGEG 和 ENEPIG 衬底的剪切强度较 ENIGEG 和 ENIG 衬底更高。与 ENIGEG 和 ENIG 衬底相同，由于 ENEPIG 衬底比 ENEPIGEG 衬底具有更大的晶粒尺寸和更好的表面条件，因此具有更大的界面连接比和更强的剪切强度，实际上，四种镀金工艺中，ENEPIG 的剪切强度最高。机理如图 9.16f 和 h 所示。

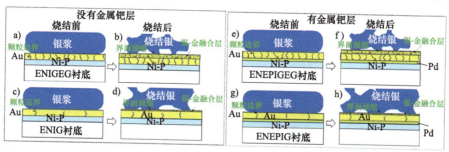

图 9.16 a)、b) ENIGEG 衬底烧结前和烧结后；c)、d) ENIG 衬底烧结前和烧结后；e)、f) ENEPIGEG 衬底烧结前和烧结后；g)、h) ENEPIG 衬底烧结前和烧结后

在250℃空气中老化1000h后，在ENEPIG衬底上使用片状银颗粒烧结银-金连接层的剪切强度平均值和标准偏差，如图9.17a所示。初始剪切强度为33.9MPa，1000h后略微增加到36.5MPa。这一结果与之前在金衬底上进行的烧结银研究完全不同，它们在高温老化后，剪切强度明显下降。这是首次发现烧结银在镀金衬底上的连接达到了令人满意的剪切强度，并且在高温下具有热稳定性。图9.17b~e分别为连接后和老化200h、500h和1000h后的断裂面。初始连接的银-金连接面断裂发生在银-金扩散层和烧结银多孔层之间，即银界面颈缩的位置，但老化200h后，断裂发生在烧结银层内部，如图9.17c所示。这说明在高温老化过程中，银界面颈缩的强度逐步增加。这一结果与之前研究中报道的ENIG衬底不同，之前的研究结果显示，在ENIG衬底的高温老化中，产生的氧化镍导致银和金之间的界面变得脆弱。

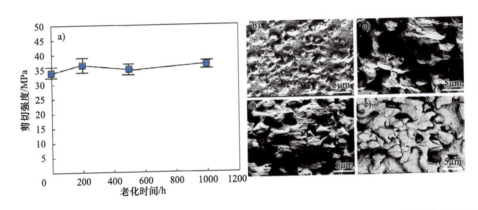

图9.17 a）ENEPIG衬底上的烧结银-金连接层在250℃空气中老化1000h后的剪切强度以及与其他研究的比较；b）~e）原结合银金连接层的断裂面以及分别老化200h、500h和1000h后的断裂面

图9.18a~d分别为初始接合的银-金连接层以及经过200h、500h和1000h老化后的断裂面。在老化过程中，银晶粒出现粗化现象，银晶粒变得更粗，并成长为更大的晶粒，空洞数量明显减少，但空洞尺寸增大。银晶粒粗化在许多研究中已有报道，主要是由奥斯特瓦尔德熟化引起的。在经过1000h老化后，银和金之间的界面没有出现脱落的现象。图9.18e~h分别为图9.18a~d的银-金界面放大图。随着老化时间的增加，金逐步扩散到烧结银层。但是，在不同的位置，金进入银层的扩散速度有所不同，部分位置存在金残留，而其他位置则完全扩散。产生这种现象的原因可能是金晶粒的取向不同，导致金在银层中的扩散速度不同。

根据Boltzmann-Matano方程，金层进入烧结银的平均扩散系数D为$1.13 \times 10^{-20} m^2/s$。通过使用X射线能谱映射，利用一条随机直线获取金和烧结银之间的界面的互扩散浓度信息，该方法同时考虑了晶界和晶格扩散。在本研究中，扩散速度远低于此前的研究结果，在相同的老化温度下，金层向烧结银的扩散系数D为$3.47 \times 10^{-18} m^2/s$。扩散速度较慢的原因可能是ENEPIG基片的金晶粒尺寸较大，且表面光滑，由较慢的晶格扩散为主导。

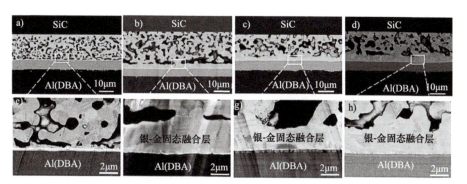

图 9.18　a）初始接合的银-金连接层以及老化；b）200h、c）500h 和 d）1000h 后的横截面的扫描电子显微镜图像；e）~h）图 a~d 对应的银-金界面放大图

在 250℃空气中烧结 30min 后，在初始阶段和不同老化时间下 ENEPIG 基片的 X 射线衍射结果如图 9.19a 所示。通过 X 射线衍射分析可以确定，初始阶段金（111）的衍射峰最高，但在高温老化过程中，金（200）的衍射峰最高。结果表明，高温老化可能会改变镀金层的晶粒结构。随着老化时间的增加，金的衍射峰角度逐步变大。从图 9.19b 中可以清楚地看到，金（111）的入射角从 37°变为 40°。衍射峰向高角度偏移，意味着金层可能在老化过程中出现了合金化。此外，宏观残余应力可能会导致晶格各向异性收缩。当压应力引起部分衍射时，衍射峰会向高角度偏移。此外，由于块状氧化镍的峰位置通常出现在 $2\theta = 37.10°$、$43.30°$、$62.87°$、$76.50°$ 和 $79.22°$，即使在 250℃老化 1000h 后，本研究也没有观察到氧化镍的波峰。图 9.19c~e 分别为烧结后、老化 500h 和 1000h 后金表面的扫描电子显微镜图像。根据电子背散射衍射和 X 射线

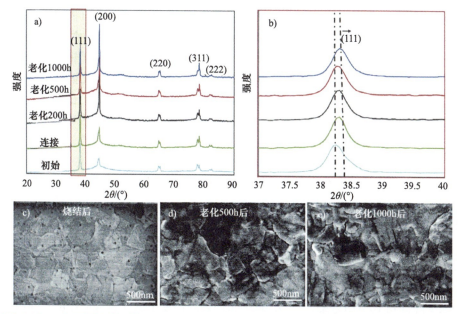

图 9.19　a）不同老化时间 ENEPIG 镀金层的 X 射线衍射图；b）37~40℃的峰角图；c）~e）烧结后、老化 500h 和 1000h 后金表面的扫描电子显微镜图像

衍射分析的结果，可以将 ENEPIG 衬底上的银 - 金连接层的热稳定性，归因于 ENEPIG 的金晶粒尺寸大，表面条件优越，无空隙和缺陷，以及钯层阻止镍向金层扩散。

9.4.3 直接铜表面的银烧结连接

由于成本较低且易于加工，在裸衬底表面直接采用银烧结也是一种应用趋势[91-93]。常用的衬底结构为 DBC 和 DBA。但是，在裸衬底表面烧结银浆仍然存在一些挑战。在 DBC 衬底上烧结银浆时，必须使用惰性烧结气氛，因为在空气条件下烧结温度超过 150℃时，铜层容易被氧化[94]。DBC 衬底上直接烧结银的剪切强度可达到 30MPa 以上，能够满足芯片连接的要求。但惰性烧结气氛使制造工艺变得更加复杂，并增加了一些不必要的成本。最新研究表明，即使在空气环境中，银浆也可以在铜表面烧结出可靠的芯片连接层。在烧结过程中，银和铜之间的界面会生长出一层氧化铜层，可以与烧结的银和铜衬底结合在一起。这种结合结构的剪切强度甚至超过 30MPa。但是，为了获得可靠的连接结构，需要额外的辅助压力或纳米银颗粒。同时，由于氧化铜层在高温下进一步生长，这种连接结构的可靠性可能存在问题。铜和氧化铜之间较大的热膨胀系数差异，可能会产生裂纹并降低剪切强度。本节将介绍一种使用低成本混合银浆在裸铜衬底上实现可靠连接层的方法。在 180 ~ 300℃的无压空气中烧结获得裸铜表面的银烧结层。根据烧结层横截面的扫描电子显微镜和透射电子显微镜观察结果，提出了一种直接铜连接的机理。

首先，准备尺寸为 3mm × 3mm × 0.45mm 的 SiC 芯片。在 SiC 芯片背面溅射厚度为 100nm 的钛层和厚度为 1μm 的银层。在铜衬底表面印刷前面介绍的厚度为 100μm 的混合银浆后，将 SiC 芯片贴装在银浆表面，并在温度约为 180 ~ 350℃的热板上烧结。烧结在空气中进行，烧结时间为 30min。烧结过程中未施加任何辅助压力。

然后，用离子铣床制作不同温度下裸铜连接层的横截面，并用扫描电子显微镜观察。图 9.20a ~ c 分别为烧结温度为 180℃、250℃和 300℃时裸铜连接层的横截面。在烧结温度为 180℃时，银颗粒仅表现出极小的颈缩。当烧结温度升高到 250℃时，由于银晶粒粗化和晶粒颈缩生长，烧结银颗粒变得更加致密，并呈现出微孔网络结构。银层与氧化铜层接触较好，但通过 X 射线能谱图分析，烧结的银和氧化铜层之间没有明显的扩散。但是，在氧化铜层和铜基体之间的界面上发现了一些空隙。由于氧化铜的热膨胀系数远小于铜基体的热膨胀系数，这些空洞的产生可能与界面处热膨胀系数不匹配引起的热应力有关。当烧结温度达到 300℃时，氧化铜层与铜衬底之间产生连续裂纹。虽然银在 300℃时烧结得更紧密，但产生的裂纹会导致铜衬底和氧化层界面分离，从而导致剪切强度下降[95, 96]。

图 9.20d 为不同烧结温度下裸铜衬底上烧结银连接层的芯片剪切强度。对于不含石墨烯的裸铜，烧结温度为 180℃时芯片剪切强度小于 5MPa，烧结温度为 250℃时芯片剪切强度达到最大值 27.2MPa。当温度超过 300℃时，芯片剪切强度明显降低。250℃之前芯片剪切强度的增加，可能受放热峰值曲线的影响。随着烧结温度的升高，银浆凝聚成连续的多孔银结构，从而大幅提高剪切强度。但是，当烧结温度升高到 300℃时，剪切强度明显降低，在烧结温度为 350℃时，剪切强度降低到 10MPa 左右。图 9.20e 为不同烧结温度下氧化铜层的厚度。厚度随烧结温度的升高而增加，在烧结温度为 350℃时，氧化铜层的厚度接近 1μm。

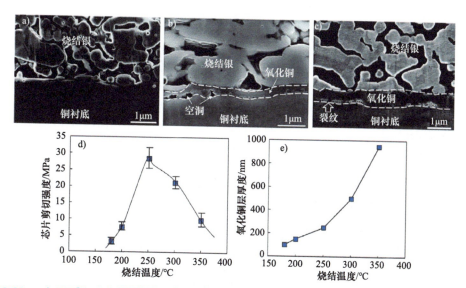

图 9.20 a）180℃、b）250℃和 c）300℃烧结连接层的截面扫描电子显微镜图像；在不同烧结温度下，银烧结在有石墨烯涂层和无石墨烯涂层的铜衬底上连接时的 d）芯片剪切强度和 e）氧化铜层的厚度

为了确定铜氧化层的内部成分，在没有石墨烯涂层的裸铜衬底上进行了 X 射线光电子能谱分析，并在 250℃的热板上加热 30min。X 射线光电子能谱结果如图 9.21 所示。采用 Cu 2p3/2 核来研究铜表面的氧化情况。如图 9.21a 所示，对应于 Cu 2p3/2 和 Cu 2p1/2，存在两个主峰（932.4eV 和 952.2eV），Cu 2p3/2 展示了一个几乎对称的窄峰，其中心约为 933eV。此前的研究表明，氧化铜可以以两种半导体相存在，即氧化铜（CuO）和氧化亚铜（Cu_2O），这是基于 Cu 2p3/2 主峰的强度。如图 9.21b 所示，宽的 Cu 2p3/2 峰可分为 932.4eV 和 933.8eV 两个峰，分别与氧化亚铜和铜有关。这些结果与我们之前的研究结果一致。由于铜和氧化亚铜的连接能非常接近，仅相差 0.1eV[96]，因此无法通过反卷积方法来分辨铜和氧化亚铜。

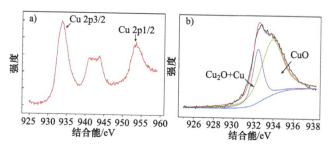

图 9.21 a）Cu 2p3/2 和 2p1/2 区域的 X 射线光电子能谱曲线；b）在 250℃加热处理 30min，裸铜衬底的 Cu 2p3/2 X 射线光电子能谱曲线

图 9.22a 为 250℃下裸铜衬底表面的烧结银层的透射电子显微镜图。图 9.22b 和 c 分别为烧结银浆和氧化铜之间的连接界面，以及铜衬底和氧化铜之间的连接界面。如图 9.22d 所示，横截面

的能量色散 X 射线光谱线扫描图,揭示了烧结银和氧化铜层界面的轻微相互扩散现象。从图 9.22e 中可以看到,烧结银和氧化铜界面处自发形成的银纳米颗粒。如图 9.22f 所示,由于氧化铜以纳米颗粒的形式出现在界面上,这些银纳米颗粒和氧化铜纳米颗粒之间发生了相互作用。自发生成的银纳米颗粒有助于银颗粒之间形成颈部连接。此外,由于氧化铜纳米颗粒具有高表面能,可在高温烧结过程中与银纳米颗粒有效地相互作用,因此氧化铜纳米颗粒的生长可进一步促进形成连接界面。这种相互作用可产生强大的界面连接强度。因此,自生成的银纳米颗粒是与铜衬底连接的关键因素,因为它们具有高表面能,可以与氧化铜纳米颗粒紧密结合在一起[96]。

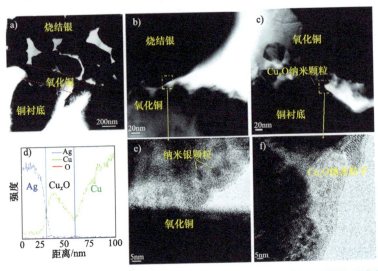

图 9.22　a)250℃下烧结银浆直接在裸铜衬底上焊接界面的透射电子显微镜观察结果;b)烧结银浆与氧化铜之间的连接界面;c)铜衬底与氧化铜之间的连接界面;d)烧结银浆与铜衬底之间的能谱仪线映射;e)烧结银浆在氧化铜层上的界面连接放大图;f)氧化铜的放大图

根据透射电子显微镜和能量色散 X 射线谱的观测和分析,理清了烧结银在铜衬底上的连接机理。首先,在烧结过程中,银浆自发生成了银纳米颗粒,使其与氧化铜表面形成紧密的连接,然后通过增加颈缩生长加速聚集形成大颗粒,从而获得较高的表面能。这些特性使其在烧结过程中具有优异的连接性能。

从芯片剪切强度和氧化铜厚度的角度,进一步研究了裸铜衬底上银烧结连接的高温可靠性。图 9.23a 和 b 为裸铜衬底上烧结银连接结构老化 100h 后的反射探测器横截面图像。与初始状态相比,随着老化时间的增长,银颗粒变得粗大并且成长为更大的晶粒。与此同时,空洞的数量明显减少,但孔径增大。这种晶粒粗化现象是由传统的奥斯特瓦尔德熟化引起的。如图 9.23c 和 d 所示,老化 500h 后,氧化铜覆盖了整个表面,在氧化铜和铜基体的界面处产生了大量空洞。图 9.23e 展示了在不同老化时间下,铜衬底上烧结银连接层剪切强度的平均值和标准偏差。在老化 100h 后,芯片剪切强度迅速下降,然后再次上升。最后,剪切强度降至约 10MPa,仅为初始烧结银连接层的 1/3。在老化过程中,氧化铜的平均厚度也迅速增加,在老化 1000h 后增加到约 7μm。由于氧化铜的导热性和电导率较差,因此裸铜衬底直接烧结在高温下的可靠性方面仍然存在一些问题[95]。

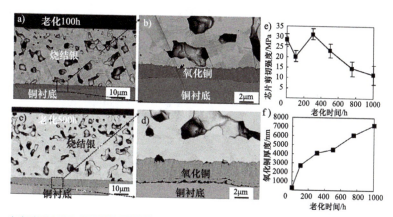

图 9.23 a）裸铜衬底上银烧结层横截面的背散射图；b）老化 100h 后的局部放大图；c）、d）烧结银连接层的背散射图和老化 500h 后的局部放大图；e）剪切强度的平均值和标准偏差；f）铜衬底上烧结银连接层的氧化铜厚度

9.4.4 铝衬底上的银烧结连接

为了避免铜层氧化导致的连接问题，在 DBA 上直接烧结银浆可能是一种有效的解决办法。金属铝的表面通常附着有致密的氧化铝层，因此铝在高温下不再产生新的氧化铝层。同时，氧化铝层的厚度很薄，因此可以通过电子隧穿效应导电。在铝衬底上直接银烧结，可为实现可靠且廉价的芯片封装，提供不错的解决方案[97]。本节将介绍在无压、低温和空气烧结条件下，如何实现 μm 级片状银浆在裸 DBA 衬底上的可靠连接。通过扫描电子显微镜和透射电子显微镜研究了银和铝之间的连接情况。根据透射电子显微镜观察和能量色散 X 射线谱元素分析，提出了一种新的连接机理。

首先，选择 μm 级银薄片（AgC-239，福田金属箔粉工业株式会社）和 CELTOL-IA 溶剂（日本大赛璐公司）作为银浆的原料。在行星式混合器中以 12:1 的重量比均匀混合片状银浆和溶剂。采用表面溅射有钛（0.1μm）和银（2μm）的 SiC 芯片（3mm×3mm×0.8mm），以及 DBA 衬底（日本三菱材料株式会社）作为芯片封装物料。在芯片封装的准备过程中，首先通过丝网印刷掩模在 DBA 衬底上印刷银浆，然后将 SiC 芯片贴装在印刷好的银浆上。每块衬底贴装 16 个芯片，主要用于剪切试验和高温储存试验。在空气条件下，以不同温度将安装好的试样在热板上烧结 30min。高温储存试验在 250℃的恒温箱中进行，持续时间为 1000h。

图 9.24a 和 d 分别为在烧结温度为 200℃和 300℃时，用 μm 级片状银颗粒浆料烧结的 SiC 功率模块的截面扫描电子显微镜图像。即使在 200℃的烧结温度下，烧结银浆也具有 μm 级的多孔网络结构。烧结温度为 200℃时烧结银浆的空洞率为 39%，由于银晶粒颈缩生长，烧结温度为 300℃时，空洞率降至 35%。图 9.24b 和 e 分别为加热温度为 200℃时 SiC 芯片和烧结银层之间的结合界面，以及烧结银层和 DBA 衬底之间的结合界面。在 SiC 芯片的连接界面中，烧结银浆与银金属化层的结合较好，界面颈缩生长较为明显。此外，如图 9.24c 所示，烧结的银

浆还与 DBA 紧密粘合在一起，这意味着银/铝金属可以在很低的温度下无压力连接在一起。如图 9.24c 和 f 所示，在 300℃的烧结温度下，烧结银浆的 SiC 芯片和 DBA 衬底之间的界面结合情况与 200℃烧结温度下的情况较为类似。

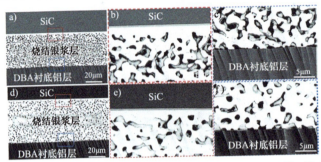

图 9.24 烧结温度为 a）200℃和 d）300℃时烧结银浆连接层截面的扫描电子显微镜图像；b）、e）SiC 芯片与烧结银浆之间的结合界面；c）、f）烧结银浆与 DBA 衬底之间的结合界面

图 9.25a 展示了不同加热温度范围下连接层的平均剪切强度。在 180℃烧结温度下，芯片剪切强度小于 20MPa，但在 200℃烧结温度下剪切强度增加到约 35MPa，在 300℃温度下略有增加。该烧结温度下的剪切强度远高于传统锡铅焊料。与在较高的烧结温度和压力条件下银金属化层上的烧结银层相比，其剪切强度相当。图 9.25b 为在 250℃下不同老化时间烧结层的平均剪切强度。500h 后，烧结层的剪切强度略有下降，1000h 后不再发生明显变化，老化 1000h 后的剪切强度仍大于 30MPa，因此，这种连接层具有良好的高温稳定性。由于片状银微米颗粒的成本较低，且直接与 DBA 衬底连接，可以节省金属化工艺的成本，因此，对于需要高温性能的宽禁带功率模块来说，这项工艺是一个不错的选择。

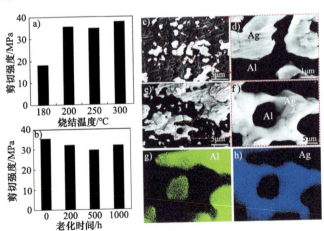

图 9.25 a）不同烧结温度下烧结银连接层的平均剪切强度；b）250℃老化温度不同老化时间下的平均剪切强度；烧结温度为 200℃时，c）剪切试验后的断裂面、d）铝表面放大图；烧结温度为 300℃时，e）剪切试验后的断裂面、f）铝表面放大图；g）铝的能谱仪元素图谱；h）银的能谱仪元素图谱

图 9.25c 展示了烧结温度为 200℃时烧结银连接层的断裂面。从断口形貌可以发现，在 DBA 衬底上留下了许多银凸起。断口出现在烧结银浆和 DBA 之间的连接界面线上。如图 9.25d 所示，在这些银凸起处可以看到延展性颈缩变形，说明烧结银浆在连接层断裂前受到了较大的应力。图 9.25e 和 f 展示了烧结温度为 300℃时烧结银连接层的断裂面。大量烧结银残留在 DBA 衬底上，断裂也发生在烧结银浆和 DBA 的连接界面线上。图 9.25g 和 h 分别为铝和银的能量色散 X 射线谱元素图谱。在烧结过程中，银层和铝层的连接界面没有发生明显的相互扩散。

图 9.26a ~ c 分别为在 250℃下储存 0h、500h 和 1000h 后的银 - 铝连接层的横截面图像。从银 - 铝连接层横截面的整体视图可以发现，芯片侧和衬底侧通过烧结的银层结合在一起，连接质量较好。随着储存时间的增加，由于银晶粒在高温下生长，连接颈部变粗，内部空洞变大，银逐渐粗化。如图 9.26d ~ f 所示，放大的图像为银和铝之间的连接线。银通过连接颈部与铝表面紧密结合在一起。剪切强度的轻微下降，可能是由于粗化过程导致连接层颈部变粗，减少了银和铝之间的连接面积。

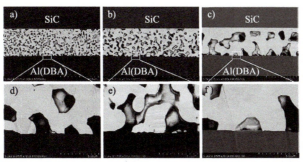

图 9.26　银 - 铝连接层的横截面结构和高温储存前后的结构。a) ~ c) 横截面整体视图；d) ~ f) 银 - 铝连接区域的放大图像

图 9.27a 为烧结银浆与 DBA 衬底界面的透射电子显微镜图像。可以看到，密集的自生成银纳米颗粒环绕着烧结的银浆和 DBA 衬底的顶面。图 9.27b 为银纳米颗粒的透射电子显微镜图像。纳米颗粒的尺寸几乎都在几纳米左右，与之前的研究结果一致。此外，在 DBA 衬底的上表面可以发现一层薄薄的氧化铝，是一种厚度小于 10nm 的非晶结构。自生成的银纳米颗粒均匀地附着在氧化铝层上，如图 9.27a 所示。由于这些银纳米颗粒具有非常大的表面能，因此银纳米

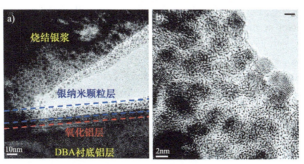

图 9.27　a) 烧结银浆与 DBA 衬底界面的透射电子显微镜图像；b) 自生成的银纳米颗粒的透射电子显微镜图像

颗粒与氧化铝层之间的界面应该具有很大的粘附能，从而产生了强大的界面粘附力。

9.5 结论

银烧结正在成为电力电子产品芯片焊接的理想解决方案。它的加工温度较低，烧结后可以承受较高的工作温度。根据文献报道，大多数银烧结需要在衬底和芯片上镀一层银以适配烧结过程。这种要求可能会限制银烧结的应用范围，因为工业上可能需要不同的表面金属化来满足某些特定应用或降低成本。本章介绍了在不同金属界面（银、金、铜和铝）采用银烧结焊接芯片的方法。采用 μm 级混合银浆或片状银浆，可在低于 250℃ 的温度下烧结，且无需施加辅助压力。结果表明，所有芯片连接层的剪切强度均能达到要求，且具有较好的高温可靠性。通过扫描电子显微镜、透射电子显微镜和能量色散 X 射线谱元素观察，分析了不同金属界面的银烧结连接机理。此外，当直接将银烧结连接到铜衬底时，自生成的银纳米颗粒在烧结银和铜氧化物之间形成了可靠的界面连接，而当直接将银烧结连接在 DBA 衬底时，自生成的银纳米颗粒与烧结银和铝氧化物之间形成了可靠的界面连接。这项研究将增加对不同金属表面银烧结连接的理解，并扩展其在各种功率模块互连中的应用。结果表明，在 SiC 功率模块的高温应用中，采用银烧结工艺作为芯片焊料层具有很大的发展潜力。

参 考 文 献

[1] Kizilyalli I.C., Xu Y.A., Carlson E., Manser J., Cunningham D.W. 'Current and future directions in power electronic devices and circuits based on wide band-gap semiconductors'. 2017 IEEE 5th Workshop on Wide Bandgap Power Devices and Applications (WiPDA), IEEE; 2017. pp. 417–417.

[2] Baliga B.J. 'Power semiconductor device figure of merit for high-frequency applications'. *IEEE Electron Device Letters*. 1989, vol. 10, pp. 455–7.

[3] Sinnadurai N., Charles H.K. 'Electronics and its impact on energy and the environment'. 2009 32nd International Spring Seminar on Electronics Technology, IEEE; 2009. pp. 1–10.

[4] Ozpineci B., Tolbert L.M. *Comparison of wide-bandgap semiconductors for power electronics applications*. United States: Department of Energy; 2004.

[5] Millán J., Godignon P., Perpina X., Pérez-Tomás A., Rebollo J. 'A survey of wide bandgap power semiconductor devices'. *IEEE Transactions on Power Electronics*. 2013, vol. 29(5), pp. 2155–63.

[6] Zhang L., Yuan X., Wu X., Shi C., Zhang J., Zhang Y. 'Performance evaluation of high-power Sic MOSFET modules in comparison to Si IGBT modules'. *IEEE Transactions on Power Electronics*. 2019, vol. 34(2), pp. 1181–96.

[7] Roccaforte F., Fiorenza P., Greco G., et al. 'Recent advances on dielectrics technology for Sic and GAN power devices'. *Applied Surface Science*. 2014, vol. 301, pp. 9–18.

[8] Sakairi H., Yanagi T., Otake H., Kuroda N., Tanigawa H. 'Measurement methodology for accurate modeling of Sic MOSFET switching behavior over

[9] Funaki T., Balda J.C., Junghans J., et al. 'Power conversion with Sic devices at extremely high ambient temperatures'. *IEEE Transactions on Power Electronics*. 2007, vol. 22(4), pp. 1321–9.

[10] Silveyra J.M., Ferrara E., Huber D.L., Monson T.C. 'Soft magnetic materials for a sustainable and electrified world'. *Science*. 2018, vol. 362(6413),eaao0195.

[11] Navarro L.A., Perpina X., Godignon P., et al. 'Thermomechanical assessment of die-attach materials for wide bandgap semiconductor devices and harsh environment applications'. *IEEE Transactions on Power Electronics*. 2014, vol. 29(5), pp. 2261–71.

[12] Lindemann A., Strauch G. 'Properties of direct aluminium bonded substrates for power semiconductor components'. *Record--IEEE Annual Power Electronics Specialists Conference*. 2014, vol. 6(2), pp. 4171–7.

[13] Chin H.S., Cheong K.Y., Ismail A.B. 'A review on die attach materials for SiC-based high-temperature power devices'. *Metallurgical and Materials Transactions B*. 2010, vol. 41(4), pp. 824–32.

[14] Liang Z., Ning P., Wang F. 'Development of advanced Al-SiC power modules'. *IEEE Transactions on Power Electronics*. 2014, vol. 29(5), pp. 2289–95.

[15] Starzak Ł. 'Behavioral approach to Sic MPS diode electrothermal model generation'. *IEEE Transactions on Electron Devices*. 2013, vol. 60(2), pp. 630–8.

[16] Ding X., Du M., Duan C., et al. 'Analytical and experimental evaluation of SiC-inverter nonlinearities for traction drives used in electric vehicles'. *IEEE Transactions on Vehicular Technology*. 2018, vol. 67(1), pp. 146–59.

[17] Shin J.-W., Kim W., Ngo K.D.T. 'DBC switch module for management of temperature and noise in 220-W/in^3 power assembly'. *IEEE Transactions on Power Electronics*. 2016, vol. 31(3), pp. 2387–94.

[18] Eddy C.R., Gaskill D.K. 'Materials science: silicon carbide as a platform for power electronics'. *Science*. 2009, vol. 324(5933), pp. 1398–440.

[19] Chow T.P., Tyagi R. 'Wide bandgap compound semiconductors for superior high-voltage power devices'. *Proceedings of the 5th International Symposium on Power Semiconductor Devices and ICs, IEEE*; 1993. pp. 84–8.

[20] Hudgins J.L., Simin G.S., Santi E., Khan M.A. 'An assessment of wide bandgap semiconductors for power devices'. *IEEE Transactions on Power Electronics*. 2003, vol. 18(3), pp. 907–14.

[21] Werner M.R., Fahrner W.R. 'Review on materials, microsensors, systems and devices for high-temperature and harsh-environment applications'. *IEEE Transactions on Industrial Electronics*. 2001, vol. 48(2), pp. 249–57.

[22] Wu R., Wen J., Yu K., Zhao D. 'A discussion of Sic prospects in next electrical grid'. *2012 Asia-Pacific Power and Energy Engineering Conference, IEEE*; 2012. pp. 1–4.

[23] Kimoto T. 'Material science and device physics in Sic technology for high-voltage power devices'. *Japanese Journal of Applied Physics*. 2015, vol. 54(4),p. 040103.

[24] Biela J., Schweizer M., Waffler S., Kolar J.W. 'Sic versus Si—evaluation of potentials for performance improvement of inverter and DC–DC converter

[25] Millán J. 'A review of WBG power semiconductor devices'. *CAS 2012 (International Semiconductor Conference), IEEE*; 2012. pp. 57–66.

[26] Binner R., Schopper A., Castaneda J. 'Gold wire bonding on low-K material: a new challenge for interconnection technology'. *IEEE/CPMT/SEMI 29th International, IEEE Electronics Manufacturing Technology Symposium (IEEE cat. No. 04CH37585)*; 2004. pp. 13–17.

[27] Lutz J., Schlangenotto H., Scheuermann U., De Doncker R. *Semiconductor power devices: Physics, Characteristics, Reliability*. 2; 2011.

[28] Suganuma K. 'Advances in lead-free electronics soldering'. *Current Opinion in Solid State and Materials Science*. 2001, vol. 5(1), pp. 55–64.

[29] George E., Pecht M. 'Microelectronics reliability RoHS compliance in safety and reliability critical electronics cost reliability'. *Microelectronics and Reliability*. 2016, vol. 65, pp. 1–7.

[30] Menon S., George E., Osterman M., Pecht M. 'High lead solder (over 85%) solder in the electronics industry: RoHS exemptions and alternatives'. *Journal of Materials Science: Materials in Electronics*. 2015, vol. 26.

[31] Suganuma K., Kim S. 'Ultra heat-shock resistant die attachment for silicon carbide with pure zinc'. *IEEE Electron Device Letters*. 2010, vol. 31(12), pp. 1467–9.

[32] Cheng S., Huang C.-M., Pecht M. 'A review of lead-free solders for electronics applications'. *Microelectronics Reliability*. 2017, vol. 75(5), pp. 77–95.

[33] George E., Das D., Osterman M., Pecht M. 'Thermal cycling reliability of lead-free high-temperature applications'. *IEEE Transactions on Device and Materials Reliability: A Publication of the IEEE Electron Devices Society and the IEEE Reliability Society*. 2011, vol. 11(2), pp. 328–38.

[34] Kim J.Y., Yu J., Kim S.H. 'Effects of sulfide-forming element additions on the Kirkendall void formation and drop impact reliability of Cu/Sn–3.5Ag solder joints'. *Acta Materialia*. 2009, vol. 57(17), pp. 5001–12.

[35] Liashenko O.Y., Hodaj F. 'Differences in the interfacial reaction between Cu substrate and metastable supercooled liquid Sn–Cu solder or solid Sn–Cu solder at 222 °C: experimental results versus theoretical model calculations'. *Acta Materialia*. 2015, vol. 99, pp. 106–18.

[36] Tian R., Hang C., Tian Y., Feng J. 'Brittle fracture induced by phase transformation of Ni-Cu-Sn intermetallic compounds in Sn-3Ag-0.5Cu/Ni solder joints under extreme temperature environment'. *Journal of Alloys and Compounds*. 2019, vol. 777(8), pp. 463–71.

[37] Yamada Y., Takaku Y., Yagi Y., *et al.* 'Pb-free high temperature solders for power device packaging'. *Microelectronics Reliability*. 2006, vol. 46(9–11), pp. 1932–7.

[38] Suganuma K., Kim S.-J., Kim K.-S. 'High-temperature lead-free solders: properties and possibilities'. *JOM*. 2009, vol. 61(1), pp. 64–71.

[39] Liu W., Lee N.-C., Bachorik P. 'An innovative composite solder preform for TLP bonding—microstructure and properties of die attach joints'. *IEEE 15th Electronics Packaging Technology Conference (EPTC 2013), IEEE*; 2013. pp. 635–40.

[40] MacDonald W.D., Eagar T.W. 'Transient liquid phase bonding'. *Annual Review of Materials Science*. 1992, vol. 22(1), pp. 23–46.

[41] Liu X., He S., Nishikawa H. 'Thermally stable Cu_3Sn/Cu composite joint for high-temperature power device'. *Scripta Materialia*. 2016, vol. 110, pp. 101–4.

[42] Zhang Z. 'Ag paste sinter joining for die attach on Au, Cu and Al surface metallizations in high temperature application, Ph.D dissertation'. Osaka University; 2020.

[43] Shao H., Wu A., Bao Y., Zhao Y., Liu L., Zou G. 'Rapid Ag/Sn/Ag transient liquid phase bonding for high-temperature power devices packaging by the assistance of ultrasound'. *Ultrasonics Sonochemistry*. 2017, vol. 37, pp. 561–70.

[44] Ji H., Li M., Ma S., Li M. 'Ni_3Sn_4-composed die bonded interface rapidly formed by ultrasonic-assisted soldering of Sn/Ni solder paste for high-temperature power device packaging'. *Materials & Design*. 2016, vol. 108, pp. 590–6.

[45] Yoon J.-W., Lee B.-S. 'Sequential interfacial reactions of Au/In/Au transient liquid phase-bonded joints for power electronics applications'. *Thin Solid Films*. 2018, vol. 660, pp. 618–24.

[46] Yoon S.W., Glover M.D., Shiozaki K. 'Nickel–tin transient liquid phase bonding toward high-temperature operational power electronics in electrified vehicles'. *IEEE Transactions on Power Electronics*. 2012, vol. 28(5), pp. 2448–56.

[47] Fujino M., Narusawa H., Kuramochi Y., *et al.* 'Transient liquid-phase sintering using silver and tin powder mixture for die bonding'. *Journal of Applied Physics*. 2016, vol. 55(04),EC14.

[48] Chen H., Hu T., Li M., Zhao Z. 'Cu@Sn core–shell structure powder preform for high-temperature applications based on transient liquid phase bonding'. *IEEE transactions on power electronics*. 2016, vol. 32(1), pp. 441–51.

[49] Chen C., Suganuma K. 'Solid porous Ag–Ag interface bonding and its application in the die-attached modules'. *Journal of Materials Science: Materials in Electronics*. 2018, vol. 29(15), pp. 13418–28.

[50] Kim M.-S., Nishikawa H. 'Silver nanoporous sheet for solid-state die attach in power device packaging'. *Scripta Materialia*. 2014, vol. 92, pp. 43–6.

[51] Chen C., Noh S., Zhang H., *et al.* 'Bonding technology based on solid porous Ag for large area chips'. *Scripta Materialia*. 2018, vol. 146, pp. 123–7.

[52] Wu J., Lee C.C. 'Low-Pressure solid-state bonding technology using fine-grained silver foils for high-temperature electronics'. *Journal of materials science*. 2018, vol. 53(4), pp. 2618–30.

[53] Noh S., Choe C., Chen C., Suganuma K. 'Heat-resistant die-attach with cold-rolled Ag sheet'. *Applied Physics Express*. 2018, vol. 11(1), p. 016501.

[54] Oh C., Nagao S., Kunimune T., Suganuma K. 'Pressureless wafer bonding by turning hillocks into abnormal grain growths in Ag films'. *Applied Physics Letters*. 2014, vol. 104(16),pp. 161603.

[55] Noh S., Zhang H., Yeom J., Chen C., Li C., Suganuma K. 'Large-area die-attachment by silver stress migration bonding for power device applications'. *Microelectronics Reliability*. 2018, vol. 88-90, pp. 701–6.

[56] Kunimune T., Kuramoto M., Ogawa S., Sugahara T., Nagao S., Suganuma K. 'Ultra thermal stability of led die-attach achieved by pressureless Ag stress-migration bonding at low temperature'. *Acta Materialia*. 2015, vol. 89(5), pp. 133–40.

[57] Chen C., Suganuma K. 'Low temperature Sic die-attach bonding technology by hillocks generation on Al sheet surface with stress self-generation and self release'. *Scientific Reports, UK*. 2020, vol. 10, p. 9042.

[58] Peng P., Hu A., Gerlich A.P., Zou G., Liu L., Zhou Y.N. 'Joining of silver nanomaterials at low temperatures: processes, properties, and applications'. *ACS Applied Materials & Interfaces*. 2015, vol. 7(23), pp. 12597–618.

[59] Zhang Z., Guo-Quan Lu. 'Pressure-assisted low-temperature sintering of silver paste as an alternative die-attach solution to solder reflow'. *IEEE Transactions on Electronics Packaging Manufacturing*. 2002, vol. 25(4), pp. 279–83.

[60] Manikam V.R., Kuan Yew Cheong. 'Die attach materials for high temperature applications: a review'. *IEEE Transactions on Components, Packaging and Manufacturing Technology*. 2011, vol. 1(4), pp. 457–78.

[61] Wakuda D., Hatamura M., Suganuma K. 'Novel method for room temperature sintering of Ag nanoparticle paste in air'. *Chemical Physics Letters*. 2007, vol. 441(4-6), pp. 305–8.

[62] Magdassi S., Grouchko M., Berezin O., Kamyshny A. 'Triggering the sintering of silver nanoparticles at room temperature'. ACS Nano; 2010. p. 1943–8.

[63] Dai J., Li J., Agyakwa P., Corfield M., Johnson C.M. 'Comparative thermal and structural characterization of sintered nano-silver and high-lead solder die attachments during power cycling'. *IEEE Transactions on Device and Materials Reliability*. 2018, vol. 18(2), pp. 256–65.

[64] Knoerr M., Kraft S., Schletz A. 'Reliability assessment of sintered nano-silver die attachment for power semiconductors'. *Proceedings of the 12th Electronics Packaging Technology Conference*; 2010. pp. 56–61.

[65] Le Henaff F., Azzopardi S., Deletage J.Y., Woirgard E., Bontemps S., Joguet J. 'A preliminary study on the thermal and mechanical performances of sintered nano-scale silver die-attach technology depending on the substrate metallization'. *Microelectronics Reliability*. 2012, vol. 52(9–10), pp. 2321–5.

[66] Hutter M., Weber C., Ehrhardt C., Lang K.-D. 'Comparison of different technologies for the die attach of power semiconductor devices conducting active power cycling'. *Proceedings of the 9th International Conference on Integrated Power Electronic Systems (CIPS)*; Nuremberg, Germany; 2016. pp. 1–7.

[67] Kim D., Nagao S., Chen C., *et al.* 'Online thermal resistance and reliability characteristic monitoring of power modules with Ag sinter joining and Pb-free solders during power cycling test by Sic TEG chip'. *IEEE Transactions on Power Electronics*. 2021, vol. 36(5), pp. 4977–90.

[68] Suganuma K., Sakamoto S., Kagami N., Wakuda D., Kim K.-S., Nogi M. 'Low-temperature low-pressure die attach with hybrid silver particle paste'. *Microelectronics Reliability*. 2012, vol. 52, pp. 375–80.

[69] Kim D., Lee S., Chen C., Lee S.-J., Nagao S., Suganuma K. 'Fracture mecha-

nism of microporous Ag-sintered joint in a GAN power device with Ti/Ag and Ni/Ti/Ag metallization layer at different thermo-mechanical stresses'. *Journal of Materials Science*. 2021, vol. 56(16), pp. 9852–70.

[70] Chen C., Choe C., Kim D., Suganuma K. 'Lifetime prediction of a Sic power module by micron/submicron Ag sinter joining based on fatigue, creep and thermal properties from room temperature to high temperature'. *Journal of Electronic Materials*. 2021, vol. 50(3), pp. 687–98.

[71] Matsuhisa N., Inoue D., Zalar P., et al. 'Printable elastic conductors by in situ formation of silver nanoparticles from silver flakes'. *Nature Materials*. 2017, vol. 16(8), pp. 834–40.

[72] Yeom J., Nagao S., Chen C., et al. 'Ag particles for sinter bonding: flakes or spheres?' *Applied Physics Letters*. 2019, vol. 114(25), p.253103.

[73] Chen C., Suganuma K. 'Microstructure and mechanical properties of sintered Ag particles with flake and spherical shape from nano to micro size'. *Materials & Design*. 2019, vol. 162, pp. 311–21.

[74] Chen C., Nagao S., Suganuma K., et al. 'Self-healing of cracks in Ag joining layer for die-attachment in power devices'. *Applied Physics Letters*. 2016, vol. 109(9),pp.093503.

[75] Chen C., Yeom J., Choe C., et al. 'Necking growth and mechanical properties of sintered Ag particles with different shapes under air and N_2 atmosphere'. *Journal of Materials Science*. 2019, vol. 54(20), pp. 13344–57.

[76] Lin S.-K., Nagao S., Yokoi E., et al. 'Nano-volcanic eruption of silver'. *Scientific Reports*. 2016, vol. 6,pp. 3769.

[77] Fan T., Zhang H., Shang P., et al. 'Effect of electroplated Au layer on bonding performance of Ag pastes'. *Journal of Alloys and Compounds*. 2018, vol. 731(10), pp. 1280–7.

[78] Chen C., Zhang Z., Choe C., et al. 'Improvement of the bond strength of Ag sinter-joining on electroless Ni/Au plated substrate by a one-step pre-heating treatment'. *Journal of Electronic Materials*. 2019, vol. 48(2), pp. 1106–15.

[79] Xu Q., Mei Y., Li X., Lu G.-Q. 'Correlation between interfacial microstructure and bonding strength of sintered nanosilver on ENIG and electroplated Ni/Au direct-bond-copper (DBC) substrates'. *Journal of Alloys and Compounds*. 2016, vol. 675(10), pp. 317–24.

[80] Siow K.S., Lin Y.T. 'Identifying the development state of sintered silver (Ag) as a bonding material in the microelectronic packaging via a patent landscape study'. *Journal of Electronic Packaging*. 2016, vol. 138(2), p. 020804.

[81] Pei C., Chen C., Suganuma K., Fu G. 'Thermal stability of silver paste sintering on coated copper and aluminum substrates'. *Journal of Electronic Materials*. 2018, vol. 47(1), pp. 811–19.

[82] Lei T.G., Calata J.N., Lu G.-Q., Chen X., Luo S. 'Low-temperature sintering of nanoscale silver paste for attaching large-area chips'. *IEEE Transactions on Components and Packaging Technologies*. 2009, vol. 33(1), pp. 98–104.

[83] Ide E., Angata S., Hirose A., Kobayashi K. 'Metal–metal bonding process using Ag metallo-organic nanoparticles'. *Acta Materialia*. 2005, vol. 53(8), pp. 2385–93.

[84] Chen C., Suganuma K. '(Invited) Ag sinter joining technology for different

metal interface (Au, Ag, Ni, Cu, Al) in wide band gap power modules'. *ECS Transactions*. 2019, vol. 92(7), pp. 147–53.

[85] Zhang H., Li W., Gao Y., Zhang H., Jiu J., Suganuma K. 'Enhancing low-temperature and pressureless sintering of micron silver paste based on an ether-type solvent'. *Journal of Electronic Materials*. 2017, vol. 46(8), pp. 5201–8.

[86] Zhang H., Chen C., Jiu J., Nagao S., Suganuma K. 'High-temperature reliability of low-temperature and pressureless micron Ag sintered joints for die attachment in high-power device'. *Journal of Materials Science: Materials in Electronics*. 2018, vol. 29(10), pp. 8854–62.

[87] Chen C., Suganuma K., Iwashige T., Sugiura K., Tsuruta K. 'High-temperature reliability of sintered microporous Ag on electroplated Ag, Au, and sputtered Ag metallization substrates'. *Journal of Materials Science: Materials in Electronics*. 2018, vol. 29(3), pp. 1785–97.

[88] Kim M.-S., Nishikawa H. 'Influence of ENIG defects on shear strength of pressureless Ag nanoparticle sintered joint under isothermal aging'. *Microelectronics Reliability*. 2017, vol. 76-77, pp. 420–5.

[89] Chen C., Zhang Z., Choe C., *et al*. 'Improvement of the bond strength of Ag sinter-joining on electroless Ni/Au plated substrate by a one-step preheating treatment'. *Journal of Electronic Materials*. 2019, vol. 48(2), pp. 1106–15.

[90] Chen C., Zhang Z., Wang Q., *et al*. 'Robust bonding and thermal-stable Ag–Au joint on ENEPIG substrate by micron-scale sinter Ag joining in low temperature pressure-less'. *Journal of Alloys and Compounds*. 2020, vol. 828, p. 154397.

[91] Ogura T., Takata S., Takahashi M., Hirose A. 'Effects of reducing solvent on copper, nickel, and aluminum joining using silver nanoparticles derived from a silver oxide paste'. *Materials Transactions*. 2015, vol. 56(7), pp. 1030–6.

[92] C.-J. D., Li X., Mei Y.-H., G.-Q. L. 'An explanation of sintered silver bonding formation on bare copper substrate in air, APPL'. *Surface Science*. 2019, vol. 490, pp. 403–10.

[93] Suzuki Y., Ogura T., Takahashi M., Hirose A. 'Low-current resistance spot welding of pure copper using silver oxide paste'. *Materials Characterization*. 2014, vol. 98, pp. 186–92.

[94] O'Reilly M., Jiang X., Beechinor J.T., *et al*. 'Investigation of the oxidation behaviour of thin film and bulk copper'. *Applied Surface Science*. 1995, vol. 91(1–4), pp. 152–6.

[95] Chen C., Zhang Z., Kim D., *et al*. 'And thermal-stable sinter Ag joining on bare Cu substrate by single-layer graphene coating, APPL'. *Surface Science*. 2019, vol. 497, p. 143797.

[96] Zhang Z., Chen C., Yang Y., *et al*. 'Low-temperature and pressureless sinter joining of Cu with micron/submicron Ag particle paste in air'. *Journal of Alloys and Compounds*. 2019, vol. 780, pp. 435–42.

[97] Chen C., Zhang Z., Suganuma K. 'Advanced Sic power module packaging technology direct on DBA substrate for high temperature applications: Ag sinter joining and encapsulation resin adhesion'. *2020 IEEE 70th Electronic Components and Technology Conference*; 2020. pp. 1408–13.

第 10 章

芯片焊料层的先进评估技术

Keisuke Wakamoto，Ryosuke Matsumoto，Takahiro Namazu

为了开发包括 SiC 芯片和封装结构在内的高可靠功率模块，需要通过实验和计算机仿真评估整个功率模块和结构材料。此外，还需要理清功率模块和材料的退化机理。

对整个功率模块来说，热冲击试验是一种有效的测试方法，它可以帮助我们了解功率模块最薄弱的部分，及其退化机制。拉伸试验、弯曲试验和纳米压痕试验等力学试验，也有助于测试单个材料。在研究裂纹尖端等局部点的物理现象时，计算机仿真是一种非常有效的方法。通过结合计算机仿真和光学方法，可以观察到裂纹扩展引起的材料局部变形。实验和仿真结果可以反映在功率模块的设计过程中。但是，组成功率模块的材料，具有不同的机械和热性能，传统的测试技术可能无法使用。由于这些材料仅为微米或纳米尺寸，在实验和仿真上难于直接评估材料的机械和热特性。因此，为实现可靠的功率模块设计，需要开发针对微米和纳米尺度材料的标准测试技术。

本章介绍了功率模块的芯片焊料层测试技术。首先介绍了用于新型焊料的烧结银薄膜，并通过最新的机械测试技术评估了其机械特性。此外，本章还介绍了一种新的机械连接层测试技术。

10.1 引言

10.1.1 先进功率模块对芯片连接材料特性的要求

近年来，为了减少汽车的二氧化碳排放，越来越多的汽车采用电动机驱动。同时，汽车也追求小型化的车身和宽敞的车内生活空间。电动汽车通常需要配置用于电力变换的功率模块，因此，提高功率密度是一种发展趋势[1]。功率密度是指功率模块变换的功率与体积之比。因此，提高功率密度，需要采用体积较小的功率模块来处理较大的功率。图 10.1 为常见功率模块的横截面结构。功率模块是将具有电路功能、散热功能和绝缘功

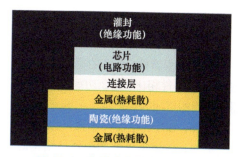

图 10.1 传统功率模块的截面图

能的材料封装在一起的产品。以 SiC 和 GaN 为代表的宽禁带半导体,以其优异的特性而备受关注[2]。

表 10.1 比较了三种常见的半导体材料的物理特性。与 Si 材料相比,宽禁带半导体材料具有更高的带隙和击穿电压。宽禁带材料的高带隙可以减少高温工作时的热诱导载流子,从而保证功率器件在高温下的正常工作。此外,高击穿电压也有助于减小功率器件损耗。

表 10.1 半导体材料的物理特性

	Si	SiC(4H)	GaN
间隙能量 /eV	1.12	3.26	3.39
击穿电压 /(kV/cm)	300	2500	3300

图 10.2 解释了功率器件损耗降低的原因,并比较了 Si 和 SiC 芯片耗尽层中的电场分布。芯片的击穿电压取决于外延位置的电场沿芯片厚度方向的积分,即图中三角形部分的面积。由于 Si 的介电击穿场强较低,为了实现所需的击穿电压,需要增加外延层的厚度。另一方面,SiC 芯片的电场强度约为 Si 的 10 倍。如图 10.2b 所示,即使 SiC 芯片的外延层厚度是 Si 的 1/10,也可以保证与 Si 芯片相同的击穿电压。在图 10.2 中,直线的斜率为载流子密度,SiC 材料的载流子密度是 Si 材料的 100 倍左右。因此,即使外延层变薄,SiC 芯片也能保持与 Si 芯片相同的击穿电压。由于厚度较薄,外延层中的电阻减小,因此可以降低功率变换过程中产生的损耗。

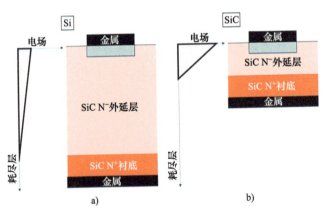

图 10.2 耗尽层的电场分布图。a) Si;b) SiC

SiC 功率器件的耐高温和低功耗特性,有助于提高功率模块的功率密度。如果使用相同额定容量的功率器件,SiC 功率器件的体积比 Si 功率器件更小。当使用相同尺寸的功率器件时,与 Si 功率器件相比,SiC 功率器件可以减少为提高功率而安装的功率器件数量,从而减少功率器件占用的空间。

此外,SiC 功率器件不仅可以提高功率模块的功率密度,还可以提高整个变换器的功率密度,例如,采用单极型功率器件结构时,SiC 功率器件的耐压更高(600V 或更高)。因此,可以提高变换器的开关速度,从而降低外围无源元件(电感和电容)的体积。此外,SiC 功率器件的高温特性，有助于简化功率模块的散热系统。

因此，SiC 功率器件可以极大地提高功率模块的功率密度。但是，为了在功率模块封装中，充分发挥 SiC 功率器件的优异性能，如何将其与其他材料良好地封装在一起至关重要。当各层材料无法正常连接时，功率模块无法实现最基本的电路功能。因此，为了实现紧凑型、大容量的功率模块，需要通过连接层有效地传递功率模块工作时所产生的热量。本章将重点介绍材料的焊接工艺。

图 10.3 为芯片焊料热导率与焊接温度之间的关系。钎焊是最广泛使用的半导体焊接技术之一。这种焊接技术以锡为基材，在液相熔融状态下与另一种金属（铜、镍等）加热形成合金层，然后焊接。焊料成分通常为 Pb-Sn、Sn-Ag-Cu 和 Sn-Sb 等。在常见的焊料中，Pb-Sn 焊料的熔点较高，接近 300℃，因此一直用于功率模块的焊接。但是，近年来，由于 RoHS 标准限制使用含铅类的有害物质，无铅焊料（Sn-Ag-Cu 系列和 Sn-Sb 系列）逐步成为主流。无铅焊料的熔点约为 220~250℃。SiC 功率器件可以在高温下正常运行，即使在 250~300℃下，也能保证正常工作[3]。因此，当采用普通焊料的 SiC 功率器件在高温下工作时，焊料会熔化，因此 SiC 功率器件无法发挥优异的高温特性。在任何材料中，焊料的热导率都被限制在 60W/(m·K) 左右，很难达到更高的热导率[3-5]。因此，为了减小尺寸，并提高功率等级，无法直接将焊料应用于 SiC 功率模块。

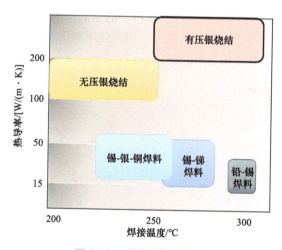

图 10.3 现有的焊接技术

烧结银技术是一种利用烧结银纳米颗粒进行焊接的下一代 SiC 功率模块焊接技术[6-8]。该技术利用了银纳米颗粒的高表面能，激活了纳米银与被焊接物体表面元素之间的原子扩散作用。因此可以在 200~300℃的温度下焊接，焊接后材料的熔点高达 961℃（银的熔点）。因此，SiC 功率模块在高温工作时，焊料层没有熔化的风险。烧结银焊接方法的步骤如图 10.4 所示。首先，在衬底上印刷和涂覆银浆。在银浆中，银纳米颗粒表面覆盖有一层有机保护膜（即稳定剂），并分布在有机溶剂中。稳定剂的作用是防止银纳米颗粒出现自聚集现象。然后，将浆料干燥一定时间，使浆料中的有机溶剂充分挥发。

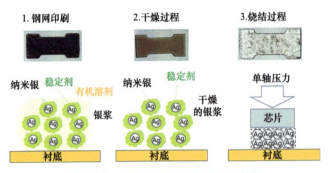

图 10.4 烧结银焊接技术的制作步骤

最后，在干燥的薄膜上放置缓冲材料，并从垂直方向上加压升温。稳定剂在加压升温的过程中分解，纳米银颗粒烧结形成焊接层。但是，烧结后，连接层中不可避免地会产生空洞。空洞会干扰热传导路径，并降低热导率[9-14]。为了减少空洞，需要在烧结过程中控制施加的压力、温度和时间。一些文献通过改变施加过程的压力，研究了烧结银材料空洞状态的变化与机械性能之间的关系[15]。机械性能的详细情况将在后面介绍。通过改变压力，来改变烧结银的气孔状态。图 10.5 为改变压力得到的烧结银剖面的扫描电子显微镜图像。当压力降低时，材料的空洞率增加，孔的形状变为不规则形状。因此，为了减少空洞，焊接过程中必须充分加压形成致密的银烧结焊接层。根据已有研究，当烧结银材料中的空洞率低于 20% 时，热导率高达 200W/（m·K）[13, 14]，是传统焊料热导率的 4 倍以上，因此使用加压烧结银作为焊接层，可以极大地降低 SiC 功率模块的体积，并提高功率密度。

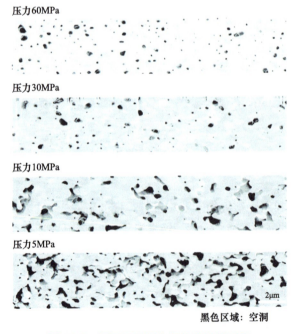

图 10.5 不同工艺压力下的烧结银形态

10.1.2 先进功率模块的热阻评估

为了实现高功率密度功率模块，需要使功率器件的焊接面积尽可能小。如前所述，SiC 功率器件是一种即使体积小也能处理较高功率的器件。但是，由于功率器件的小型化，芯片附近的热密度增加。因此，如果热量不能充分扩散，且不向冷却部分传导热量，热阻就会增加。为了实现紧凑型高功率密度的 SiC 功率模块，需要通过热流体仿真，来评估功率模块的热阻。本节将根据仿真结果，说明降低功率模块热阻的关键因素。

图 10.6 为热流体力学仿真模型的示意图和横截面结构。仿真所用的模型为 SiC 芯片 -Cu 热扩散层 -Si 绝缘层 -Al 散热器的垂直结构。仿真参数设置包括：焊接层的热导率和热扩散层的厚度。焊料的热导率设置为 10.1.1 节介绍的焊料和烧结银的热导率。热扩散层的厚度设定为 0.5～3mm。仿真的边界条件如下所述。将冷却通道的入口表面设置为 65℃，流量设置为 6L/min。相对的表面设置为压力开口，来模拟水通过流道内部的状态。此外，忽略各种材料向周围辐射的热量，将其设置为环境绝热。整个系统产生的热量设置为 300W，并进行稳态热分析。

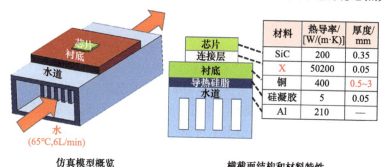

图 10.6 物理特性和仿真模型结构

图 10.7 是仿真的热阻结果，为每个芯片的最高温度与冷却水流入温度（65℃）之差与损耗功率（300W）的比值。采用烧结银层代替普通焊料层后，结构的热阻降低了约 10%。此外，热阻随着热扩散层厚度的增加而减小。当衬底厚度从 0.5mm 变为 2mm 时，热阻降低了约 30%。在本仿真结构中，当衬底材料的厚度大于 2mm 时，热阻基本不发生变化。

图 10.8 为芯片和衬底表面的温度分布。当衬底厚度较小且热扩散较小时，芯片周围的温度较高。当厚度较大、热扩散层较大时，热量可以充分扩散到铜材料中，芯片的最高温度会降低。因此，芯片内部热量的充分扩散，有助于降低功率模块的热阻。此外，双面散热功率模块可从芯片的两面进行冷却，从而有效降低了热阻[16, 17]。但是，双面散热功率模块增加了机械连接点的数量，功率模块的制造难度也随之增加。

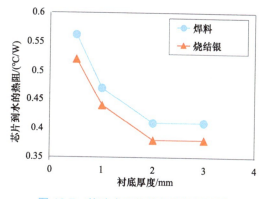

图 10.7 热冲击下的热流体仿真结果

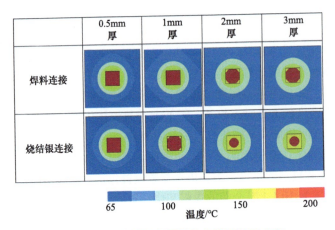

图 10.8 热流体仿真下芯片的表面温度分布

10.2 SiC 芯片与银烧结连接层的热可靠性测试

此外，通过模拟功率模块的使用环境和正常工作时产生的热应力，可以评估材料抗热胀冷缩的性能，尤其是评估连接层的耐久性。本节以热冲击试验为例，介绍可靠性测试的相关内容。图 10.9 为热冲击试验的示意图。热冲击试验箱中的环境温度循环不低于 1000 次。循环时间通常设定为 60min。评估热可靠性大约需要 3 个月的时间，极大限制了功率模块的开发速度。因此，为了缩短功率模块的热可靠性评估周期，需要定量评估焊料层的强度。下面将详细介绍力学性能的评估流程和实验方法。

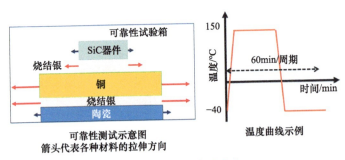

图 10.9 热冲击试验方法

在热冲击试验过程中，由于材料之间的热膨胀系数不同，焊接层会受到反复的热应力作用，从而导致焊接部分的性能下降。图 10.10 为热冲击试验后焊接层截面的扫描电子显微镜图像。裂纹从连接层沿着斜向朝衬底扩展，然后继续沿衬底延伸。裂纹扩展导致局部散热性能退化，阻碍了热传导，并形成局部热点。因此，功率模块的热阻随之增加。图 10.11 为 SiC-烧结银-铜结构中焊接层比例与热阻之间的关系。当焊接层比例小于 50% 时，热阻比初始状态增加 10% 以上。因此，为了维持热冲击试验开始时的热阻，即使在热冲击试验之后焊接层比例也不应低于 70%。

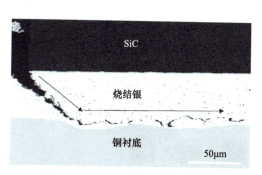

图 10.10 热冲击试验后焊接层的横截面扫描电子显微镜图像

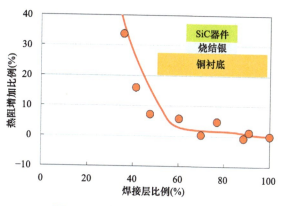

图 10.11 焊接层比例与热阻增加比例之间的关系

本章介绍了使用银烧结技术的 SiC 功率模块进行热冲击试验评估的结果。图 10.12 为热冲击试验的条件。在对焊接层进行评估时,每经过 200 个热冲击试验循环,将焊接组件取出,通过扫描声学层析成像方法评估。扫描声学层析成像是一种无损检测方法,可以评估焊接区域的退化情况,根据声阻抗差异信息确定焊接区域的退化位置。

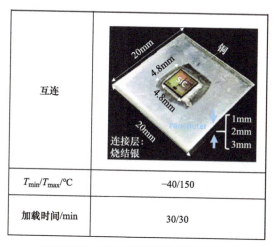

图 10.12 热可靠性测试的测试条件

图 10.13a 为每个热冲击试验循环后,焊接层的扫描声学层析成像结果,浅色部分为焊接退化部分。图 10.13b 为通过从扫描声学层析图像的结果,计算出的各个结构的焊接层比例与热冲击试验循环之间的关系。在每个样品结构中,焊接退化从四个角落开始,然后以各向同性的方式进行发展。焊接层比例随铜的厚度而发生变化,即使在热冲击试验后,铜厚度较薄的结构仍然保持较高的焊接层比例。因为较薄的铜具有较低的刚度,可以轻易地产生变形,从而对焊接层施加较小的热应力。因此,从热冲击试验的退化数据来看,减小衬底的厚度是一种有效的方法。但是,热密度的增加会导致热阻增加。因此,热可靠性测试期间的退化速度与较低热阻之

间存在折中。因此，为了实现热冲击试验后功率模块的低热阻，需要设计一种能缓解焊料热应力的功率模块结构。此外，还需要改善焊料本身的耐久性。为了实现热冲击试验设计，还需要理清焊料本身的机械性能和焊接退化程度之间的关系。目前，研究人员已经研究了银烧结材料的机械性能，与热冲击试验中的焊接退化之间的相关性[18-21]，但是尚未建立统一的热冲击试验设计技术。未来，需要进一步完善对焊料和模块的机械特性的提取和评估技术。下面将详细介绍用于测量焊料和模块机械强度的实验方法。

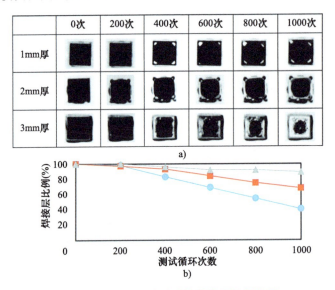

图 10.13　热冲击试验后的焊接层评估结果

10.3　薄膜材料的力学特性分析

为了提高 SiC 功率模块的力学和热可靠性，需要研究单个材料的机械特性，从而对功率模块设计进行更新迭代。拉伸试验通常用于测量块状材料的机械特性。其优点主要包括试样制备简单，固定和加载容易，能够直接从应力 - 应变曲线中提取机械设计所需的材料参数。SiC 功率模块中的薄膜厚度仅为几十纳米到几十微米。这些薄膜通常通过溅射、真空蒸发、化学气相沉积等方法形成。评估薄膜的机械特性的方法主要有拉伸试验法、弯曲试验法、硬度试验法和隆起试验法，每种测试方法都有优缺点。拉伸试验法是评价薄膜材料和块状材料最常用的方法[22]，但前提是可以制成试样并准备一系列试验装置，如负荷和变形测量仪器，以及固定薄膜试样的装置。薄膜拉伸试验的最大优点，是可以像块状材料一样直接获得试样的应力 - 应变关系。应力 - 应变关系反映了材料的许多力学特性，以及设计所需的材料参数，如杨氏模量、泊松比、屈服强度和断裂强度。但是，当评估对象为薄膜时，许多新的技术问题尚未解决。试样的固定方法、拉伸加载方法、微应变测量方法等，在技术上变得愈加困难。目前，许多学者已经提出了多种用于薄膜拉伸测试的方法。本节将特别介绍薄膜的单轴 / 双轴拉伸测试技术。

固定试样是将拉伸载荷施加在薄膜的关键步骤。主要的固定方法包括图 10.14 所示的机械夹持法[15, 23-35]、静电夹持法[36]、粘附法[15]和片上法[37]。机械夹具是最常见的固定装置，有些方法将测试仪器的销钉挂钩到刻蚀形成的孔中，也有方法采用夹状夹具夹持试件的固定部分。机械夹具固定部分的形状较为简单，易于加工，但试样与销钉之间的间隙较小，在固定试样时容易发生变形，不适合亚微米以下的薄膜材料。静电夹持法是一种利用静电力固定薄膜单层试样的方法，通过表面微加工技术在 Si 晶片上形成薄膜试样，将薄膜试样的一端固定在晶片上，另一端通过静电力固定在探针上来施加拉伸载荷。虽然这种方法适用于薄膜试样，但由于静电力较弱，很难应用于几十微米厚的试样。粘附法使用粘合剂将试样的自由端固定到探头上。尽管上述每种方法都有其技术优势，但是如何将试样的纵向方向与拉伸轴对准，仍然是一个难题。为了解决上述问题，有学者提出了一种片上拉伸试验方法，即在 Si 芯片中集成薄膜试样、扭转梁和载荷部件。此方法只需向载荷部件施加垂直载荷，即可通过扭转梁向薄膜试样施加拉伸负载，而无需复杂的对准技术。

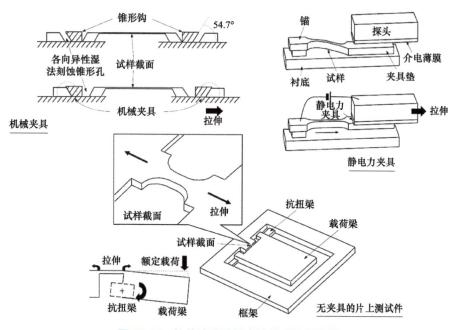

图 10.14　拉伸试验试样夹持技术的示意图

在薄膜拉伸试验中，需要开发一种能够准确施加拉伸载荷的加载技术，并测量试样的微小形变。在加载机构中，通常使用可进行纳米级微小给进的压电驱动器。虽然最大给进量最多为几十微米，但产生的力较大，可以安装在具有变形扩展机构的驱动器壳体中，并集成到拉伸试验装置中。变形测量方法主要有图像匹配法、光学干涉法和原子力显微镜[24]。上述方法中，试样的上表面存在一个测量标记，用于测量图案随拉伸载荷产生的变化。

图 10.15 给出了用于薄膜的单轴/双轴拉伸试验机构[30-32]。这些设备包括用于施加拉伸载荷的压电驱动器，用于测量载荷的负荷传感器，以及用于测量整个试件伸长率的差动变压器。压电驱动器可通过杠杆式变形扩大机构（放大系数为 3~7）对薄膜施加拉伸载荷。变形扩大机

构可以使整个装置小型化,从而适配各种显微镜。除显微镜外,还可与拉曼光谱仪[33, 34]、阴极发光光谱仪[35]、X 射线衍射仪[23, 25-27, 29]等组合使用,从而具有在拉伸载荷下进行各种材料分析的能力。拉伸试验装置直接安装在 CCD 相机下方,通过图像匹配直接读取薄膜试样的伸长量。利用多种图像匹配算法,测量系统对薄膜单轴拉伸试验的分辨率约为 13nm/像素。如图 10.16 所示,测试片为机械夹具,由薄膜、模块固定孔、弹簧支撑等部分组成。单轴/双轴拉伸试验片薄膜部分的形状,分别为狗骨形和十字形,只有此部分为薄膜单层,另一部分为由 Si 衬底和薄膜组成的层压结构。通过将模块引脚挂钩到模块固定孔,并将两个同轴引脚分开,只拉伸刚度最低的薄膜测试部分。

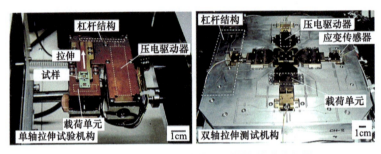

图 10.15 用于薄膜的单轴和双轴拉伸试验机构

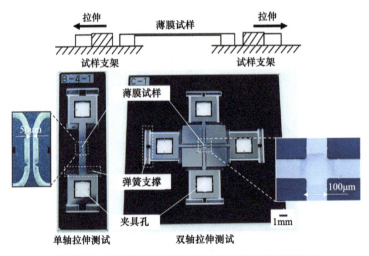

图 10.16 用于薄膜评估的单轴和双轴拉伸试验方法

如果将薄膜作为评估对象,且 Si 支撑部分可以整体加工,那么使用半导体加工工艺制备试样就相对容易。通过溅射形成厚度为 5μm 的铝合金薄膜,然后进行准静态单轴拉伸试验,电子显微镜的测量结果如图 10.17 所示。从应力-应变图可以看出,在 350℃下,退火和不退火的两种铝合金薄膜,在弹性变形后,都发生了屈服的塑性变形,变形特征与块体材料相似,证实了屈服应力与退火的关系。

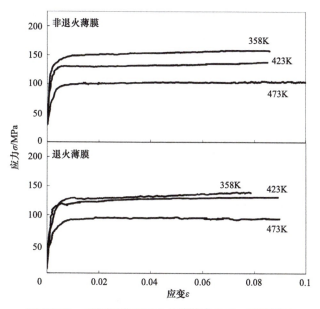

图 10.17　中等温度下铝合金薄膜的应力 - 应变关系

在变形控制下，对铝合金薄膜进行脉动拉伸疲劳试验[31]，结果如图 10.18 所示。在疲劳试验中，对薄膜施加变形幅值恒定的 10Hz 正弦波重复载荷，直到测试样品发生疲劳断裂。从加载开始到 10 万个循环，两种试样的变形幅值和频率保持不变，而应力幅值则逐渐减小。表明该材料的疲劳退化与蠕变变形有关。从扫描电子显微镜照片可以确认，在试样侧壁上形成了滑移线，并生成了裂纹，裂纹逐渐扩展并最终导致疲劳断裂。将拉伸试验装置缩小到可插入扫描电子显微镜样品室的尺寸，可实时确认薄膜在疲劳试验过程中的退化情况。

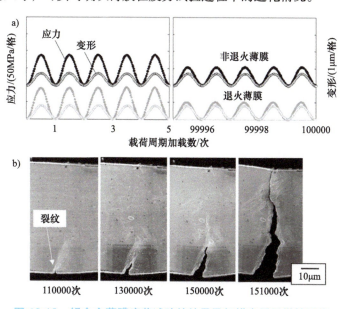

图 10.18　铝合金薄膜疲劳试验的结果及扫描电子显微镜图像

图 10.19a 为在平面双轴拉伸试验中获得的铝合金薄膜载荷 - 变形图[30, 32]。平面内正交双轴应变速率比为 1∶2，结果表明，通过非线性载荷 - 变形关系，薄膜在加载过程中产生了塑性变形。实验的结果与应变速率比无关。对应于 0.2% 屈服应力的载荷分别为 32mN 和 35mN，可以看到由应变速率差异引起的轻微差异。假定铝合金薄膜在此拉伸载荷下屈服，通过有限元分析确定薄膜测试区域中心的应力，并评估屈服强度。

测试结果如图 10.19b 所示，X、Y 轴通过单轴屈服强度进行归一化。可以看出，双轴拉伸状态和单轴拉伸状态下的屈服强度不同。应变率比为 1∶1 时，与单轴拉伸相比，双轴拉伸状态下的屈服强度降低了约 1%~20%。这表明，在功率模块等多轴应力状态下设计薄膜结构时，使用单轴拉伸试验获得的材料特性进行设计是不安全的。研究发现，铝合金薄膜在单轴和双轴拉伸下的屈服强度可以用 Hill 屈服函数拟合，该材料是各向同性的弹性材料，但具有塑性各向异性。

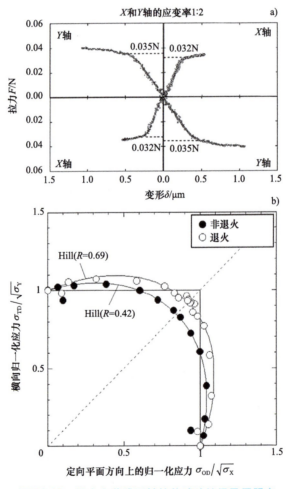

图 10.19　铝合金薄膜双轴拉伸试验结果及屈服点

当需要评估的薄膜和 Si 支撑部件无法整体加工时，可分别制备和粘贴薄膜拉伸试件和 Si 支撑部件来制作拉伸试样。图 10.20 为烧结银薄膜单轴拉伸试样的制造过程[15]。首先，将含有平均粒径为 20nm 的纳米银颗粒浆料在 300℃的条件下烧结，并在 5~60MPa 的工艺压力下制成薄膜。

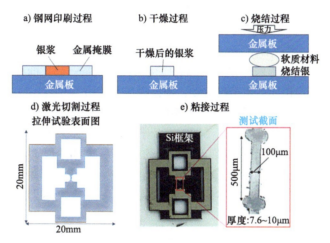

图 10.20　用于拉伸试验的烧结银薄膜的制造过程示意图

然后，使用激光切割机将其加工成类似狗骨形状的拉伸试样。平行部分的宽度和长度与测试设备的规格有关。试样的宽度为 100μm，长度为 500μm，厚度为 10μm。在平行截面纵向的两端设有量规标记，用于 CCD 图像分析系统测量伸长率。然后，将拉伸试样薄膜用粘合剂固定到 Si 支架上，粘合剂的选择要考虑与薄膜材料的兼容性。粘接时需要注意使薄膜材料的拉伸轴线尽可能与 Si 支架的拉伸轴线重合。此时，只对平面内和垂直平面方向上偏差都小于 1°的试样进行拉伸测试。粘接完成后，将试样置于平面外压力下 24h 或更长时间，完成拉伸试验。从图 10.5 所示的纳米银拉伸试样横截面的扫描电子显微镜照片可以发现，纳米银颗粒可以在层内烧结。在 5MPa 压力下，烧结的纳米银薄膜含有许多不规则形状的空洞。另一方面，在 60MPa 压力下烧结的纳米银薄膜中含有许多微小的球形空洞。在 5MPa 和 60MPa 压力下，烧结薄膜的空洞率分别为 25% 和 5%。

图 10.21 为 5~60MPa 压力下烧结的纳米银薄膜的应力-应变图[15]。所有测试均在室温和空气中进行。作为对比，还展示了块状银薄膜的拉伸测试结果。从图中可以看出，块状银薄膜的应力-应变图，展示了典型的韧性材料特性，即弹性变形后屈服和塑性变形后韧性断裂。

另一方面，纳米烧结银薄膜的应力-应变曲线在非线性区域消失。无论施加多

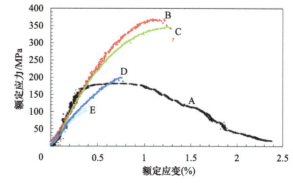

图 10.21　不同空洞率烧结银薄膜的应力-应变关系

大的工艺压力，从加载开始到断裂，烧结银材料几乎都是线性的。5MPa压力下烧结的银薄膜的拉伸强度约为110MPa，相当于银薄膜的65%。在30MPa压力下的拉伸强度为330MPa，当压力增加到60MPa时，拉伸强度增加到370MPa，约为银薄膜的两倍，烧结银的强度远高于块状银薄膜。但是，即使在60MPa的压力下烧结时，断裂应变仍保持在1.2%左右。因此，烧结银材料展示出"强度高但脆性大"的力学特性。

在5MPa和60MPa工艺压力下，对纳米银烧结薄膜进行拉伸测试，断口形貌的扫描电子显微镜图如图10.22所示。可以看出，5MPa压力下烧结的银薄膜的拉伸断口存在颗粒聚集的特征。在低压条件下烧结时，纳米银颗粒仅在局部表面接触并烧结在一起，而在低载荷下观察到几乎线性的区域。这种形貌与拉伸试验结果一致，即试样在低载荷下断裂。另一方面，在60MPa压力下烧结薄膜的断裂面上，没有观察到纳米银颗粒的形状，证明空洞的形状接近圆形。此外，可以在扫描电子显微镜图像的拉伸轴向（即垂直于平面的方向），观察到许多类似晶须的凹坑突起。30MPa和60MPa的高压样品在断裂前出现了约0.2%~0.3%的非线性特性，因此，在一定范围内采用高压烧结条件，是制备具有优异力学性能的纳米银烧结薄膜的前提。最近，纳米银烧结薄膜被视为一种适用于SiC功率芯片的先进连接层，其力学和热学性能受到广泛关注[38-51]。

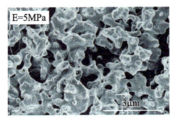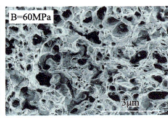

图10.22 拉伸试验后烧结银薄膜断裂表面的扫描电子显微镜图像

当薄膜厚度为几十纳米时，除了实验本身的难度之外，材料的初始异质性效应也会增加，即取向分布和晶格缺陷的影响增大。仅通过实验很难准确理解这些效应，因此需要同时进行实验和仿真。在仿真中，通过明确初始条件，可以分离出影响因素，有助于加深对这些因素的理解。当研究的结构非常微小时，可以使用连续近似的评估方法，或使用考虑到结构离散性的电子和原子级别的仿真技术[52]。目前已存在多种仿真技术，但各有优缺点，必须根据分析对象采用适当的技术。基于量子力学的仿真技术可以用来评估电磁特性，而在评估机械特性时，该方法虽然量化性能优秀，但处理的原子数量最多为1000个，此时需要采用静态分析法。通过使用描述原子间作用的原子间势（原子之间距离等的函数），分子动力学方法可以处理超过10亿个原子，但其空间尺度仅为几百纳米。可处理的时间尺度一般为微秒级，因为在进行形变分析时必须采用极快的形变速度。根据各种基本过程的激活能（激活体积）与应力的关系，变形机制会随应变速率的变化而变化，在解释极快变形速率下的仿真结果时需要注意上述影响。此外，利用并行复制法[53,54]和元动力学法[55,56]等技术扩展了原子模拟的时间尺度，结果表明，金纳米线[57]和镁晶体[58]的形变机理随应变速率而变化。在宽应变速率范围内，金纳米线的屈服应变和变形特性与温度的关系如图10.23所示。在较大应变速率范围内采用元动力学方法，在小应变率范围内采用并行复制方法，并利用过渡态理论预测了实际应变速率下的屈服应变。

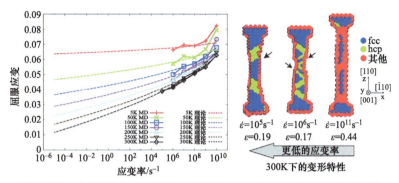

图 10.23　金纳米线屈服应变的理论预测和不同应变速率下的变形特性

当试样的尺寸从毫米级缩小到微米级或纳米级时,实验的难度急剧增加。如前所述,随着尺寸的缩小,涉及动态实验的各个组成要素(试样制备、固定、加载、载荷测量、伸长率测量、断裂面观察等)的难度加大。最近,有人提出了使用微机电系统的纳米材料实验系统,并讨论了单壁碳纳米管[59]和 Si 纳米线[60,61]的尺寸效应和断裂机制对力学性能的影响。通过巧妙地结合微纳米材料的先进实验技术和与之匹配的分析技术,人们对微材料力学性能和可靠性的认识将迅速提高,有助于实现"坚不可摧"的功率模块设计。

10.4　连接层的强度测量与薄膜的拉伸力学特性分析

SiC 功率模块通常为包含不同材料的层叠结构。为了制造可靠的功率模块,正确测量每层材料的力学性能,并将其反映在功率模块设计中,至关重要。同时,还需要通过实验评估层叠结构焊接后的机械可靠性,这直接关系到整个功率模块的可靠性。常见的薄膜粘附力评估方法包括横切法、拉螺柱法、划痕法、表面和界面切割分析系统法等。目前还很难比较和定量评估不同测试方法之间的优劣。对于具有一定体积的装配体(如 SiC 芯片焊料层)的粘附力评估,拉伸试验法、剪切试验法[62]和弯曲试验法[63,64]较为有效。理想状态下,拉伸试验可以动态地对整个连接层施加均匀的应力。但是,试样的夹具仍是技术难点。弯曲试验包括三点弯曲试验、四点弯曲试验、悬臂梁弯曲试验、纯弯曲试验等。四点弯曲试验可以对整个连接层施加均匀的弯曲力矩,以便发现多个连接面中最薄弱的部分。四点弯曲试验为动态试验,棒状试件在两个载荷点和两个支撑点上受到支撑,并施加弯曲载荷。如果已制备带有待测连接层的杆状试样,则可将试样直接安装在两个加载点之间来评估连接层的强度。当对试样施加弯曲载荷时,施加在加载点之间的弯曲应力是均匀的,此时可以在实验中确定连接层中最薄弱的部分。本节将介绍使用铝/镍多层膜作为瞬时热源,利用四点弯曲法评估焊料层的强度。

图 10.24 为铝/镍多层膜的结构示意图。当在厚度约为数十纳米的轻金属铝和过渡金属镍堆叠并沉积的多层膜上施加外部激励时,两种金属之间的界面发生原子扩散,并形成了 NiAl 化合物。此时,该材料会出现放热反应,以热量的形式释放反应前后的额外能量。由于局部反应产生的热量被用作诱导周围反应的热源,这种伴随着化合物形成的放热反应在多层膜中展示出了自传播特性[65,66]。反应传播速度取决于每层铝和镍的厚度(双层厚度)和原子比,但传播速度最

高可达 10m/s。此时需要考虑功率模块的瞬时发热量。利用这种独特的放热膜作为焊料熔化的热源，开发了一种新的反应式焊接技术，可在 1s 内完成 Si 晶片的焊接[63-70]。这种焊接方法仅需外部提供少量能量，且反应过程中不会产生废气，因此有望成为一种节能和零排放的连接技术。

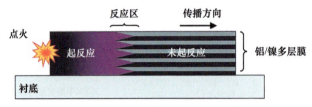

图 10.24 铝/镍多层膜中自发放热反应示意图

图 10.25 为使用铝/镍放热多层膜作为焊料层的制备过程，并展示了焊接部分的实物图。首先，在 Kapton 胶带或铜片上制备铝/镍多层膜。原子比为 1:1 时多层膜的焓值最大，并且在双层厚度大于 100nm 时单位质量的放热能量并没有明显提高。因此在本研究中，通过溅射形成原子比为 1:1 的铝/镍多层膜，双层膜为 100nm，即铝:镍的膜厚比为 6:4，总膜厚为 30μm。在多层膜形成后，将铝/镍多层膜从衬底材料中分离，使其处于自由悬浮状态。然后准备两个镀有铬/镍基膜的 Si 片，将一层铝/镍多层膜放置在两片焊片中间，并从上方施加压力。随后，使用探针在铝/镍多层膜上产生电火花，使其发生放热反应并进行焊接。如图 10.25 所示，施加电激励后，放热反应在 1s 内完成，并伴随着橙色闪光。为了测量焊接层部分的强度，将焊接后的芯片切割为棒状。焊接后的结构为 Si/Cr/Ni/ 焊料 /NiAl/ 焊料 /Cr/Ni/Si。整个试样的尺寸为 0.5mm × 0.5mm × 3mm。

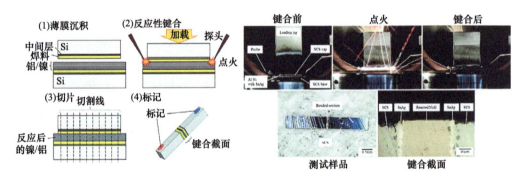

图 10.25 焊接强度测量的制作过程示意图

对该杆状试样施加准静态四点弯曲力，确定最薄弱部分并测量其强度。图 10.26a 为评估微棒试样强度而制造的三点/四点弯曲试验设备[63, 64]。该装置包括：用于施加弯曲载荷的精细运动 PZT 驱动器和粗粒度编码器、用于测量弯曲力的负荷传感器、用于测量试样位移的激光位移计、用于观察整个试样变形的 CCD 摄像机以及用于支撑试样的三点/四点弯曲夹具。为了尽可能抑制弯曲试验过程中不必要的弹性变形，试样固定夹具由杨氏模量较高的硬质合金制成。如果试样由未焊接部分的单一材料制成，一般会进行三点弯曲试验。另一方面，对于由多种不同材料组成的杆状试样，如图 10.26b 所示的铝/镍焊料层，建议通过四点弯曲试验确定最薄弱部分并测量其强度。

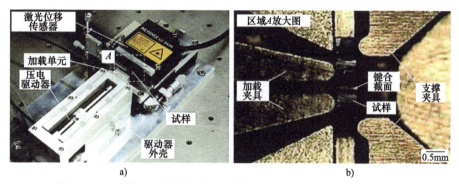

图 10.26　三点/四点弯曲试验设备和用于四点弯曲试验的带钩试样

图 10.27 为铝/镍焊料层的四点弯曲试验结果[63]。在载荷开始施加时，带有焊料层的微型杆试样的载荷与位移呈线性关系。然后，载荷达到最大值后迅速下降。说明整个试样在发生弹性变形后，在最薄弱的部位立即发生了断裂。但断裂并没有完全发生，因此变形逐渐增大。从最大载荷处，弯曲强度为 40MPa，几乎与焊料的强度相当。如图 10.28 所示，试样在下层焊料和铝/镍之间的界面处断裂。铝/镍瞬时反应焊接是一种先进的技术，只需施加微小的外部激励，即可在 1s 内释放出约 1500J/g 的热量，使焊料熔化并进行焊接。但是，由于铝/镍在反应前后的体积收缩了约 12%，焊料和镍铝合金层之间的界面上产生了空隙，因此反应后镍铝合金层上会出现裂纹。因此，焊接过程中在焊料-铝/镍界面处产生的空洞引起的应力集中导致了连接层试样断裂。实验中没有观察到由镍铝引发的断裂。此外，焊接后残留的镍铝层也不会影响整个连接层的机械可靠性。因此，如果能够克服裂纹和空隙的技术问题，即可在较短的时间内实现低热阻和高强度的机械连接，并实现零排放。目前的功率模块焊接工艺可以大大简化，并降低生产成本。

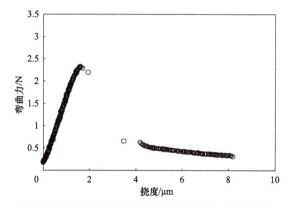

图 10.27　铝/镍再活化连接试样的力-挠度关系

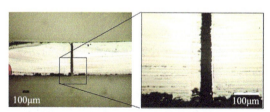

图 10.28　四点弯曲试验中断裂试样的照片

在提高焊接层可靠性方面，断裂过程的可视化也非常重要。准确评估应变分布及其随时间的演变，以及由于机械载荷和温度变化引起的整个试样的变形，有助于理解材料微小退化的发展。应变分布的测量也有助于验证有限元仿真结果。数字图像相关法[71]可实现非接触式和全场的变形测量,因此在电子领域得到了广泛的应用[72]。将测量对象的表面形状和图案作为数字图像输入,针对待测图像上以任意像素点为中心的小图像区域的表面特征,通过图像相关性搜索另一幅发生变形的图像中相对应的区域。将数字图像相关法与光学显微镜、扫描电子显微镜[73-76]和原子力显微镜[77-81]等观测仪器相结合,可以建立从毫米到纳米各种空间分辨率下的测量技术。此外,还开展了以下工作:利用高速相机实现高时间分辨率[82],利用立体摄影测量三维变形[83]。对有缺口的碳钢薄板试样施加单轴拉伸[84,85],缺口根部附近等效应变的分布如图10.29所示。数字图像相关法需要适当比例的随机表面图案,用于搜索相同区域,当观测倍率升高时制作图案较为困难。本测量使用刻蚀的金相结构搜索相同区域。通过增加硬相(珠光体)与软相(铁素体)的比例,可以更加清晰地捕获变形特性的变化。如果将这种图像相关技术应用于焊接层的断裂预测评估,将有助于进一步理解断裂机理。结合使用力学测试技术与应变分布可视化技术,有助于理解功率模块的机械可靠性,使用该技术也可以提高整个功率模块的性能和可靠性。

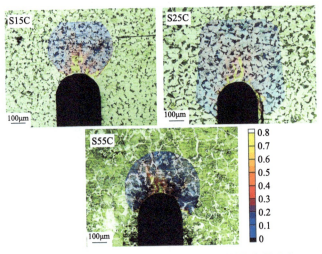

图10.29 裂纹起始处缺口根部周围的等效应变分布

10.5 结论

本章介绍了关于SiC功率模块封装材料的机械可靠性评估方法。目前,使用Si器件的功率模块,难以进一步小型化并适应更高的功率等级,这表明其性能已达到极限。另一方面,在电动汽车等应用领域,正在着力实现功率模块的小型化,并提高其功率等级。能够实现低功耗和高温驱动的SiC功率模块有望满足这些要求。本章部分内容为烧结银材料,它有望替代焊料成为SiC功率模块的下一代封装材料。据报道,当银纳米颗粒的温度和压力升高时,其热导率可超过200W/(m·K),通过优化热扩散结构,可以改善功率模块的散热性能。将SiC功率模块与烧结银技术相结合,可以构建具有高功率密度的功率模块。为此,不仅要评估并确保功率模块的热可靠性和机械可靠性,还需要评估单一材料的热可靠性和机械可靠性。由于实验和计算技术的快速发展，从纳米视角，可以直观地看到材料的微小变化。从模块和材料两个角度提高互连技术、热管理技术和可靠性评估技术，方可设计并开发大容量的功率模块。此外，未来的制造技术和评估技术，有望得到进一步发展。

参考文献

[1] Lee F.C., van Wyk J.D., Boroyevich D., Guo-Quan Lu., Zhenxian Liang., Barbosa P. 'Technology trends toward a system-in-a-module in power electronics'. *IEEE Circuits and Systems Magazine*. 2002, vol. 2(4), pp. 4–22.

[2] Millan J., Godignon P., Perpina X., Perez-Tomas A., Rebollo J. 'A survey of wide bandgap power semiconductor devices'. *IEEE Transactions on Power Electronics*. 2014, vol. 29(5), pp. 2155–63.

[3] Woo D.R.M., Yuan H.H., Li J., Bum L.J., Hengyun Z. 'Miniaturized double side cooling packaging for high power 3 phase SiC inverter module with junction temperature over 220°C'. Proceedings of Electronic Components and Technology Conference (ECTC); Las Vegas, America; 2016. pp. 1190–6.

[4] Chen C.-J., Chen C.-M., Horng R.-H., Wuu D.-S., Hong J.-S. 'Thermal management and interfacial properties in high-power GaN-based light-emitting diodes employing diamond-added Sn-3 wt.%Ag-0.5 wt.%Cu solder as a die-attach material'. *Journal of Electronic Materials*. 2010, vol. 39(12), pp. 2618–26.

[5] Thomas M. 'Die-attach materials and processes – a lead-free solution for power and high-power applications'. *Advanced Packaging*. 2007, vol. 30, pp. 32–4.

[6] McCluskey F.P., Dash M., Wang Z., Huff D. 'Reliability of high temperature solder alternatives'. *Microelectronics Reliability*. 2006, vol. 46(9–11), pp. 1910–4.

[7] Siow K.S. 'Are sintered silver joints ready for use as interconnect material in microelectronic packaging?' *Journal of Electronic Materials*. 2014, vol. 43(4), pp. 947–61.

[8] Siow K.S. 'Mechanical properties of nano-silver joints as die attach materials'. *Journal of Alloys and Compounds*. 2012, vol. 514, pp. 6–19.

[9] Peng P., Hu A., Gerlich A.P., Zou G., Liu L., Zhou Y.N. 'Joining of silver nanomaterials at low temperatures: processes, properties, and applications'. *ACS Applied Materials & Interfaces*. 2015, vol. 7(23), pp. 12597–618.

[10] Bai J.G., Calata J.N., Lu G.-Q. 'Processing and characterization of nanosilver pastes for die-attaching SiC devices'. *IEEE Transactions on Electronics Packaging Manufacturing*. 2007, vol. 30(4), pp. 241–5.

[11] Rmili W., Vivet N., Chupin S., Le Bihan T., Le Quilliec G., Richard C. 'Quantitative analysis of porosity and transport properties by FIB-SEM 3D imaging of a solder based sintered silver for a new microelectronic component'. *Journal of Electronic Materials*. 2016, vol. 45(4), pp. 2242–51.

[12] Wereszczak A.A., Vuono D.J., Wang H., Ferber M.K., Liang Z.X. *Properties of Bulk Sounded Silver as a Function of Porosity*. Oak Ridge National Laboratory; 2012. pp. ORNL/TM–130.

[13] Alayli N., Schoenstein F., Girard A., Tan K.L., Dahoo P.R. 'Spark plasma sintering constrained process parameters of sintered silver paste for connection in power electronic modules: microstructure, mechanical and thermal properties'. *Materials Chemistry and Physics*. 2014, vol. 148(1–2), pp. 125–33.

[14] Ordonez-Miranda J., Hermens M., Nikitin I., et al. 'Measurement and modeling of the effective thermal conductivity of sintered silver pastes'. *International Journal of Thermal Sciences*. 2016, vol. 108, pp. 185–94.

[15] Wakamoto K., Mochizuki Y., Otsuka T., Nakahara K., Namazu T. 'Tensile mechanical properties of sintered porous silver films and their dependence on porosity'. *Japanese Journal of Applied Physics*. 2019, vol. 58(SD), pp. SDDL08–SDDL08 -5.

[16] Gillot C., Schaeffer C., Massit C., Meysenc L. 'Double-sided cooling for high power IGBT modules using flip chip technology'. *IEEE Transactions on Components and Packaging Technologies*. 2001, vol. 24(4), pp. 698–704.

[17] Charboneau B.C., Wang F., van Wyk J.D., et al. 'Double-sided liquid cooling for power semiconductor devices using embedded power packaging'. *IEEE Transactions on Components and Packaging Technologies*, vol. 44, pp. 1645–55.

[18] Herboth T., Guenther M., Fix A., Wilde J. 'Failure mechanisms of sided silver interconnections for power electronic applications'. *Proceedings of Electronic Components and Technology Conference (ECTC)*; Las Vegas, America; 2013. pp. 1621–7.

[19] Herboth T., Fruh C., Gunther M., Wilde J. 'Assessment of thermo - mechanical stresses in low temperature joining technology'. *Proceedings of EuroSimE*; Lisbon, Portugal; 2012. pp. 1–7.

[20] Webber C., Dijk M.V., Walter H., Hutter M., Witter O., Lang K.D. Combination of experimental and simulation methods for analysis of interred AG joints for high temperature applications. *Proceedings of Electronic Components and Technology Conference (ECTC)*; Las Vegas, America; 2016. pp. 1335–41.

[21] Suzuki T., Yasuda Y., Terasaki T., Morita T., Kawana Y., Ishikawa D. 'Thermal cycling lifetime estimation of sided metal die attachment'. *Proceedings of International Conference on Electronics Packaging (ICEP)*; Hokkaido, Japan; Apr. 2016. pp. 400–4.

[22] Namazu T. 'Uniaxial tensile test for MEMS materials'. *kGaA: Advanced Micro & Nanosystems*. 6. Wiley-VCH Verlag GmbH & Co; 2008. pp. 123–61.

[23] Namazu T., Inoue S., Takemoto H., Koterazawa K. 'Mechanical properties of polycrystalline titanium nitride films measured by XRD tensile testing'. *IEEJ Transactions on Sensors and Micromachines*. 2005, vol. 125(9), pp. 374–9.

[24] Isono Y., Namazu T., Terayama N. 'Development of AFM tensile test technique for evaluating mechanical properties of sub-micron thick DLC films'. *Journal of Microelectromechanical Systems*. 2006, vol. 15(1), pp. 169–80.

[25] Namazu T., Inoue S. 'Characterization of single crystal silicon and electroplated nickel films by uniaxial tensile test with in situ X-ray diffraction measurement'. *Fatigue & Fracture of Engineering Materials and Structures*. 2007, vol. 30(1), pp. 13–20.

[26] Namazu T., Takemoto H., Fujita H., Inoue S. 'Uniaxial tensile and shear deformation tests of gold–tin eutectic solder film'. *Science and Technology of Advanced Materials*. 2007, vol. 8(3), pp. 146–52.

[27] Namazu T., Hashizume A., Inoue S. 'Thermomechanical tensile characterization of Ti–Ni shape memory alloy films for design of MEMS actuator'. *Sensors and Actuators A: Physical*. 2007, vol. 139(1), pp. 178–86.

[28] Namazu T., Isono Y. 'Fatigue life prediction criterion for micro–nanoscale single-crystal silicon structures'. *Journal of Microelectromechanical Systems*. 2009, vol. 18(1), pp. 129–37.

[29] Namazu T., Takemoto H., Inoue S. 'Tensile and creep characteristics of sputtered gold-tin eutectic solder film evaluated by XRD tensile testing'. *Sensors and Materials*. 2010, vol. 22(1), pp. 13–24.

[30] Namazu T., Nagai Y., Naka N., Araki N., Inoue S. 'Design and development of a biaxial tensile test device for a thin film specimen'. *Journal of Engineering Materials and Technology*. 2012, vol. 134(1), pp. 011009–8.

[31] Fujii M., Namazu T., Fujii H., Masunishi K., Tomizawa Y., Inoue S. 'Quasistatic and dynamic mechanical properties of Al–Si–Cu structural films in uniaxial tension'. *Journal of Vacuum Science & Technology B, Nanotechnology and Microelectronics: Materials, Processing, Measurement, and Phenomena*. 2012, vol. 30(3), p. 031804

[32] Namazu T., Fujii M., Fujii H., Masunishi K., Tomizawa Y., Inoue S. 'Thermal annealing effect on elastic-plastic behavior of Al-Si-Cu structural films under uniaxial and biaxial tension'. *Journal of Microelectromechanical Systems*. 2013, vol. 22(6), pp. 1414–27.

[33] Tanaka N., Kashiwagi S., Nagai Y., Namazu T. 'Micro-raman spectroscopic analysis of single-crystal silicon microstructures for surface stress mapping'. *Japanese Journal of Applied Physics*. 2015, vol. 54(10), p. 106601.

[34] Komatsubara M., Namazu T., Nagai Y., et al. 'Raman spectrum curve fitting for estimating surface stress distribution in single-crystal silicon microstructure'. *Japanese Journal of Applied Physics*. 2009, vol. 48(4), p. 04C021.

[35] Namazu T., Yamashita N., Kakinuma S., et al. 'In-situ cathodoluminescence spectroscopy of silicon oxide thin film under uniaxial tensile loading'. *Journal of Nanoscience and Nanotechnology*. 2011, vol. 11(4), pp. 2861–6.

[36] Tsuchiya T., Tabata O., Sakata J., Taga Y. 'Specimen size effect on tensile strength of surface-micromachined polycrystalline silicon thin films'. *Journal of Microelectromechanical Systems*. 1998, vol. 7(1), pp. 106–13.

[37] Sato K., Yoshioka T., Ando T., Shikida M., Kawabata T. 'Tensile testing of silicon film having different crystallographic orientations carried out on a silicon CHIP'. *Sensors and Actuators A: Physical*. 1998, vol. 70(1-2), pp. 148–52.

[38] Zabihzadeh S., Van Petegem S., Duarte L.I., Mokso R., Cervellino A., Van Swygenhoven H. 'Deformation behavior of sintered nanocrystalline silver layers'. *Acta Materialia*. 2015, vol. 97, pp. 116–23.

[39] Zabihzadeh S., Van Petegem S., Holler M., Diaz A., Duarte L.I., Van Swygenhoven H. 'Deformation behavior of nanoporous polycrystalline silver.

Part I: microstructure and mechanical properties'. *Acta Materialia*. 2017, vol. 131, pp. 467–74.

[40] Gadaud P., Caccuri V., Bertheau D., Carr J., Milhet X. 'Ageing sintered silver: relationship between tensile behavior, mechanical properties and the nanoporous structure evolution'. *Materials Science and Engineering: A*. 2016, vol. 669, pp. 379–86.

[41] Suzuki T., Terasaki T., Kawana Y., *et al.* 'Effect of manufacturing process on micro-deformation behavior of sintered-silver die-attach material'. *IEEE Transactions on Device and Materials Reliability*. 2016, vol. 16(4), pp. 588–96.

[42] Takesue M., Watanabe T., Tanaka K., Nakajima N. 'Mechanical properties and reliability of pressureless sintered silver materials for power devices'. *Proceedings of PCIM*; Nuremberg, Germany; 2018. pp. 1485–8.

[43] Bai J.G., Zhang Z.Z., Calata J.N., Lu G.-Q. 'Low-temperature sintered nanoscale silver as a novel semiconductor device-metallized substrate interconnect material'. *IEEE Transactions on Components and Packaging Technologies*. 2006, vol. 29(3), pp. 589–93.

[44] Chen C., Nagao S., Zhang H., *et al.* 'Low-stress design for SiC power modules with interred porous Ag'. *Proceedings of Electronic Components and Technology Conference (ECTC)*; Las Vegas, America; 2016. pp. 2058–62.

[45] Chen C., Nagao S., Zhang H. 'Mechanical deformation of sided porous Ag die attach at high temperature and its size effect for wide-bandgap power device design'. *Journal of Electronic Materials*. 2017, vol. 3, pp. 1576–86.

[46] Letz S., Hutzler A., Waltrich U., Zischler S., Schletz A. 'Mechanical properties of silver shaded bond lines: Aspects for a reliable material data base for numerical simulations'. *Proceedings on International Conference on Integrated Power Electronics Systems. CIPS*; Nuremberg, Germany; Mar. 2016. pp. 1–6.

[47] Chen X., Li R., Qi K., Lu G.-Q. 'Tensile behaviors and ratcheting effects of partially sided chip-attachment films of a nanoscale silver paste'. *Journal of Electronic Materials*. 2008, vol. 37(10), pp. 1574–9.

[48] Kariya Y., Yamaguchi H., Itako M., Mizumura N., Sasaki K. 'Mechanical behavior of sintered nano-sized Ag particles'. *Journal of Smart Processing*. 2013, vol. 2(4), pp. 160–5.

[49] Kraft S., Zischler S., Tham N., Schletz A. 'Properties of a novel silver sliding die attach material for high temperature-high lifetime applications'. *Proc. Conf. AMA SENSOR*; Nurnberg, Germany; May. 2013. pp. 242–7.

[50] Schmitt W., Chew L.M. 'Silver inter paste for SiC bonding with improved mechanical properties'. *Proceedings of Electronic Components and Technology Conference (ECTC)*; Las Vegas, America; May. 2017. pp. 1560–5.

[51] Chen C., Nagao S., Suganuma K., *et al.* 'Macroscale and microscale fracture toughness of microporous sintered Ag for applications in power electronic devices'. *Acta Materialia*. 2017, vol. 129, pp. 41–51.

[52] Lee J.G. *Computational materials science – an Introduction*. 2nd edition. CRC Press; 2017.

[53] Voter A.F. 'Parallel replica method for dynamics of infrequent events'. *Physical Review B*. 1998, vol. 57(22), pp. R13985–8.

[54] Uberuaga B.P., Stuart S.J., Voter A.F. 'Parallel replica dynamics for driven systems: derivation and application to strained nanotubes'. *Physical Review B*. 2007, vol. 75(1). 014301.

[55] Laio A., Parrinello M. 'Escaping free-energy minima'. *Proceedings of the National Academy of Sciences*. 2002, vol. 99(20), pp. 12562–6.

[56] Laio A., Gervasio F.L. 'Metadynamics: a method to simulate rare events and reconstruct the free energy in biophysics, chemistry and material science'. *Reports on Progress in Physics*. 2008, vol. 71(12), pp. 126601–22.

[57] Sera M., Matsumoto R., Miyazaki N. 'Tensile deformation analyses of a gold nanowire using molecular dynamics and parallel replica method'. *Transaction of the Japan Society for Computational Engineering and Science*. 2012, vol. 2012(2012). 2012008.

[58] Uranagase M., Kamigaki S., Matsumoto R. 'Analysis on nucleation of a dislocation loop in a magnesium single crystal—approach from atomistic Simulations'. *Journal of the Society of Materials Science, Japan*. 2014, vol. 63(2), pp. 194–9.

[59] Takakura A., Beppu K., Nishihara T., *et al.* 'Strength of carbon nanotubes depends on their chemical structures'. *Nature communications*. 2019, vol. 10(3040), p. 7.

[60] Fujii T., Namazu T., Sudoh K., Sakakihara S., Inoue S. 'Focused ion beam induced surface damage effect on the mechanical properties of silicon nanowires'. *Journal of Engineering Materials and Technology*. 2013, vol. 135(4), pp. 051002–8.

[61] Ina G., Fujii T., Kozeki T., Miura E., Inoue S., Namazu T. 'Comparison of mechanical characteristics of focused ion beam fabricated silicon nanowires'. *Japanese Journal of Applied Physics*. 2017, vol. 56(6S1), pp. 06GN17–6.

[62] Morikaku T., Kaibara Y., Inoue M., *et al.* 'Influences of pretreatment and hard baking on the mechanical reliability of SU-8 microstructures'. *Journal of Micromechanics and Microengineering*. 2013, vol. 23(10), pp. 105016–10.

[63] Namazu T., Ohtani K., Inoue S., Miyake S. 'Influences of exothermic reactive layer and metal interlayer on fracture behavior of reactively bonded solder joints'. *Journal of Engineering Materials and Technology*. 2015, vol. 137(3), pp. 031011–17.

[64] Miyake S., Ohtani K., Inoue S., Namazu T. 'Importance of bonding atmosphere for mechanical reliability of reactively bonded solder joints'. *Journal of Engineering Materials and Technology*. 2016, vol. 138(1), pp. 011006–7.

[65] Namazu T., Ito S., Kanetsuki S., Miyake S. 'Size effect in self-propagating exothermic reaction of Al/Ni multilayer block on a Si wafer'. *Japanese Journal of Applied Physics*. 2017, vol. 56(6S1), pp. 06GN11–5.

[66] Matsuda T., Inoue S., Namazu T. 'Self-propagating explosive Al/Ni flakes fabricated by dual-source sputtering to mesh substrate'. *Japanese Journal of Applied Physics*. 2014, vol. 53(6S), pp. 06JM01–5.

[67] Miyake S., Kanetsuki S., Morino K., Kuroishi J., Namazu T. 'Thermal property measurement of solder joints fabricated by self-propagating exothermic reaction in Al/Ni multilayer film'. *Japanese Journal of Applied Physics*. 2015, vol. 54(S 61), pp. 06FP15–5.

[68] Kanetsuki S., Miyake S., Kuwahara K., Namazu T. 'Influence of bonding pressure on thermal resistance in reactively-bonded solder joints'. *Japanese Journal of Applied Physics*. 2016, vol. 55(6S1), pp. 06GP17–16.

[69] Kanetsuki S., Kuwahara K., Egawa S., Miyake S., Namazu T. 'Effect of thickening outermost layers in Al/Ni multilayer film on thermal resistance of reactively bonded solder joints'. *Japanese Journal of Applied Physics*. 2017, vol. 56(6S1), pp. 06GN16–18.

[70] Kanetsuki S., Miyake S., Namazu T. 'Effect of free-standing Al/Ni exothermic film on thermal resistance of reactively bonded solder joint'. *Sensors and Materials*. 2019, vol. 31(3), pp. 729–S & M 1809.

[71] Sutton M.A. *Image correlation for shape, motion and deformation measurements*. New York: Springer; 2009.

[72] Shishido N., Ikeda T., Miyazaki N., Nakamura K., Miyazaki M., Sawatari T. 'Thermal strain measurement on electronic packages using digital image correlation method'. *Journal of the Society of Materials Science, Japan*. 2008, vol. 57(1), pp. 83–9.

[73] Sutton M.A., Li N., Garcia D., et al. 'Metrology in a scanning electron microscope: theoretical developments and experimental validation'. *Measurement Science and Technology*. 2006, vol. 17(10), pp. 2613–22.

[74] Vogel D., Schubert A., Faust W., Dudek R., Michel B. 'Microdac—a novel approach to measure in situ deformation fields of microscopic scale'. *Microelectronics Reliability*. 1996, vol. 36(No. 11), pp. 1939–42.

[75] Sabaté N., Vogel D., Gollhardt A., et al. 'Digital image correlation of nanoscale deformation fields for local stress measurement in thin films'. *Nanotechnology*. 2006, vol. 17(20), pp. 5264–70.

[76] Sutton M.A., Li N., Joy D.C., Reynolds A.P., Li X. 'Scanning electron microscopy for quantitative small and large deformation measurements: Part I'. *Experimental Mechanics*. 2007, vol. 47, pp. 775–87.

[77] Chang S., Wang C.S., Xiong C.Y., Fang J. 'Nanoscale in-plane displacement evaluation by AFM scanning and digital image correlation processing'. *Nanotechnology*. 2005, vol. 16(4), pp. 344–9.

[78] Knauss W.G., Chasiotis I., Huang Y. 'Mechanical measurements at the micron and nanometer scales'. *Mechanics of Materials*. 2003, vol. 35(3-6), pp. 217–31.

[79] Sun Y., Pang J.H.L. 'AFM image reconstruction for deformation measurements by digital image correlation'. *Nanotechnology*. 2006, vol. 17(4), pp. 933–9.

[80] Li X., Xu W., Sutton M.A., Mello M. 'Nanoscale deformation and cracking studies of advanced metal evoked magnetic tapes using atomic force microscopy and digital image correlation techniques'. *Measurement Science and Technology*. 2006, vol. 22, pp. 835–44.

[81] Cho S.W., Chasiotis I. 'Elastic properties and representative volume element of polycrystalline silicon for MEMS'. *Experimental Mechanics*. 2007, vol. 47(1), pp. 37–49.

[82] Matsumoto R., Kubota M., Miyazaki N. 'Development of deformation measurement system consisting of high-speed camera and digital image correlation, and its application to the measurement of large inhomogeneous deformations around the crack tip'. *Experimental Techniques*. 2016, vol. 40(2016), pp. 91–100.

[83] Helfrick M.N., Niezrecki C., Avitabile P., Schmidt T. '3D digital image correlation methods for full-field vibration measurement'. *Mechanical Systems and Signal Processing*. 2011, vol. 25(3), pp. 917–27.

[84] Aomatsu S., Matsumoto R. 'Effect of hydrogen on deformation behavior of carbon steel S 25 C—measurement of time evolution of strain distribution until crack initiation using digital image correlation method'. *ISIJ International*. 2014, vol. 54(8), pp. 1965–70.

[85] Aomatsu S., Matsumoto R. 'Digital image correlation measurement of localized deformation in carbon steel in the presence of hydrogen'. *ISIJ International*. 2014, vol. 54(10), pp. 2411–15.

第 11 章

功率模块的退化监测

Attahir Murtala Aliyu, Alberto Castellazzi

如果能够实时跟踪功率模块的退化程度,并采取预防性保护措施,可以减少甚至完全消除功率模块在运行过程中的失效情况,从而极大地提高功率模块的可用性。由于 SiC 功率模块的生产成本高于 Si 功率模块,因此这种技术对 SiC 功率模块更为重要[1]。结构函数是一种监测功率模块退化程度和位置的工具。在此基础上,本章介绍了一种测试和监测功率模块退化的方法,不需要增加功率元件,并且可以在受控功率模块的空闲期间执行,仅需额外增加易于集成到栅极驱动器电路板中的测量电路。本章以三相两电平逆变器作为研究对象,将所提出的解决方案作为板上健康监测系统,实验结果验证了该方法实现功率模块定期状态监测的可行性。

11.1 功率模块的退化

功率模块通常由多层不同的材料组成,用来提供机械稳定、电气绝缘和导热等功能[2, 3]。如图 11.1 所示,传统功率模块通常由八层材料和连接线组成。表 11.1 列出了不同层使用的材料、厚度和热膨胀系数。热膨胀系数表示零部件尺寸随温度变化而发生的改变,它表示在恒定压力下温度变化 1℃时,材料尺寸的变化比例。随着功率模块温度的升高和降低,不同材料会以不同的速度膨胀和收缩,不同材料之间的连接层会产生应力。多芯片并联功率模块失效的主要原因之一是材料层热膨胀系数的不匹配,主要失效机制包括键合线断裂、键合线脱落、焊点疲劳、焊层裂纹和铝金属层重构等[4, 5]。图 11.2 展示了一些主要的失效模式,包括键合线脱落、焊接疲劳和焊层裂纹。随着最佳键合技术和烧结焊接技术(如芯片焊料层)的出现,人们发现限制功率模块使用寿命的主要因素为衬底-基板界面产生的疲劳,而不是键合线脱落[6, 7]。参考文献[3]还指出,衬底-基板位置的热膨胀系数失配最严重,温度波动最大,横向尺寸也最大。因此,本章重点关注基板和衬底之间的焊接层发生的退化。

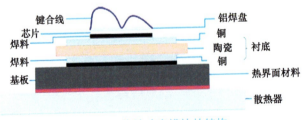

图 11.1 传统功率模块的结构

表 11.1 功率模块主要材料的参数

序号	材料	厚度 /μm	热膨胀系数 /(ppm/℃)
1	Al	300	~ 22
2	Si	250	~ 3
3	焊料	100	—
4	Cu	211	—
5	Al_2O_3/AlN/Si_3N_4	1000	~ 7/4/3.3
6	Cu	211	—
7	焊料	111	—
8	Cu/AlSiC	4000	~ 17/11

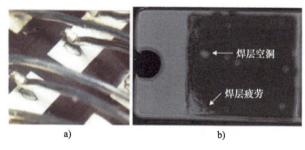

图 11.2　a）键合线脱落；b）焊层疲劳和空洞

为了防止功率模块突然失效，必须理清功率模块的失效机理。因此，为了检测即将发生的失效，需要定义功率模块失效的检测指标，与功率模块或功率模块结构相关的一些参数与失效机制相关联。由于功率脉冲激励引起的热响应函数（冷却或加热曲线）包含了功率模块结构的相关信息，因此通过测量热响应函数可以检测到功率模块结构的变化。结温是监测功率模块退化的重要参数，但是功率模块是密闭的，无法直接测量结温。

获取功率模块结温的常用方法，包括集成负温度系数的温敏电阻、片上二极管和温敏电参数（Temperature Sensitive Electrical Parameter，TSEP）[8]。为了确保与衬底之间的电气隔离，负温度系数的温敏电阻和片上二极管，在设计和制造过程都需要特别考虑，需要额外的外部引脚和单独的衬底面积，这可能会增加制造成本，并带来新的可靠性问题[9]。

在无法直接测量的情况下，TSEP 是一种可靠的测量功率模块结温的方法。这些参数因功率模块而异。对于 SiC MOSFET，参考文献 [10] 总结了合适的 TSEP。TSEP 测量的温度可用于推导热瞬态和热阻。选择和使用最合适的 TSEP，取决于应用和其他因素，最近已有相关文献对此进行了详细论述[11-18]：

1）温度灵敏度：TSEP 具有不同的温度灵敏度，TSEP 温度灵敏度越高，测量结果越好。
2）测量误差：每个 TSEP 在测量过程中受非热效应的影响不同。
3）线性度：TSEP 与温度之间的线性关系，是一种理想特性，但并不总是完全一致。
4）重复性：不同样品之间的 TSEP 值不应有较大差异。

本章选择的 TSEP，需要评估功率模块的动态结温。因此，需要连续测量功率模块的结温。

由于需要平滑开关以获得功率模块的结温信息，因此排除了阈值电压和关断时间等参数。此外，通常使用导通压降，对于 IGBT 功率模块，导通压降具有较高的重复性和线性度特性[19]。从 I-V 曲线中电流、电压和温度之间的关系可以看出，TSEP 的灵敏度取决于电流水平。

参考文献 [20, 21] 提出了一种功率模块实时预测系统，利用热模型来预测多芯片并联功率模块中无法测量的位置的温度。然后将获得的信息与可靠性分析数据结合起来，预测故障模式。虽然上述方法可以预测功率模块失效，但只能提供一个估计值，因此无法给出功率模块失效程度的实际变化量。此外，随着时间的推移，多芯片并联功率模块的老化，也会影响热模型的完整性。参考文献 [22–25] 提出了用于实时监测 IGBT 完整性的自适应模型，该模型通过比较物理测量结果与模型估计值，从而监测被测功率模块的结温。这种方法存在一定的局限性，由于 I-V 特性的非线性，集-射极电压存在噪声和间歇性，因此这种方法取决于工作区域。此外，还需要修改栅极驱动器，并在功率模块结构中加入温度传感器。

不同于在逆变器运行期间测量功率模块 TSEP 的实时监控方法，本章介绍了一种在系统不运行时（例行维护期间）完成测量的方法。该方法在功率模块不工作期间注入外部电流来加热功率模块[26]。但是，参考文献 [26] 所提方法需要安装一系列继电器来选择待测功率模块，这严重限制了该方法的适用性，而且测试方法也明显复杂。参考文献 [27] 提出了一个类似的控制方法，即在仿真中采用接近实时的预测方法。但在实际应用中，这种方法也会受到集-射极电压噪声和间歇性电压的影响，因而难以实施。

本章介绍了一种利用结构函数来测量功率模块退化情况的方法[28]，无需改变连接方式、采用额外元件或拆卸电路。同时，它还能判断功率模块结构是否发生退化，以及退化发生的位置。该方法可在功率模块运行阶段之间，执行测试板上的程序，如列车每周/每月在车库中使用矢量控制进行例行维护时进行评估。实现结构函数需要加热功率模块并测量。下面首先介绍用于推导结构函数的整体方法，包括结构函数背后的理论和实现方法。然后，介绍使用矢量控制的加热方法，以及加热和测量系统的集成和所遇到的挑战。最后，本章还展示板上测量方法的相关结果。

11.2 功率模块退化的监测方法

热瞬态测量是一种常用的检测功率模块封装热特性的方法。该方法通过记录功率模块对阶跃函数激励的热响应函数，来完成热特性检测[28]。因此，冷却和加热曲线包含了功率模块封装结构的相关信息。

11.2.1 热阻提取

如上所述，体二极管的正向电压 V_{DS} 用于测量 MOSFET 芯片的结温。N 沟道 MOSFET 的横截面如图 11.3 所示，源极和漏极之间的 p-n 结实际上是 PiN 二极管。如图 11.3 所示，在相当宽的温度范围内，二极管的导通压降与温度近乎呈线性关系。

p-n 结导通电压的温度相关性，已被广泛研究[13]。为了防止 SiC MOSFET 自热，在不同温度下，可使用恒定的低偏置电流校准功率模块。虽然在额定电流下，SiC MOSFET 芯片的 I-V 特性可能会呈现正温度系数，即在注入电流恒定的情况下，V_{DS} 会随着温度的升高而增加。但是，负压关断状态下的体二极管，可以确保其温度系数为负。为了获得图 11.4 的温度特性，需要预先进行校准。校准过程可以在热板上或温箱内进行，它们能够提供多个可控的恒定温度。为了确保芯片温度均匀，整个功率模块需要保持在恒定温度。

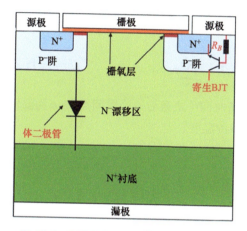

图 11.3　SiC MOSFET 截面结构示意图

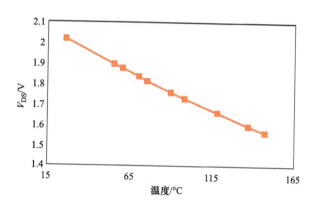

图 11.4　正向偏置下体二极管的温度特性

因此，V_{DS} 过温曲线可用于获得 SiC MOSFET 的冷却曲线。测量冷却曲线的基本方法是在功率模块中通入恒定的大电流，利用大电流加热功率模块。在大电流路径上串联一个开关，以便在加热和测量期间分别打开和关闭大电流。开关由控制平台控制，控制器提供中断信号以启动测量冷却曲线。通过数据采集助手，实现电压测量，并连接到控制器。当收到中断信号时，数据采集助手将采集测量冷却曲线。在测量过程中，用于校准的恒定小电流流过功率模块，产生的压降与温度成正比。通过功率模块校准，可获得压降与温度的关系曲线。系统的测量原理，如图 11.5a 所示。图 11.5b 为加热电流脉冲和温度曲线。

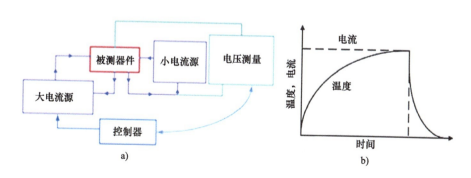

图 11.5　a）冷却曲线测量流程图；b）加热电流脉冲和温度曲线的示意图

11.2.2 结构函数

热阻包含了功率模块封装结构的相关信息,热阻可以从冷却曲线中获得。由热阻推导出的结构函数,为热模型对功率模块结构的图形表示。通过直接数学变换,可从加热或冷却曲线中,获得结构函数[29]。图 11.6 展示了获取结构函数的过程。热瞬态的测量易受噪声影响,因此需要对热瞬态曲线进行适当的滤波,以便进一步处理。本章采用的滤波技术,是对每个热传递点进行数值平均。从系统中获取多个热瞬态曲线,确保在滤波过程中不会改变与热瞬态相关的信息。式(11.1)为滤波后的曲线。

$$T_f = \left[T_1 = \frac{1}{n}\sum_{i=1}^{n} a_i, T_2 = \frac{1}{n}\sum_{i=1}^{n} b_i, \cdots, T_t = \frac{1}{n}\sum_{i=1}^{n} c_i \right] \quad (11.1)$$

式中,T 为给定时间点的平均温度,t 为热瞬态的总持续时间(或最后一个时间点),n 为要取平均值的曲线数,a、b、c 为单个测量曲线在某个时间点的温度。

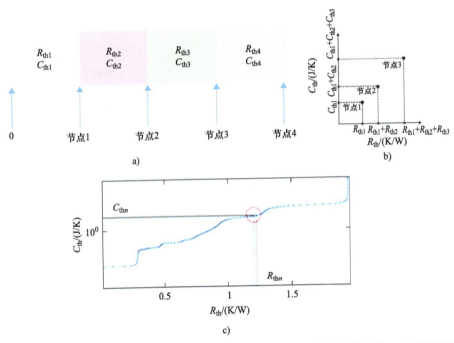

图 11.6 a)结构与累积结构函数的关系;b)累积结构函数图上各点的定义;c)累积结构函数及其与 Cauer 网络的关系

在对热瞬态曲线进行滤波后,使用式(11.2)从热瞬态曲线中提取热阻曲线。

$$Z_{th}(t) = \frac{\Delta T(t)}{\Delta P} \quad (11.2)$$

冷却曲线可以采用单一时间常数系统的响应函数来描述,其数学形式为[21]

$$a(t) = T \cdot e^{-t/\tau} \tag{11.3}$$

如果指数函数可以表示一个简单的函数响应，如式（11.3），那么更复杂的热模型结构可被看作是具有不同时间常数和幅值的单个指数项的无穷和，即

$$Z_{\text{th}} \approx \sum_{i=1}^{n} T_i(0) \cdot e^{-t/\tau} \tag{11.4}$$

从式（11.4）来看，如果得到了热阻曲线，那么热阻和热容可以从时间常数（$\tau = RC$）中获得。常用的方法包括图形法、曲线拟合法和反卷积法[21, 30]。通过这些方法得到的热阻和热容可构成 Foster 网络。Foster 网络与物理结构没有任何关系。因此，从热瞬态导出的 Foster 网络必须被转换为 Cauer 网络。可以使用无源网络的方法将 Foster 网络转换为 Cauer 网络。通过考虑 Foster 网络的输入阻抗的拉普拉斯形式，可以计算从热源到散热器的热容。该方法在参考文献 [31] 中有所介绍，其中阻抗和导纳都被用来实现此目标。该方法可以表示为

$$i = 1 \cdots n \tag{11.5}$$

$$\frac{1}{Z_i(s)} = sC_i + Y_i \tag{11.6}$$

$$\frac{1}{Y_i(s)} = R_i + Z_{i+1} \tag{11.7}$$

式中，$Z_{n+1} = 0$。

该过程重复进行的次数等于 Foster 网络中热容和热阻的数量。根据参考文献 [32]，为了简化计算，双链网络输入阻抗的拉普拉斯形式表示为

$$Z_{\text{in}}(s) = \frac{R_i}{1 + sR_iC_i} + \frac{R_{i+1}}{1 + sR_{i+1}C_{i+1}} \tag{11.8}$$

可以重写为

$$Z_{\text{in}}(s) = \frac{s(R_iR_{i+1}C_{i+1} + R_iR_{i+1}C_i) + (R_i + R_{i+1})}{1 + s(R_{i+1}C_{i+1} + R_iC_i) + s^2(R_iR_{i+1}C_iC_{i+1})} \tag{11.9}$$

开始变换之前，应对式（11.9）取倒数，使其格式与式（11.6）相匹配。可通过因式分解获得 Cauer 网络中的第一个热容，然后对式（11.7）取倒数，从而得到相应的热阻。

由于 Cauer 网络与物理结构有关，因此结构函数使用 Cauer 形式的热阻和热容，来识别功率模块结构的变化。结构函数的优点在于它不仅定量刻画了热阻和热容，还展示了它们在热路中的位置。结构函数主要分为累积型和微分型两种。

1. 累积结构函数

累积结构函数也被称为 Protonotarios-Wing 函数[33]。它使用热容和热阻，来图形化表示功率模块的结构特征。累积结构函数是热系统的累积热容 C_Σ 和累积热阻 R_Σ 之和，其测量路径为热源到环境。图 11.6 中的结构可以通过绘制相对于 0 的节点 1~4 来表示累积结构函数。图 11.6 对此进行了详细说明，并展示了如何获得图中的每个点。因此，如图 11.6 所示，结

构函数的离散化结果是一个 Cauer 网络,每个截面表示相应的 Cauer 热容和热阻,可以通过式(11.10)和式(11.11)获得。

$$R_{\mathrm{th}n} = \sum_{i=1}^{n} R_{\mathrm{th}i} - \sum_{i=1}^{n-1} R_{\mathrm{th}i} \qquad (11.10)$$

$$C_{\mathrm{th}n} = \sum_{i=1}^{n} C_{\mathrm{th}i} - \sum_{i=1}^{n-1} C_{\mathrm{th}i} \qquad (11.11)$$

x 轴代表热阻,它代表功率模块厚度,因为热阻与厚度成正比。y 轴代表热容,其转折表示不同材料的切换。

2. 结构函数

在参考文献[34]中,差分结构函数为累积热容对累积热阻的导数,可以表示为

$$K(R_{\Sigma}) = \frac{\mathrm{d}C_{\Sigma}}{\mathrm{d}R_{\Sigma}} \qquad (11.12)$$

通过图 11.7 所示的截面 A 的 $\mathrm{d}x$ 宽度,可以计算式(11.12)。此时,$\mathrm{d}C_{\Sigma} = cA\mathrm{d}x$ 和 $\mathrm{d}R_{\Sigma} = \mathrm{d}x/\lambda A$,其中,$c$ 是体积热容,λ 是热导率,A 是热流的截面积,差分结构函数的 K 值为

$$K(R_{\Sigma}) = \frac{cA\mathrm{d}x}{\mathrm{d}x/\lambda A} = c\lambda A^2 \qquad (11.13)$$

式中,K 值与材料参数 c 和 λ 以及热流的截面积的二次方成正比,因此它与系统的结构有关。该函数将热流截面积的二次方作为累积阻抗的函数进行映射。从图 11.8 中的函数可以看出,局部峰值表示热路到达新表面或材料,它们在横轴上的距离为这些表面之间的部分热阻。峰值通常指向新区域的中间,在该区域中,垂直于热流和材料方向皆为均匀区域。

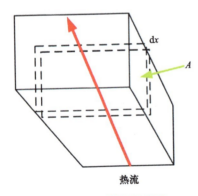

图 11.7 一维热流模型

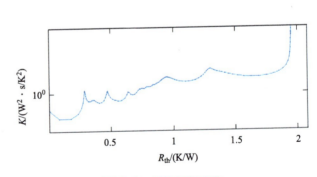

图 11.8 差分结构函数

差分结构函数可用于检查图 11.9 中两个二极管之间焊接层的差异。从图 11.10a 中可以发现,在热阻小于 0.1W/K 的位置,良好焊接的二极管(实线蓝色)和焊接不良的二极管(虚线橙色)之间的热阻存在差异,这表明差异发生在芯片区域。而在图 11.10b 中,改变衬底底部的接触力,测量同一个二极管。从结果可以发现,在热阻较高时两者会出现差异,热阻与深度成正比。这表明不仅热阻会发生变化,其位置也会发生变化。

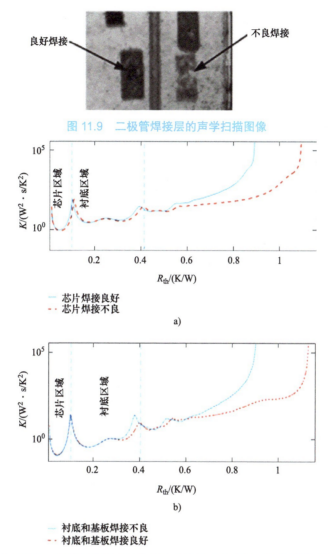

图 11.9　二极管焊接层的声学扫描图像

图 11.10　a）焊接层（无空洞和有空洞）和 b）不同基板下同一功率模块的差分结构函数

11.3　典型案例：牵引逆变器

11.3.1　加热方法

本章以三相两电平逆变器为例，提取冷却曲线的重点在于如何产生加热电流。因为需要在停机期间测试，利用逆变器的直流电压提供加热电流，同时连接感应电机，因此在加热 SiC MOSFET 和二极管时，感应电机需要保持稳定。矢量控制方法可以独立控制转矩电流 i_{sq} 和励磁电流 i_{sd}，类似于直流电机。因此，通过施加零转矩电流可以使电机保持静止，然后注入电流加

热功率模块。上述应用条件使其适合日常维护。考虑 q 平面内的转子方程，并使转速保持为零，数学表达式为

$$0 = \frac{\mathrm{d}\varphi_{rq}}{\mathrm{d}t} + \frac{R_r}{L_r}\varphi_{rq} - \frac{L_o}{L_r}R_r i_{sq} \tag{11.14}$$

式中，φ_{rq} 为转子磁通 φ_r 的 q 轴分量，R_r、L_o 和 L_r 分别为转子电阻、励磁电感和转子电感。将转子磁通定向，转子磁通 φ_r（黄色）位于图 11.11 所示的 d 轴上。此时转子磁通的 q 轴分量为零，如图 11.11 所示。因此，式（11.14）可以表示为

$$-\frac{L_o}{L_r}R_r i_{sq} = 0 \tag{11.15}$$

为了实现电机零转速，i_{sq} 应该保持为 0，如式（11.15）所示。相同条件下的 d 平面中的转子方程可以表示为

$$i_{sd} = \left(\frac{\mathrm{d}\varphi_{rd}}{\mathrm{d}t} + \frac{R_r}{L_r}\varphi_{rd}\right) \bigg/ \left(\frac{L_o}{L_r}R_r\right) \tag{11.16}$$

励磁电流 i_m 表示为 $\varphi_{rd} = L_o i_m$。

$$i_{sd} = \frac{L_r}{R_r}\frac{\mathrm{d}i_m}{\mathrm{d}t} + i_m \tag{11.17}$$

稳态情况下，$i_{sd} = i_m$。i_{sq} 为转矩电流，i_{sd} 为励磁电流。因此，可以使用间接转子磁通定向施加零转矩电流 i_{sq} 和固定的励磁电流 i_{sd}，来加热功率模块，详细说明见参考文献 [35]。

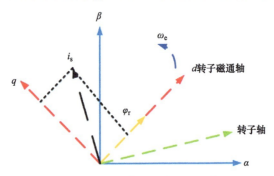

图 11.11 旋转磁通定向的示意图

在考虑矢量控制等先进控制技术时，感应电机的参数非常重要。提取的感应电机参数见表 11.2，分别在电机空载和堵转条件下获得相关参数。通过这些参数，可以根据图 11.12 的框图，计算控制参数。电流 i_{sd} 和 i_{sq} 的 PI 控制器是相同的。在间接转子磁通定向的矢量控制中，使用上述方程推导得到 $i_{sq} = 0$A，并将 i_{sd} 的参考值设为 7A，可以实现电机的零转速，并同时加热功率模块，如图 11.12 所示。所得到的输出电流如图 11.13 所示。A 相电流为 7A，B 相和 C 相电流为 -3.5A，因此三相电流处于平衡状态。电机的速度和转矩如图 11.14 所示，表明此时系统（如列车）处于静止状态。

表 11.2 电机参数

电机参数	符号	大小
励磁电感	L_m	0.35H
转子电阻	R_r	2Ω
转子漏感	L_{lr}	15.7mH
定子漏感	L_{ls}	15.7mH
定子电阻	R_s	2.3Ω

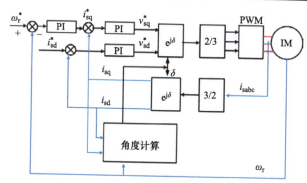

图 11.12 矢量控制框图

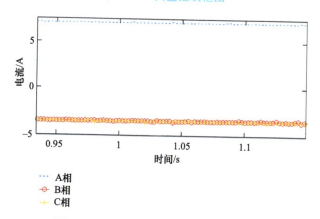

图 11.13 应用零转矩控制策略的相电流

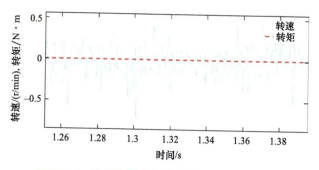

图 11.14 感应电机在加热过程中的转速和转矩

11.3.2 提取冷却曲线

针对 IGBT 开发的整体测试平台、测量系统和开关顺序，如图 11.15 所示[11]。该方法可直接应用于 SiC MOSFET。它由测量板和隔离板两部分组成。逆变器的直流侧电压为 200V，开关频率为 10kHz。逆变器采用矢量控制，参考电流为 7A。达到稳态温度后，为了确保在测量过程中没有来自电源侧的电流，除了要测量结温的开关外，逆变器中的其他开关都会关闭。测量电路和三相电流传感器连接到 FPGA 上的模数转换器。编码器会向 FPGA 提供速度反馈。这一过程可以不使用编码器，直接输入 i_{sq} 的参考值。但为了确保安全运行和无转矩脉冲，需要使用编码器。

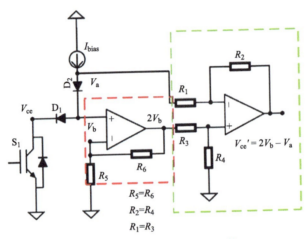

图 11.15 测量电路的原理图[11]

测量 SiC MOSFET 漏 - 源极电压的原理，如图 11.15 所示。首先在直流侧电压较高的情况下测量 SiC MOSFET 两端的微小压降。然后是信号调理，通过增加增益和偏移环节来提高信号的分辨率，也可以充分利用 FPGA 中用于数据采集的模数转换器。经过上述处理后，使用隔离电路将 FPGA 与强电部分隔离。图 11.15 所示的两个二极管 D_1 和 D_2 串联，在 SiC MOSFET 导通期间，使用电流源将二极管正向偏置。当 SiC MOSFET 关断时，二极管 D_1 阻断电压 V_{ds}，保护测量电路免受损坏。假设两个二极管相同（$V_{D1} = V_{D2}$），则可通过从电位 V_b 减去二极管 D_2 上的压降来测量电压 V_{ds}，并通过图 11.15 所示的电路实现。

$$V_{ds} = V_b - V_{D2} = 2V_b - V_a \quad (11.18)$$

图 11.15 中的电路可以实现上述方程。首先，第一个运算放大器可以完成式（11.18）中 $2V_b$ 的产生功能。电路的第二部分采用差分放大器。该运算放大器也可用于设置合适的增益，如与模数转换器量程相关的增益。

加热结束后，向功率模块通入小电流来测量冷却曲线，需要接通 S_1 并断开其他功率模块，如图 11.16 所示。由于电机电感中有储存的能量，电流会流过为测量而主动开通的功率模块和其余两相上管的二极管，如图 11.16 所示。此时，待测功率模块中会有大电流流过，因此在续流期间无法测量小电流。

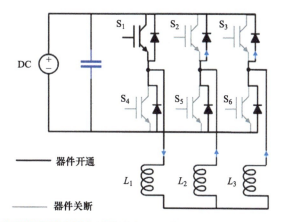

图 11.16　退化监测期间逆变器电流的流向：只有 S_1 开通，S_2 和 S_3 为体二极管导通

　　此时可以测量功率模块的集 - 射极电压和电流，如图 11.17 所示。此时电流缓慢衰减，电流大约需要 0.11s 才能达到测量电流的水平。如果在 0.11s 时开始测量，功率模块结构的大部分信息都将丢失，因为芯片、焊料和衬底的时间常数较小。功率模块的结 - 壳热阻约为 0.2K/W，与图 11.18 所示的归一化温度（除以功率损耗）一致，可获得结 - 壳的近似时间常数。此时，从图中得到的时间常数为 0.2512s。这意味着，在该时间常数之后开始的任何测量都只包含散热器的信息，无法记录功率模块中存在的任何退化。

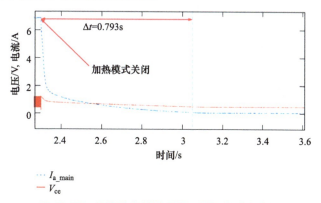

图 11.17　待测功率模块的集 - 射极电流和电压

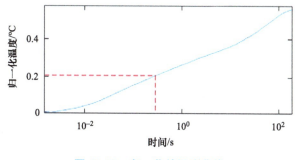

图 11.18　归一化的温度曲线

为解决这一问题，本章简要介绍相关方法。由于储存在电感中的电流流经功率模块，且需要一直测量电压，因此可以通过创建查找表的方式，利用不同温度下漏极电流与漏-源极电压的关系（I-V曲线）测量温度，使用曲线追踪器可以轻松获得这些曲线。实际测量的最佳点取决于目标灵敏度。

考虑到

$$V = L\frac{\mathrm{d}i}{\mathrm{d}t} \tag{11.19}$$

存在两种方法可以增加 di/dt：减小电感或增大电压，减小电感是不切实际的，增加电压受系统设计的限制。另一种方法是利用功率模块的特性，通过控制电流来增加 di/dt。

11.3.3 测试结果

解决上述问题的有效方法是使用矢量控制器，将用于加热功率模块的电流约束到较低值，从而使 I-V 曲线中的区域具有较低的灵敏度。从图 11.19 中可以看出，将参考电流从 7A 降为一个较低值，本例为 0.2A。与前一种情况相比，电流变化更快，在 2ms 内从 7A 变为 0.2A。这意味着自发热可以忽略不计。此外，还可以获得更快的时间常数，当电流降到 1A 以下时开始测量。当电流趋近于零时，I-V 曲线对噪声的敏感度降低，因此测量误差也会

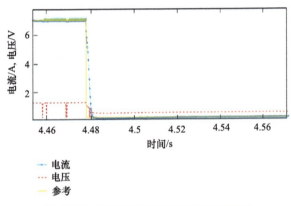

图 11.19　采用矢量控制时的电流和电压

减小。为了尽可能获得最快的时间常数，当测量时间大于 4ms 时，无法测量衬底和散热器之间焊料层的时间常数。图 11.20 给出了两条曲线，展示了此过程的可重复性和可靠性。这一点非常重要，因为整个过程是为了验证多芯片功率模块的退化情况，结构函数可用于处理这些曲线。轮廓函数可通过完整的图形，表示功率模块中发生的情况。两条测量到的冷却曲线的结构函数，如图 11.20 所示。

此方法可用于验证定制的功率模块的退化情况。该功率模块在专用功率循环设备上使用恒定电流进行功率循环，电流为 52A。开通时间为 50s，关断时间为 60s，占空比为 45.45%。循环期间的最低结温为 6℃，退化过程开始前的最高结温为 137℃，如图 11.21 所示。从 11000 个循环周期后的最高结温曲线上，可以观察到退化过程。ΔT_j 亦是如此，因为最低结温是恒定的。选择退化前的初始 ΔT_j 是为了加速循环过程。也可以通过选择合适的循环电流和占空比来产生不超过功率模块最高工作温度的最大 ΔT_j。

在循环过程开始之前，为便于后续比较，首先进行了初步测试。如图 11.22 所示，对衬底和基板之间的焊接层进行了声学扫描。此外，还测量了功率模块差分结构函数，并与数据手册进行了对比验证。首先对结构函数进行了测量。在第一次测量中，在基板和散热器之间放置了

一层薄膜,而另一次测量则未放置薄膜,差分结构函数如图 11.23 所示。根据数据手册,外壳的典型热阻为 0.25K/W,这与差分结构函数相对应,因为结构函数的热阻值开始出现差异。通过声学扫描观察到退化后,热阻的变化表明功率模块已经发生退化,而之前的峰值表明焊接层已经退化,如图 11.23 所示。因此,采用该方法可以测量功率模块的结构函数,从而显示功率模块的退化情况。

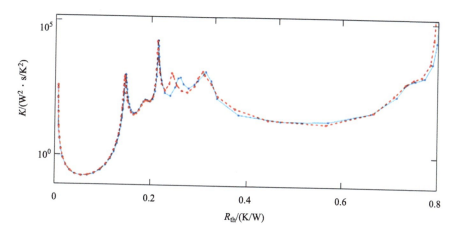

图 11.20　差分结构函数展示了该过程的可重复性

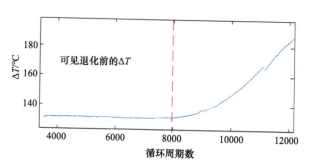

图 11.21　经过 11000 个循环周期后功率模块的 ΔT

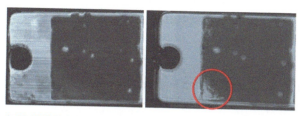

图 11.22　a)初始模块的扫描声学显微镜图像;b)经过 10000 个循环周期后的图像

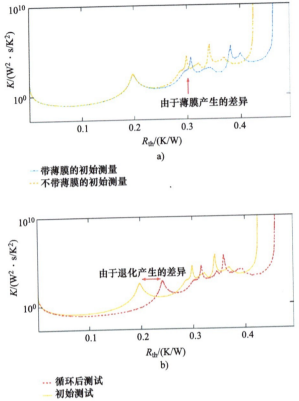

图 11.23 差分结构函数。a）在使用相同功率模块并在基板和散热器之间加入薄膜之前进行循环测试；b）在循环测试后与初始测量结果进行比较（无薄膜测量）

11.4 结论

本章介绍了利用结构函数测量多芯片功率模块的退化情况。通过在基板和衬底之间主动诱导功率模块退化，证明了所提出方法具有检测功率模块退化区域的能力。利用间接转子磁通定向的矢量控制加热技术也在实验中得到了证明，当电流流过功率模块时，使用间接转子磁通定向来停止感应电机以测量热瞬态。因此，可以在线定期检查功率模块的健康状况，而无需额外的大电流源，以防止在运行过程中出现意外故障。作为一种矢量控制，它可用于加热，仅需简单修改现有程序。此外，测量电路也可安装在栅极驱动器电路板上[36]。

参考文献

[1] Vermesan O., John R., Bayerer R. 'High temperature power electronics SiC MOSFET modules for electrical and hybrid vehicles'. *Proceedings of the*

International Microelectronics Packaging Society High Temperature Network (IMAPS HiTEN); Oxford, U.K; 2009. pp. 199–204.

[2] Coquery G., Piton M., Lallemand R., Pagiusco S., Jeunesse A. 'Thermal stresses on railways traction inverter SiC MOSFET modules: concept, methodology, results on sub-urban mass transit. Application to predictive maintenance'. *European Power Electronics Conference*; Toulouse, France; 2003.

[3] Ciappa M. 'Selected failure mechanisms of modern power modules'. *Microelectronics Reliability*. 2002, vol. 42(4–5), pp. 653–67.

[4] Ciappa M., Castellazzi A. 'Reliability of high-power SiC MOSFET modules for traction applications'. *Proceedings of the 45th annual IEEE International Reliability Physics Symposium 2007*; 2007. pp. 411.0–411.5.

[5] Pittini R., Arco S.D., Hernes M., Petterteig A. 'Thermal stress analysis of SiC MOSFET modules in VSCs for PMSG in large offshore wind energy conversion systems'. *Proceedings of the 2011 14th European Conference on Power Electronics and Applications 2011(EPE 2011)*; 2011. pp. 1–10.

[6] Herr E., Frey T., Schlegel R., Stuck A., Zehringer R. 'Substrate-to-base solder joint delamination in high power SiC MOSFET modules'. *Microelectronics Reliability*; 1997. pp. 1719–22.

[7] Heuck N., Bayerer R., Krasel S., Otto F., Speckels R., Guth K. 'Lifetime analysis of power modules with new packaging technologies'. *2015 IEEE 27th International Symposium on Power Semiconductor Devices & IC's (ISPSD)*; 2015. pp. 321–4.

[8] Domes D., Schwarzer U. 'SiC MOSFET-module integrated current and temperature sense features based on sigma-delta converter'. *Power Conversion Intelligent Motion Europe*; Nuremberg, Germany; 2009.

[9] Eleffendi M.A., Johnson C.M. 'Application of Kalman filter to estimate junction temperature in IGBT power modules'. *IEEE Transactions on Power Electronics*. 2016, vol. 31(2), pp. 1576–87.

[10] Zhu S., Fayyaz A., Castellazzi A. 'Static and dynamic TSEPs of SiC and GaN transistors'. *Proceedings of the 9th International Conference on Power Electronics, Machines and Drives (PEMD 2018)*, Apr 27; 2018.

[11] Gonzalez O., Jose A., Olayiwola M., Hu J., Ran L., Mawby P.A. 'An investigation of temperature sensitive electrical parameters for SiC power MOSFETs'. *IEEE Transactions on Power Electronics*; 2016.

[12] Wang J. 'Real-time measurement of temperature sensitive electrical parameters in SiC power MOSFETs'. *IEEE Transactions on Industrial Electronics*; 2017.

[13] Zhang Z., Dyer J., Wu X., *et al.* 'Online junction temperature monitoring using intelligent gate drive for sic power devices'. *IEEE Transactions on Power Electronics*. 2019, vol. 34(8), pp. 7922–32.

[14] Zhang Z., Wang F., Costinett D.J., Tolbert L.M., Blalock B.J., Wu X. 'Online junction temperature monitoring using turn-off delay time for silicon carbide power devices'. *Proceedings of the 2016 IEEE Energy Conversion Congress and Exposition (ECCE)*; Milwaukee, WI, USA, 18-22 Sept; 2016.

[15] Stella F., Pellegrino G., Armando E., Dapra D. 'Online junction temperature estimation of SiC power MOSFETs through on-state voltage mapping'. *IEEE Transactions on Industry Applications*. 2018, vol. 54(4), pp. 3453–62.

[16] Stella F., Olanrewaju O., Yang Z., Castellazzi A., Pellegrino G. 'Experimentally validated methodology for real-time temperature cycle tracking in SiC power modules'. *Microelectronics Reliability*. 2018, vol. 88-90(6), pp. 615–19.

[17] Ceccarelli L., Luo H., Iannuzzo F. 'Investigating SiC MOSFET body diode's light emission as temperature-sensitive electrical parameter'. *Microelectronics Reliability*. 2018, vol. 88–90, pp. 627–30.

[18] Kalker S., van der Broeck C.H., De Doncker R.W. 'Online junction-temperature sensing of SiC MOSFETs with minimal calibration effort'. *Proceedings of PCIM Europe 2020*; Nuremberg, Germany, 7-8 July; 2020.

[19] Perpiñà X., Serviere J.F., Saiz J., Barlini D., Mermet-Guyennet M., Millán J. 'Temperature measurement on series resistance and devices in power packs based on on-state voltage drop monitoring at high current'. *Microelectronics Reliability*. 2006, vol. 46(9–11), pp. 1834–9.

[20] Huang H., Mawby P.A. 'A lifetime estimation technique for voltage source inverters'. *IEEE Transactions on Power Electronics*. 2013, vol. 28(8), pp. 4113–19.

[21] Musallam M., Johnson C.M., Chunyan Y., Hua L., Bailey C. 'In-service life consumption estimation in power modules'. *2011 13th International Power Electronics and Motion Control Conference (EPE/PEMC)*; 2011. pp. 76–11.3.

[22] Eleffendi M.A., Johnson C.M. 'Thermal path intergrity monitoring for SiC MOSFET power electronic modules'. *CIPS*; 2014. pp. 42–7.

[23] Ghimire P., Pedersen K.B., A. R. dV., Rannestad B., Munk-Nielsen S., Thogersen P.B. 'A real time measurement of junction temperature variation in high power SiC MOSFET modules for wind power converter application'. *2014 11th International Conference on Integrated Power Systems (CIPS)*; 2014. pp. 1–6.

[24] Chen H., Ji B., Pickert V., Cao W. 'Real-time temperature estimation for power MOSFETs considering thermal aging effects'. *IEEE Transactions on Device and Materials Reliability*. 2014, vol. 14(1), pp. 220–8.

[25] Wang Z., Qiao W., Tian B., Qu L. 'An effective heat propagation path-based online adaptive thermal model for SiC MOSFET modules'. *2014 IEEE Applied Power Electronics Conference and Exposition - APEC 2014*; 2014. pp. 513–18.

[26] Ji B., Pickert V., Zahawi B. 'In-situ bond wire and solder layer health monitoring circuit for IGBT power modules'. *2012 7th International Conference on Integrated Power Electronics Systems (CIPS)*; 2012. pp. 1–6.

[27] Yali Xiong., Xu Cheng., Shen Z.J., Chunting Mi., Hongjie Wu., Garg V.K, Xiong Y, Cheng X, Mi C., Wu H. 'Prognostic and warning system for power-electronic modules in electric, hybrid electric, and fuel-cell vehicles'. *IEEE Transactions on Industrial Electronics*. 2011, vol. 55(6), pp. 2268–76.

[28] Székely V. 'A new evaluation method of thermal transient measurement results'. *Microelectronics Journal*. 1997, vol. 28(3), pp. 277–92.

[29] Székely V., Bien T.V. 'Fine structure of heat flow path in semiconductor devices: a measurement and identification method'. *Solid-State Electronics*. 1911, vol. 11, pp. 1363–68.

[30] Castellazzi A. 'Performance and reliability of power MOSFETs in the 42V-powernet'. 10. Germany: Munich: Springer; Oct 2004.

[31] Guillemin E.A. *Synthesis of passive networks*. New York: Wiley; 1957.

[32] Bastin K. 'Analysis & modelling of self heating in silicon germanium heterojunction bipolar transistors'. 2009.

[33] Protonotarios E., Wing O. 'Theory of nonuniform RC lines, Part I: analytic properties and realizability conditions in the frequency domain'. *IEEE Transactions on Circuit Theory*. 1967, vol. 14(1), pp. 2–12.

[34] Rencz M., Szekely V. 'Structure function evaluation of stacked dies'. *Semiconductor Thermal Measurement and Management Symposium, 2004. Twentieth Annual IEEE*; 2004. pp. 50–4.

[35] Aliyu A.M., Chowdhury S., Castellazzi A. 'In-situ health monitoring of power converter modules for preventive maintenance and improved availability'. *2015 17th European Conference on Power Electronics and Applications (EPE'15 ECCE-Europe)*; 2015. pp. 1–10.

[36] Beczkowski S., Ghimre P., A. R. dV., Munk-Nielsen S., Rannestad B., Thogersen P. 'Online VCE measurement method for wear-out monitoring of high power IGBT modules'. *2013 15th European Conference on Power Electronics and Applications (EPE)*; 2013. pp. 1–7.

第 12 章

先进热管理方案

Xiang Wang，Alberto Castellazzi

本章将介绍一种先进的冷却方法，其设计参数可根据负载和环境温度条件实时调整，从而抑制功率模块的温度波动，并减少功率模块退化。首先，从理论上解释受控散热器的设计，特别是如何实现模型线性化和基于观测器的多变量反馈控制，然后进行概念验证。实验结果证明了所提出的解决方案在温度调节和降低温度循环波动方面的有效性。本章提出的方法特别适用于 SiC 功率模块，因为它们运行时会产生较高的热量，并导致使用寿命降低。

12.1 动态自适应冷却方法

12.1.1 热管理与可靠性

自适应冷却方法的灵感主要来自图 12.1，该图展示了 IGBT 功率模块可靠性测试的结果[1]。在所测试的温度范围内，功率模块的寿命主要取决于两个参数：①功率模块所经历的热循环幅度 ΔT_j；②平均工作温度 T_m。如果将 ΔT_j 降低的幅度与 T_m 升高的幅度保持相同，则功率模块的失效循环次数会更高。例如，从点 1 到点 2，ΔT_j 固定在 50K，T_m 增加 20K，从 80℃增加到 100℃，失效循环次数将减少 3×10^5 次，即从点 1 的 5×10^5 次降低到点 2 的 2×10^5 次。但是，从点 2 移动到点 3 时，即保持相同的 T_m，ΔT_j 同样降低 20K，则失效循环次数增加到 2×10^6 次，比起始参考点 1 更高。图 12.1 中的所有点都可以得到相同的结论。总之，ΔT_j 对功率模块可靠性的影响最为明显。因此，为了提高功率模块的可靠性，热管理的首要目标应该是 ΔT_j 的控制。

目前，功率模块热管理的目的，只是确保在额定功率或最坏情况下，功率模块的最高工作温度保持在安全阈值以下，散热器的设计参数是固定的。从可靠性的角度来看，这种固定参数的设计方法，显然不是散热器的最佳选择。为了尽可能减小功率模块的温度波动，有人提出了一些基于温度调节的热管理策略[2-4]。参考文献[2]提出了一种温度控制系统，被测功率模块夹在散热器和加热器中间。通过控制加热器的功率，可快速调节流过功率模块的热量，从而调整功率模块的温度。这种策略实际上是一种加热方法，而不是冷却方法，将功率模块加热到一定温度需要额外的功率消耗。参考文献[3]展示了一种温控冷却方法。通过外力调整冷却流体方向（如风扇的朝向），将待测功率模块的温度调至目标值。但是，这种方法需要安装多个平行的冷却风扇，并且每个风扇都需要一个电机，增加了冷却系统的复杂性，并限制了其热响应速度。参考文献 [4] 提出了一种用于冷却集成电路的风扇速度控制方法。该方法使用热敏二极管来监测功率模块的温度，通过查找预设的温度-速度表来调节风扇速度。该方法主要有两个问题：①温度传感器必须安装在功率模块内部；②通过查找表控制冷却风扇是开环控制，对系统变化较为敏感，容易产生温度误差。因此，考虑到可靠性和温度控制，本节将介绍一种基于观测器的多变量反馈控制自适应冷却系统。

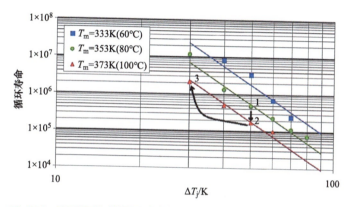

图 12.1 不同平均结温下功率模块可靠性与热循环幅度的关系[1]

12.1.2 动态自适应冷却方法

如图 12.2 所示，在冷却功率不变的情况下，功率模块温度会随着负载的变化而变化。为了降低 ΔT_j，可根据负载变化调整冷却功率。从系统控制的角度来看，该方法原理，如图 12.3 所示。根据实际负载、功率损耗 P_{diss} 和边界条件 T_{amb}（即环境温度）的变化，控制功率模块关键位置的温度。反馈控制回路监测所需位置的温度 T_{out}，并通过调整冷却参数 $V_{Cooling}$ 来消除温度误差 T_{err}，从而控制温度输出并减小温度波动。控制参数 $V_{Cooling}$ 是用于控制冷却设备的控制器输出信号。它可以是空气强制对流冷却系统中风扇的偏置电压，也可以是液体冷却系统中水泵的电压。通过控制冷却设备，可以通过调整系统的热阻 Z_{th}，满足温度调节的要求。

在安装硬件温度控制器时，如何接触到功率模块内部需要控制或调节的位置是一个难点。可靠性的关键位置通常是功率模块不同材料或组件之间的连接层。因此，在功率模块附近嵌入传感器并不能真正解决问题，反而会增加功率模块的复杂性和成本。一种常见的估计结温的方法是建立实时热模型，并将模型与实验数据相匹配，从而获得用于温度估计的参考查找表。但是，这种方法需要高精度的物理参数、适当的初始条件和持续的迭代，来建立可靠的查找表。本章将介绍一种不同的方法，即基于观测器的方法，该观测器是功率模块的准确热模型，可用于评估任何相关位置的温度。

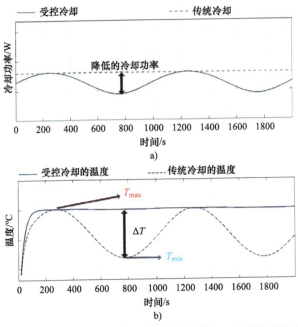

图 12.2 传统方法和所提冷却方法的热循环对比。a) 冷却功率; b) 温度

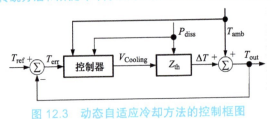

图 12.3 动态自适应冷却方法的控制框图

12.2 热阻建模和状态观测器设计

如图 12.4 所示,在功率模块中,Si 芯片一般通过焊料焊接在铜引线框架上,铜引线框架安装在散热器上,并通过导热材料相互连接。

实际运行中,功率模块热偏移的可预测性对理解功率模块的特性及评估其可靠性和寿命至关重要。大多数功率模块的电性能参数都受温度的影响,而功率芯片和封装材料的机械性能也受温度的影响。一方面,为了防止功率模块失效,必

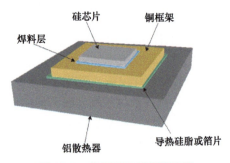

图 12.4 功率模块的典型结构

须确保功率模块的实际温度不超过额定的最高结温;另一方面,功率模块所经历的热循环的次数和幅度,是功率模块退化的重要原因,因为每个热循环都伴随着膨胀和收缩。

在此系统中,Si 芯片的 p-n 结处通常会达到最高温度,根据之前的讨论,需要特别监测

此处的温度。功率模块对功率脉冲的热响应，通常通过热阻来描述。确定结与环境之间的热阻 Z_{thja}，可以通过直接测量或解析计算，其中环境指的是系统内可用作参考的任何恒定温度，可以是恒定的散热器温度或空气温度。下面将介绍和讨论上述两种方法，并展示如何建立仿真模型，讨论每种方法的优缺点。最后，推理两种方法所得结果之间的关系。

12.2.1 实验提取功率模块热阻

为了监测功率模块的温度，需要利用温敏电参数法。在所有的功率模块参数中，合适的参数应具有以下特点[5]：

1）随温度的变化应足够大，以便实时测量，并具有较高的分辨率。
2）随温度的变化必须是单调的，最好是线性的。
3）必须能代表相关位置的温度。
4）必须易于测量，且在测量期间是稳定的和可重复的。

对于功率 MOSFET 而言，通常选择正向偏置的体二极管压降作为温度监测的参数，因为它在较大的温度范围内与结温呈线性关系，约为 –2mV/℃，且同一生产批次的芯片体二极管压降几乎没有差异。图 12.5 为相应的测量电路，通过开关 S 在功率模块的漏极和源极之间施加给定的电压 V_{in}。由于栅极与漏极连接，只要选择合适的 V_{in}，MOSFET 即可导通并流过电流，从而产生功率损耗并发热。

通常将功率模块驱动到饱和区来加热，加热功率为电压和电流的乘积，该电路可以通过大多数实验设备实现。当功率模块达到稳态温度时，断开开关 S，功率损耗归零。冷却曲线对应的是系统对负振幅阶跃脉冲响应的热演化过程，因此可以用来描述系统的特征。在测量前对体二极管的温度-电压曲线进行适当的校准，可将功率模块冷却过程中的电压与温度直接对应起来，从而获得图 12.6 所示的冷却曲线，表示为

$$T_j^{cool}(t) = T_j(t_0) - PZ_{thja}(t) \tag{12.1}$$

式中，P 为功率脉冲的绝对值。

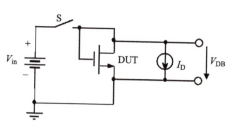

图 12.5　测量体二极管正向电压随温度变化的电路示意图

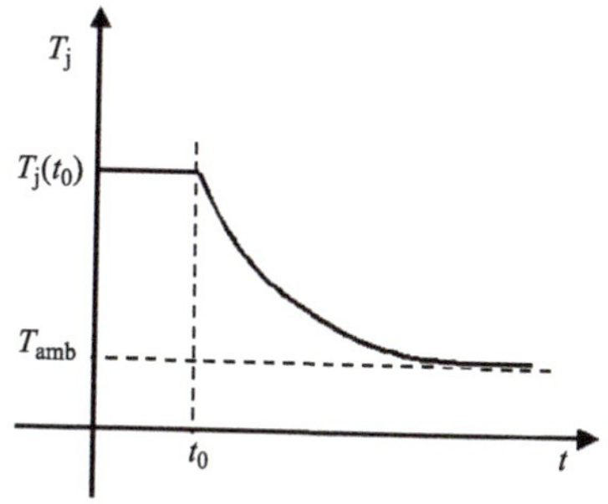

图 12.6　功率模块的冷却曲线

将系统的热阻定义为随着时间趋于无穷大的热阻，即

$$R_{thja} = \lim_{t \to \infty} Z_{thja}(t) \tag{12.2}$$

考虑到

$$\lim_{t \to \infty} T_j^{cool}(t) = T_{amb}$$

式（12.1）可以重新表示为

$$\Delta T(t) = T_j^{cool}(t) - T_{amb} = P \cdot [R_{thja} - Z_{thja}(t)] \quad (12.3)$$

令 $t_0 = 0$，式（12.3）可以用以下函数进行数学近似：

$$\Delta T(t) = P \cdot \sum_{i=1}^{n} R_i \cdot e^{-\frac{t}{R_i \cdot C_i}} \quad (12.4)$$

联立式（12.1）与式（12.4），可以推导出结-环境热阻为

$$Z_{thja}(t) = \sum_{i=1}^{n} R_i \cdot \left(1 - e^{-\frac{t}{R_i \cdot C_i}}\right) \quad (12.5)$$

式中，

$$\sum_{i=1}^{n} R_i = R_{thja}$$

R_i 和 C_i 是上述方程中的常量，可以通过以下方式确定。针对以下曲线

$$\frac{\Delta T(t)}{P} = \sum_{i=1}^{n} R_i \cdot e^{-\frac{t}{R_i \cdot C_i}} \quad (12.6)$$

在半对数坐标系上绘制此曲线，右侧指数项之和转化为线性项的和，在图形上相当于线段之和。当时间足够大时，除了最高指数 $i = n$ 的指数项外，所有指数项均可视为零。通过渐近延伸代表冷却曲线的直线，可直接在与纵轴的交点处读取 R_n 的值。R_n/e 对应等式 $t = R_n C_n = \tau_n$，从中可以推导出 C_n 的值。推导过程如图 12.7 所示。

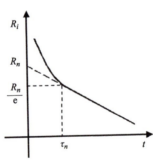

图 12.7 冷却过程中单位功率下温度变化的半对数曲线

然后从原始曲线中减去求得的第 n 项，再次应用该过程来求解第 $n-1$ 项。通过对足够多的项反复应用该过程，可以在所需的精度下求得 $Z_{thja}(t)$。

对于周期性方波功率脉冲，该表达式可以表示为

$$\frac{\Delta T}{P_{\text{rep}}} = \sum_{i=1}^{n} R_i \cdot \frac{1-e^{-\frac{t_p}{R_i \cdot C_i}}}{1-e^{-\frac{T}{R_i \cdot C_i}}} \quad (12.7)$$

式中，t_p 为脉冲宽度，T 为开关周期。参数 $D = t_p/T$ 为占空比。从上述关系可以看出，通过计算单脉冲阻抗参数，即可得到重复方波功率脉冲的热阻。图 12.8 给出了不同脉冲加热时间下的热阻曲线测量案例。

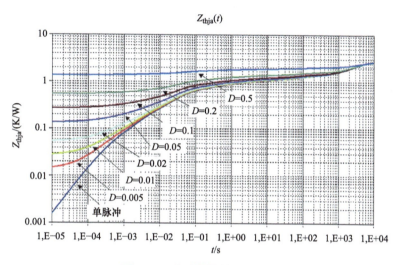

图 12.8 实验获得的热阻曲线

正如参考文献 [6-8] 所述，由于此处获得的 Z_{thja} 对应于系统理论中的阶跃响应，因此它包含了系统完整的热描述，可用于计算系统对任何类型功率脉冲的热响应：

$$T_j(t) = T_0 + \int_0^t P(\tau) \cdot \frac{\mathrm{d}Z_{\text{thja}}(t-\tau)}{\mathrm{d}t} \mathrm{d}\tau \quad (12.8)$$

由于式（12.6）只对方波功率脉冲有效，因此如果将其应用于不同的脉冲波形，将会得到错误的结果。不过，原则上可以采用一系列方波脉冲来逼近原始的功率脉冲波形，然后根据线性关系采用叠加定理来求解。

在仿真中使用该方法时，可以通过等效电路来表示式（12.7），文献中通常将其称为 Foster 网络或 π 网络，如图 12.9 中 $n = 6$ 时所示。

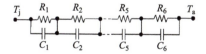

图 12.9 用于 Z_{thja} 建模的 Foster 网络或 π 网络

本节所述的 $Z_{\text{thja}}(t)$ 的提取方法存在两个缺点：

1）在图 12.5 中，当开关 S 断开时，即当移除电源脉冲时，由于寄生电感与寄生电容的谐振效应，功率模块的漏 - 源极电流会出现过零振荡。这种振荡一直持续到寄生元件所含能量完全耗散为止，振荡时间通常在 20~50μs 之间。在此期间，体二极管的正向电压也会受到这种效应的影响，从而破坏了功率模块温度变化的相关信息。根据香农采样定理，得到的 $Z_{thja}(t)$ 不能描述短于 $2t_D$ 的功率脉冲响应。

2）式（12.5）得出的 $Z_{thja}(t)$ 是一种数学近似值，与被测系统的物理结构没有任何直接关系。即图 12.9 网络中子 RC 网络之间的连接节点，不对应于系统内的任何实际位置。

12.2.2 热阻的分析建模

从图 12.10 中可以看出，即使假定 Si 芯片内部或部分 Si 芯片均匀发热，也不能将热传导问题视为一维问题，因为热量会在后续元件中横向扩散。一种常用的近似方法是假定热流存在一个给定的扩散角，根据实际经验，对于可忽略热累积效应的均质介质，扩散角可假定为 45°。然后，将系统细分为一定数量的子集来模拟 $Z_{thja}(t)$，在每个子集中，一维方法均是有效的。从组成系统的材料的几何和热特性着手，d 表示厚度，A 表示以 j 为索引的基本体积的横截面，假定热量垂直于 A 的平面流动，可以得到以下关系：

$$R_{thj} = \frac{d_j}{k_{th} \cdot A_j} \quad (12.9)$$

$$C_{thj} = \rho \cdot c \cdot d_j \cdot A_j \quad (12.10)$$

式中，k_{th}、ρ 和 c 分别代表所考虑材料的热导率、密度和比热容⊖。R_{thj} 和 C_{thj} 分别为所考虑基本体积的热阻和热容。与每个元件相关的热常数仅取决于元件的厚度，而与其横截面无关，可以表示为

$$\tau_\theta = R_{thj} \cdot C_{thj} = \frac{d_j}{k_{th} \cdot A_j} \cdot \rho \cdot c \cdot d_j \cdot A_j = \frac{\rho \cdot c}{k_{th}} \cdot d_j^2 \quad (12.11)$$

为了得到合理的系统热模型，通常根据经验来选择基本体积的数量 m。最终得到 Cauer 网络或 T 网络，如图 12.10 中 $m=6$ 时所示。

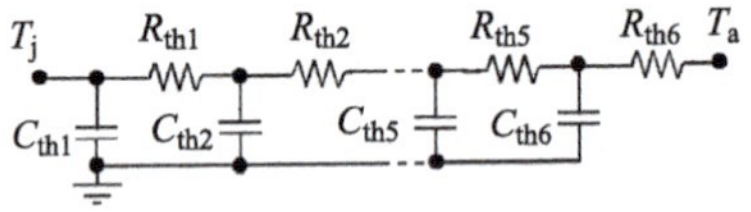

图 12.10 用于对 Z_{thja} 建模的 Cauer 网络或 T 网络

与 π 网络相反，T 网络中的每个节点都与系统的物理结构直接相关。一旦获得基本的功率模块热模型，即可将其扩展，并考虑其他散热层的影响，因此可用最小的代价研究不同的解决

⊖ 通常，假设材料的热特性是恒定的，该近似对于典型器件应用中的比热容 C 和热导率 e 是合理的。然而，对于 λ_{th}，更好的近似由以下关系式给出：$\lambda_{th} = 1/(a+bT+cT^2)$。其中，系数 a、b 和 c 是所考虑材料的典型值[6]。

方案[6, 7]。此外，这种电路原则上可用于描述对任何持续时间的功率脉冲的热响应。在描述快速动态时，该过程可用于由不同材料（Al、Si 和 SiO_2）层组成的功率模块。

除了本章介绍的方法外，还可采用其他分析方法模拟功率模块或系统的热响应[8]。此外，还可以采用有限元分析仿真等数值方法。

在用于电路仿真的模型中，对于 T 和 π 模型，描述环境温度的节点 T_a 必须连接到以地为参考的电压源。与功率模块节点相关的节点 T_j 必须连接到电流源，其幅值为功率模块本身的耗散功率。

可以将 Cauer 网络转换为 Foster 网络，反之亦然。虽然前一种转换很少使用，但在某些情况下却需要放弃 $Z_{thja}(t)$ 的物理模型。这可能是因为需要确定系统中特定位置的温度，或者是需要用额外散热器的描述来补充数据表中的信息。因此，通常需要将 π 模型转换为 T 模型，详细步骤见参考文献 [7]。

12.2.3 多变量反馈控制

根据以上关于热阻提取方法的讨论，可以看出，状态空间描述非常适合表示系统的电热特性。如图 12.3 所示，在状态空间中，只有 $V_{Cooling}$ 为可控输入，而 P_{diss} 和 T_{amb} 是由负载条件和外部环境决定的干扰项。为了准确控制输出温度，系统输出温度与阶跃指令之间的稳态误差必须为零。但是，仅使用多变量状态反馈控制，任何模型参数的变化都会导致非零的误差。因此，还需要引入积分控制。如图 12.11 所示，误差的积分值为 $T_{err} = T_{out} - T_{ref}$，系统的状态为 x，通过额外的积分状态 x_I 来增加系统的状态。

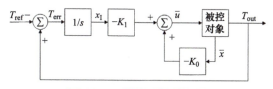

图 12.11 增广系统的框图

随后，可以计算出增强系统的极点，并根据目标动态响应设置闭环极点。理论上，对于二阶以上的系统，闭环极点可以设置为一对主导二阶极点，而其余的极点的实部要远远高于主导极点的绝对值，以便受控系统模拟二阶系统的特性。不过，在大多数情况下，安装在冷却系统上的功率模块通常为一阶响应，甚至无需考虑稳定性问题。

12.2.4 温度观测

状态空间模型通常基于功率模块的材料特性和结构特征。如果已知 P_{diss} 和 T_{amb}，则可以估计模型中任何位置的温度。本节仅考虑完全状态观测器的情况。由于温度为内部状态，因此可以同时获得所有物理层的温度信息。完全状态观测器状态空间模型的等效框图，如图 12.12a 所示。

虽然该方法大大简化了硬件方面的工作，但该观测器也需要验证。图 12.12b 为当前情况下的实验结果，展示了安装在陶瓷衬底上的单个功率模块的功率耗散曲线，以及热电偶和二极管检测到的温度变化。热电偶用于获取缓慢的温度变化，而二极管则作为更快的传感器。二极管安装在功率芯片附近,而热电偶则安装在芯片的顶部金属表面。初始不精确校准会导致二极管与热电偶获取的温度曲线之间产生恒定的偏移。此外,观测器估计的温度与测量的温度匹配较为精确。

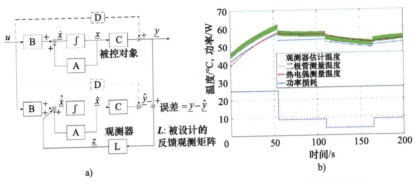

图 12.12 a)完全状态观测器反馈控制的框图;b)实验结果

12.3 冷却系统设计对功率模块退化的影响

为了证明所提方法的优势,对两个完全相同的功率模块施加了相同的主动和被动温度应力。温度循环和功率耗散曲线,如图 12.13 所示,皆为商用风电逆变器寿命验证中实际使用的测试曲线。一个功率模块采用固定参数冷却,另一个功率模块采用所提的动态自适应冷却方法。图 12.13b 为两种情况下在功率模块基板上测得的温度曲线,固定冷却条件下的温度循环幅度较大,自适应冷却方法下的温度循环幅度较小。自适应冷却方法明显减小了 ΔT 的幅度,但同时也增加了平均温度 T_{AVE}。但是,从图 12.13 的结果来看,可以通过减小 ΔT 来延长功率模块的使用寿命,但前提是 ΔT 的减小至少等于 T_{AVE} 的增加。图 12.13 满足了这一条件,ΔT 降低到约 45K,而 T_{AVE} 增加到约 25K。

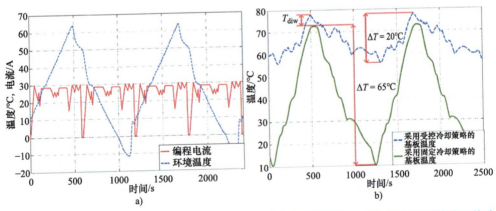

图 12.13 a)主动和被动热循环的测试曲线;b)固定参数冷却和动态自适应冷却策略下的功率模块衬底温度

在图 12.13 所示的条件下，功率模块经过了 1000h（约 3000 次温度循环）的测试。在此期间，对功率模块进行了截面检查，以评估其完整性，扫描电子显微镜的图像如图 12.14 所示。左侧为固定冷却参数下的结果，右侧为自适应冷却下的结果，在图 12.14a 中，在固定冷却参数的情况下，可以观察到衬底和基板之间的焊料层明显变薄并分层，剩余焊料层中的气泡密度较高。在图 12.14b 中，详细地展示了陶瓷 - 铜界面的情况，陶瓷本身的结构特性也发生了显著退化。这两种效应都会导致热阻变差，与采用固定参数冷却的功率模块相比，这两种效应被认为是功率模块退化程度加深的明显迹象。在自适应冷却的情况下，没有观察到明显的空洞或裂纹，焊料层厚度也保持不变。

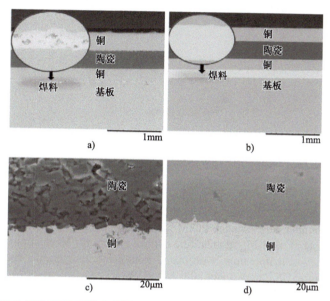

图 12.14 循环后功率模块的结构完整性：固定冷却参数（左侧）和动态主动冷却（右侧）。a）焊锡层的退化细节；b）陶瓷退化的细节

12.4 结论

本章介绍了基于观测器的动态自适应冷却策略，能够在正常工作条件下降低功率模块的退化速度。考虑到结温波动 ΔT_j 和平均结温 T_m 对功率模块可靠性的影响，为了适应负载变化（例如功率和环境温度的变化），所提出的冷却方法利用多变量反馈控制来调节功率模块温度。通过引入反馈控制器，ΔT_j 的降低幅度高于 T_m 的升高幅度。

此外，尚有一个方面未做详细讨论，即所提出解决方案的最小响应时间或最大带宽。大多数冷却装置的时间常数相对较大，因此有理由怀疑所提出解决方案在抵消"快速"温度变化方面的能力，可能会对功率模块的可靠性产生较大影响。所提冷却系统对快速动态功率变化的响应如图 12.15 所示。由于功率模块的动态热特性，在快速动态期间，控制器可以轻松保持关键区域的温度恒定。如果可靠性关键位置的时间常数较小，情况可能会有所不同。此时，可以合理地假设以选择基本的冷却方法，并以更接近热源的方式散热，如直接冲击射流冷却基板。因此，从原理和理论上来说，所提出的方法可以直接应用，但是需要设计专门的实验来验证。

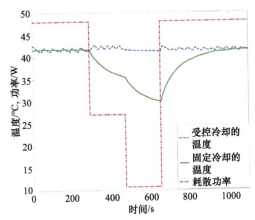

图 12.15　动态主动散热器和固定参数散热器对快速动态功率耗散的响应情况

参 考 文 献

[1] Scheuermann U., Hecht U. 'Power cycling lifetime of advanced power modules for different temperature swings'. PCIM Nuremberg; 2002. p. 5964.

[2] Babcock J.W., Tustaniwskyj J.I. Temperature control system for an electronic device in which device temperature is estimated from heater temperature and heat sink temperature. US Patent 5,844,208; 1 Dec 1998.

[3] Anderl W.J., Huettner C.M. Real time adaptive active fluid flow cooling. US Patent 7,733,649, 8 June 2010.

[4] Singh D.K., Atallah F.I., Allen D.H. Fan speed control from adaptive voltage supply. US Patent 8,515,590, 20 Aug 2013.

[5] Blackburn D.L., Berning D.W. '*Power MOSFET temperature measurements, PESC'82 record*'. *13th Annual IEEE Power Electronics Specialists Conference*; Cambridge, MA; 1982.

[6] Selberherr S. *Analysis and simulation of semiconductor devices*. Austria: Springer-Wien-Verlag; 1984.

[7] H.Müller. '*Beziehung zwischen dem praktisch verwendeten und physikalisch sinnvollen Wärmeersatzschaltbild von Dioden und Thyristoren*'. *Archiv für Elektrotechnik*. 54. Springer-Verlag; 1971. pp. 170–6.

[8] Rinaldi N. 'On the modeling of the transient thermal behavior of semiconductor devices'. *IEEE Transactions on Electron Devices*. 2001, vol. 48(12), pp. 2796–802.

第 13 章

新兴的封装概念和技术

Emre Gurpinar，Burak Ozpineci

功率模块的封装主要用于容纳功率芯片，提供芯片与其他组件之间的电气连接和电气隔离，传导芯片产生的热量，保护其免受周围环境（如灰尘和湿度）的影响。图 13.1 为功率模块封装的典型结构。该结构包括不同的材料，如键合线的铝、端子的铜，以及基于 DBC 衬底的 AlN 陶瓷。这种由多层叠、多材料组成的结构，会影响功率模块的散热能力。此外，由于不同的热膨胀系数，在功率循环和温度循环期间，功率模块中的某些材料层会承受较高的应力，从而导致有限的寿命和由热应力引起的早期故障[1]。

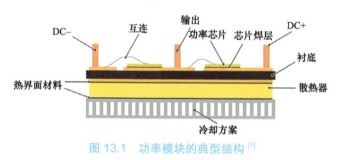

图 13.1 功率模块的典型结构[1]

本章将讨论一些用于 SiC 功率模块的新兴技术，包括高性能散热器和衬底，以及 3D 打印散热器。

13.1 高性能散热器

高定向石墨 [如热解石墨（TPG）] 是一种先进的热管理材料，由排列整齐的石墨烯层组成，具有极高的横向热导率。通过高温化学气相沉积工艺和高于 3000℃ 的热处理，石墨烯层可形成排列整齐、定向的多层石墨结构[2]。由于石墨烯层之间的范德华力很弱，石墨是一种相对较软的材料。这些层之间的微弱结合力导致了较低的纵向热导率。此外，在常规电镀、焊接和钎焊过程中，石墨的惰性使其无法与其他金属或陶瓷直接连接。因此，为了保护这种相对较脆的材料，需要将石墨封装在金属中，使其能够与其他材料连接。

从表 13.1 所列几种散热器材料的特性可以看出，石墨的横向热导率是铜的四倍，而密度仅为铜的 1/4，铜通常用于 DBC 和基板等。但是，将石墨封装在金属外壳里面，热导率会高于金属封装材料,但低于纯石墨材料。因此,石墨与金属的比例会直接影响整体结构的热性能[3]。图 13.2 为石墨与铜材料的封装结构,其中石墨烯的各向异性使其在横向和纵向具有最佳的热导率。如果不考虑图 13.2 所示的层间接触电阻,封装石墨在横向和纵向的热导率可通过 Fan 和 Liu 提出的方法计算[4]。图 13.3 为整体结构的横向和纵向热导率与石墨比例的关系。此时,石墨在横向和纵向展现了较高的热导率。当石墨比例超过 80% 时,横向热导率是铜的 3.2 倍,纵向的热导率是铜的 2.4 倍。此外,该结构的密度可降低 2.46 倍,在改善热导率的同时,减轻了整体结构的重量。最后,虽然石墨比例决定了结构的热导率和密度,如图 13.3 所示,但是封装材料的热膨胀系数决定了结构的热膨胀系数[3]。由于该结构石墨的比例较高,且热导率与热膨胀系数解耦,因此可以在不影响热性能的前提下,实现功率模块各层材料之间最佳的热膨胀系数匹配。

表 13.1 散热器材料的典型性能比较

材料	横向热导率 /[W/(m·K)]	纵向热导率 /[W/(m·K)]	平面内热膨胀系数 /(ppm/℃)	密度 /(g/cm³)	横向热导率 密度
Al	218	218	23	2.7	81
Cu	396	396	17	8.9	45
AlSiC-12	180	180	11	2.9	62
CuW	185	185	8.3	15.2	12
石墨	>1500	10	−1	2.3	650

图 13.2 带有铜封装材料的散热器结构,用于横向和纵向热导率以及结构密度的分析

图 13.4 所示的仿真比较了铜和石墨嵌入式散热器的散热性能。为了能够直接比较和分析散热性能,仿真条件与实验条件相同。基于仿真和实验结果,图 13.5 比较了不同冷却剂温度情况下功率模块的总热阻。结果表明,使用石墨嵌入式散热器代替铜散热器,功率电阻的外壳温度得到了优化[5]。

随后,在冷却剂温度为 80℃ 时的满功率条件下,通过观察铜基和石墨基散热器的冷却性能,测量整体结构的瞬态热阻,如图 13.6 所示。铜基和石墨基装置的瞬态热阻曲线见图 13.5。在散热器中嵌入石墨对 1s 以下的瞬态热阻影响极小,当冷却时间在 1s 以上时,石墨嵌入式散热器的瞬态热阻较低。上述结果表明,石墨嵌入式散热器不会影响系统的动态热容性能,且在稳态条件下具有较低的热阻。

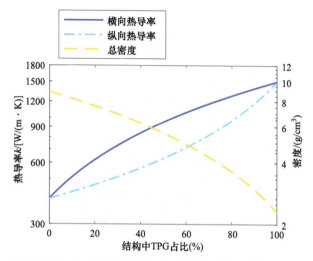

图 13.3 散热器的横向和纵向热导率及密度与石墨比例的关系

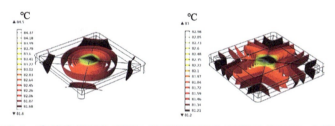

图 13.4 在功率损耗为 20W、冷却剂温度为 80℃的条件下，铜散热器（左）和石墨嵌入式散热器（右）的温度分布仿真结果

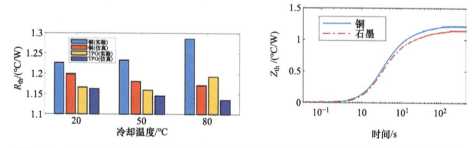

图 13.5 功率损耗为 20W、冷却剂温度为 80℃时，铜散热器上热通量分布的仿真结果

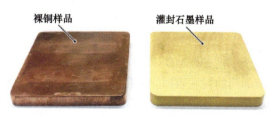

图 13.6 裸铜和灌封石墨样品

综上，以传统铜材料作为参照，分析和比较了高定向石墨的散热性能。在分析过程中，制作了一个石墨嵌入式散热器，并评估了其热性能。封装的石墨嵌入式散热器比铜散热器轻了 1.92 倍，横向热导率提高了 2.42 倍。为了获得最佳的散热性能，在设计样品时考虑了石墨各向异性的热特性。基于仿真的热性能分析表明，优化石墨的放置和排列，可以提高散热器的热通量。通过优化石墨布局，可进一步改善多芯片功率模块的热管理。仿真和实验结果表明，与铜相比，嵌入石墨基板的热阻降低了 50%，重量减轻了 48%，从而拥有更好的散热性能。

13.2 用于 SiC 功率模块的高性能衬底

功率模块中的 DBC 存在两层衬底结构，其上层用于布置芯片、互连系统和电气端子。底层与基板相连，并通过陶瓷层与顶层绝缘，基板通常被设计为散热器。为了将芯片中产生的热量传递到散热器，并将 DBC 顶部的带电端子与系统的其他部分隔离，陶瓷必须具有较高的热导率和击穿电压。大量文献已经研究了各种用于衬底的绝缘材料。表 13.2 列出了工业中最常用的陶瓷材料的基本特性。

表 13.2 绝缘材料的标准层厚和基本特性 [6]

材料	标准厚度 /μm	热传导系数 /[W/(cm·K)]	击穿电压 /kV
Al_2O_3	381	6.3	5.7
AlN	635	28.3	12.7
Si_3N_4	635	11	8.9
HT-07006	152	1.41	11

在 DBC 衬底的设计中，Al_2O_3 是最常用的绝缘材料，因为它具有较高的机械强度和相对较高的热膨胀系数，而功率密度则不作为关注重点。陶瓷表面存在一层氧化物，形成了金属和陶瓷之间的键合，所以 Al_2O_3 的制造成本低于 AlN。如表 13.2 所示，Al_2O_3 的标准厚度为 381μm，但是在高电压设计中 Al_2O_3 的厚度可达 500μm 和 630μm。在表 13.2 中，AlN 是性能最高的绝缘材料，具有较高的热导率和击穿电压。但是，AlN 的价格是 Al_2O_3 的 2~3 倍，并且也为脆性材料。

HT-07006 等高性能介质薄膜，具有较高的介电强度，并且可以加工为薄层。这两项特性使其成为大功率应用的理想解决方案。但是，其在热性能方面弱于陶瓷材料。此外，聚合物材料具有较宽的弹性变形范围，并且在基板应用中热膨胀性能并不重要 [6]。本节将讨论一些可为 SiC 功率模块提供高热性能的衬底解决方案。

13.2.1 石墨嵌入式绝缘金属衬底

本节将所设计衬底应用于半桥 SiC MOSFET 功率模块，其中每个开关由三个 SiC MOSFET 芯片并联，放置在与冷却液隔离的衬底表面。半桥功率模块的电路原理图，如图 13.7 所示。为了优化开关性能，使其不受负载电流的影响，SiC MOSFET 的栅极和源极采用开尔文连接。本研究使用 Wolfspeed 公司制造的 SiC MOSFET 芯片（CPM3-0900-0030A），其在室温下的额定电压为 900V，导通电阻为 30mΩ。此外，还比较了传统的 DBC 衬底与图 13.1 中的嵌入石墨绝缘金属衬底的性能。

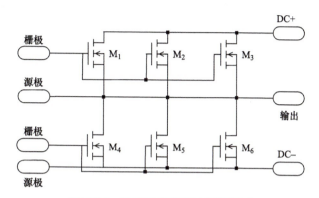

图 13.7 半桥功率模块的电气布局

本研究使用绝缘金属衬底替代传统的 DBC。绝缘金属衬底在每个叠层中的层数和厚度方面，为设计人员提供了较大的灵活性，来优化热性能和电性能。因此，设计的灵活性可以用来克服绝缘金属衬底面临的一些挑战，比如绝缘层的低热导率。图 13.8 和图 13.9 分别为绝缘金属衬底的结构和等轴视图。

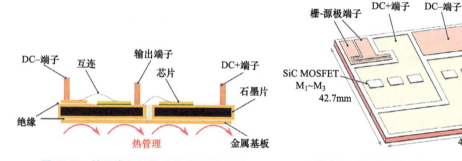

图 13.8 基于嵌入石墨绝缘金属衬底的半桥功率模块

图 13.9 基于 SiC MOSFET 的半桥电路的衬底布局

13.2.2 衬底的设计和制作

在高功率三相功率模块中，单个半桥电路通常占用一个衬底，然后将每相衬底安装在同一个散热器上[7]。新的衬底布局，以常规 DBC 衬底为基准。设计时的基本假设包括：①每个开关采用多芯片并联，以实现较高的额定电流；②单面冷却；③新的衬底设计和常规 DBC 具有相同的额定击穿电压。对比组 DBC 衬底的 AlN 陶瓷层厚度为 640μm，其两侧铜厚为 300μm。半桥功率模块上的功率芯片焊接在不同的嵌入石墨铜芯上，并通过铝键合线连接。AlN 常用于高功率 DBC 衬底，其制造厚度和尺寸有限。本设计中选择了 DBC 设计中常用铜和陶瓷厚度。

为了匹配图 13.1 所示的 DBC 顶层铜布局，嵌入石墨衬底采用图 13.8 所示的三层结构。嵌入石墨衬底的布局如图 13.9 所示，其爆炸图如图 13.10 所示。嵌入石墨的最终目标是将 SiC MOSFET 芯片中产生的热量传递到嵌入石墨的铜芯中，在达到介电层之前充分利用铜芯的表面积，从而减小结-壳热阻。为实现这一目标，利用前面讨论的石墨的各向异性，将石墨片的高热导率面与图 13.9 所示的平面和垂直于平面的方向对齐，来传导热量。对齐平面方向会将热量分散到衬底表面的功率和栅极区域，这些区域的热通量相对较低。从设计的角度来看，通过嵌入石墨衬底的三层结构，可以在终端区域下方扩展石墨片，如图 13.8 和图 13.10 所示。此外，所提出的石墨片对齐方式，将缓解并联芯片之间的热耦合，因为在该方向上石墨的热导率较低。

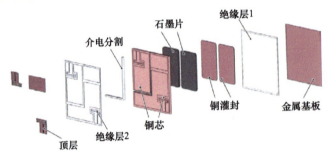

图 13.10　嵌入石墨衬底的爆炸图

半桥结构中每个开关由三个 SiC MOSFET 芯片并联组成。本研究中使用 Wolfspeed 公司制造的 SiC MOSFET 芯片（CPM3-0900-0030A[8]），室温下的额定电压为 900V，导通电阻为 $30m\Omega$，尺寸为 $4.08mm \times 3.10mm$。为了制作嵌入石墨衬底，首先准备 1.10mm 厚的石墨和 0.25mm 厚的铜外壳，以确保石墨和铜外壳之间良好的热连接和机械连接[3]。在铜/石墨/铜结构中，垂直平面的石墨占比约 68%，热导率为 $760W/(m \cdot K)$（使用 Netzsch Nanoflash 467 测量），几乎是铜的两倍。从铜/石墨/铜结构的界面横截面和界面俯视图可以看出，该封装为密封结构，几乎无气孔，如图 13.11 所示。两个铜芯使用 HT-07006 介电薄膜与底部铜层隔离，并采用不导电的环氧基填料相互隔离。铜芯的总厚度为 1.6mm，介电薄膜的厚度为 $152\mu m$，其击穿电压与使用 $640\mu m$ AlN 的 DBC 相同。底部铜层的厚度为 $70\mu m$。将铜芯、绝缘层 1 和底部层连接在一起后，即可向结构中添加额外的层。在本例中，为了匹配栅-源极信号端子和功率端子，在设计中增加了绝缘层 2 和顶层。图 13.12 为制造的 DBC 和嵌入石墨衬底样品。

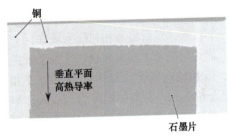

图 13.11　嵌入石墨的铜芯的横截面

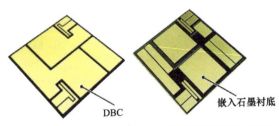

图 13.12　制作的 AlN DBC（左）和嵌入石墨衬底（右）样品

13.2.3 DBC 和嵌入石墨衬底之间的分析和比较

基于 SiC 功率模块的电气和热工作条件，使用商业有限元仿真工具分析了 DBC 和嵌入石墨衬底。衬底的基准温度设定为 65℃，这是汽车冷却系统中的冷却液温度[9]。为了匹配常见液冷散热器的冷却性能以及基板与散热器之间的界面热阻，冷却液与基板之间的传热系数设为 5000W/(m^2·K)[10]。图 13.9 所示的每个 SiC MOSFET 芯片都被设置为单独的热源，将芯片顶面设置为 45W 的恒定热源，用于稳态热分析。系统达到稳态后，将热源设置为 0W，并通过时域仿真分析了系统的瞬态热响应。

DBC 和嵌入石墨衬底的稳态热分析结果，如图 13.13 所示，包括表面温度分布。在 DBC 结构中，上、下半桥开关之间的温度分布较为均衡，芯片 M_2 表面的最高结温为 144℃。此外，温度分布表明整个 DBC 的热扩散受到了一定的限制，导致热源周围出现热点区域。DBC 表面的温度分布，是传统功率模块采用基板的一个重要原因。由于 DBC 的热扩散能力有限，基板可提供更大的表面积，使热量从芯片传递到散热器。另一方面，使用嵌入石墨衬底时，整个半桥功率模块芯片 M_2 表面的最高结温可达 142℃。石墨最大限度地利用了 SiC MOSFET 芯片下方的表面积，并在热量达到绝缘层之前，增加了有效的热传递面积。对于芯片 M_1 ~ M_3，嵌入石墨的尺寸和位置在铜芯中是对称的，但是如图 13.9 和图 13.10 所示，用于输出端的铜面积增强了芯片 M_4 ~ M_6 的热扩散。在铜芯之间绝缘层的热导率较低，起到了热绝缘的作用。因此，芯片 M_4 ~ M_6 之间的最大结温差约为 12℃。

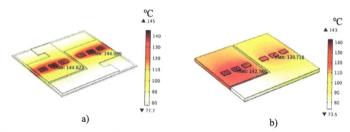

图 13.13 DBC 和嵌入石墨衬底的稳态热分析结果。a) DBC 表面温度分布；b) 嵌入石墨衬底表面温度分布

在瞬态仿真中记录每个芯片的冷却性能，可以获得嵌入石墨衬底和 DBC 衬底上每个 SiC MOSFET 芯片的瞬态热阻。瞬态仿真运行时间为 100s，瞬态分析的初始条件设置为稳态分析的结果。由于可以记录每个芯片的结温，基准温度设置为 65℃，每个芯片的初始热损耗设置为 45W。因此，可以在每个时间步长计算瞬态热阻。图 13.14 为 DBC 和嵌入石墨衬底上承受最大应力的芯片的对比结果。

由图 13.14 所示，通过匹配 DBC 上各个芯

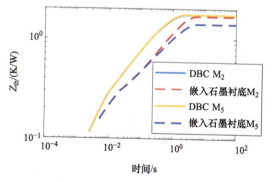

图 13.14 M_2 和 M_5 在 DBC 和嵌入石墨衬底上的瞬态热阻

片的稳态热阻,可以实现图 13.13 所示的对称热性能。六个芯片之间的稳态热阻差异小于 0.1K/W。图 13.14 为嵌入石墨衬底上芯片的瞬态热阻。如前所述,铜芯设计的不对称性会对稳态热阻值产生明显影响。虽然并联芯片之间的热阻差异可以忽略不计,但是并联芯片组之间的热阻之差约为 0.2K/W。图 13.14 为应力最大的芯片 M_2 和 M_5 的瞬态热阻对比结果。结果表明,由于结构内部优异的热扩散性能,无论在稳态和瞬态条件下,嵌入石墨衬底的性能都优于 DBC。对于 $M_2 \sim M_5$,10ms $\sim$ 1s 之间的瞬态阻抗提高了 40%。对于 M_5,稳态性能可提高 17%。瞬态热阻的改善,最终会带来整体性能的提高,特别是对于牵引逆变器系统。在此系统中,逆变器的基波输出频率会直接影响结温的变化[11]。

13.2.4 逆变器工况下的热分析

单个芯片的瞬态热阻曲线可以直接应用于电力电子仿真,用来评估逆变器工况下芯片的平均结温 ΔT_m 和结温波动 ΔT_j。仿真模型包括电学和热学两部分,热学部分主要为与电流、电压和温度相关的半导体损耗模型。在电学模型中,对功率模块电流和电压波形进行了仿真,在给定的结温下评估开关损耗和导通损耗。利用功率模块损耗模型,将瞬时功率损耗输入至热学模型,来计算下一个时刻的结温。图 13.15 为逆变器工况下的基板热分析模型示意图。半桥逆变器的开关频率为 30kHz,直流母线电压为 600V,调制系数为 0.9。每个衬底的输出电流设定为 100A、总电流为 200A、功率因数为 0.85、基波频率为 50Hz。图 13.7 为每个衬底块中六个 SiC MOSFET 芯片的损耗与基于 Foster 网络的单个芯片热模型的耦合情况。根据图 13.14 所示的单个瞬态热阻曲线推导每个芯片的 Foster 网络。图 13.16 为基于 Foster 网络的 SiC MOSFET 芯片热模型。

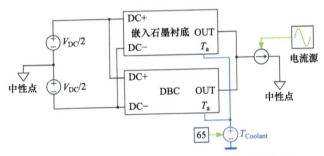

图 13.15 逆变器工况下基板热分析模型的示意图

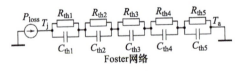

图 13.16 SiC MOSFET 芯片的热模型

在确定的工作场景下,基于 DBC 和嵌入石墨衬底的 SiC MOSFET 芯片的结温变化,如图 13.17 所示。结温波动的频率即为负载频率。在极低的电机转速下,牵引系统中的变频驱动器在大电流条件下才能产生大转矩[12]。因此,在低速高转矩工作区,SiC MOSFET 芯片可能会出现较大的结温变化。为了评估这种影响,仿真了负载频率在 25 $\sim$ 400Hz 范围内的结温波动情况。

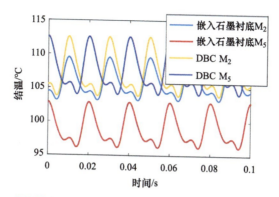

图 13.17　50Hz 频率下应力最大的芯片的结温

图 13.18 和图 13.19 为使用不同衬底的芯片平均结温和结温波动随负载频率的变化情况，虽然平均结温随负载频率变化不大，但它对结温波动有很大影响。在频率低于 100Hz 时，嵌入石墨衬底的结温波动较小，最终使功率模块运行更可靠，并拥有更长的使用寿命。据文献报道，如果降低结温，即使平均结温增加相同的幅度，功率模块也能具有更多的循环寿命[13]。

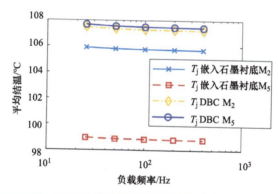

图 13.18　不同负载频率下应力最大的芯片的平均结温

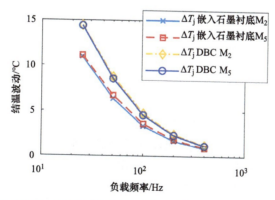

图 13.19　不同负载频率下应力最大的芯片的结温波动

13.3 新兴的散热器优化技术

在完成热分析后,可使用基于 Foster 网络的单个芯片热模型来选择商用散热器。散热器上的一个或多个功率模块可用 Foster 网络模型表示,每个功率模块/芯片都连接到末端的一个热阻热容网络,该网络代表整个散热器。选择正确的热阻,可以使结温保持在限定值以下。此外,热容决定了热容量和瞬态热响应的时间常数。

使用传统方法设计散热器时[14],首先要选择基本的散热器结构。假设选择图 13.20 所示的翅片散热结构,则需要初步评估散热片的尺寸,如翅片间距 s、翅片厚度 t、翅片高度 H 以及散热器的宽度 W 和长度 L。然后,使用专门针对这种基本结构推导的近似解析热方程,进行多次迭代,最终计算出正确的尺寸,从而实现最优的热性能。

图 13.20 翅片散热器尺寸

如果需要其他散热器结构,则需要一组新的方程。如果没有可用的解析模型或方程,则需要推导新的方程,这会减慢设计过程并限制其灵活性。该方法还有其他缺点:使用近似的解析模型;只关注热阻而不考虑其他参数。由于这些缺点,该方法很难实现散热器的优化设计。

一些新兴技术利用进化算法来增加设计的灵活性,并优化特定应用下的散热器。进化算法最早出现在 20 世纪 50 年代。算法从一个具有初始解的种群开始,为了消除极端情况,这些解在一定的范围内随机创建。在散热器设计方法中,可以使用常见的商业散热器尺寸作为最大的尺寸边界。已有多种方法可以用来创建随机散热器结构初始解的种群。

尺寸优化法:此方法选择一个基本的散热器结构,并将结构的每个尺寸作为优化参数。在图 13.20 中,对于翅片散热器,为了达到所需的温度响应,s、t、H、W 和 L 皆可改变。初始种群由指定边界限制内的随机 s、t、H、W 和 L 数字向量组成。与传统方法类似,这种方法只针对特定的散热器结构,灵活性较差。

基函数单元:如 Wu 等人所述[15],垂直于流动方向的表面被分成了相等面积的正方形区域。散热器表面被分为 4×9 的正方形区域,如图 13.21 所示。右侧表示用于填充正方形区域的基函数单元的组合。可以将右侧所示的单元,填充正方形区域来生成散热器结构。一旦所有的正方形区域都被填充,即可删除某些区域之间的壁垒,以实现更长的翅片或更宽的流动区域。如果只使用 4 号或 7 号单元,并移除每个单元底部和顶部的壁垒,会得到一个翅片散热器,如图 13.20 所示。任何一个基函数单元,都可以占据任何一个正方形区域,因此可以生成许多独特的散热器结构,图 13.22 为其中一种可能的解决方案。

除了基函数单元外,还可以使用其他单元,但创建散热结构的原理保持不变。

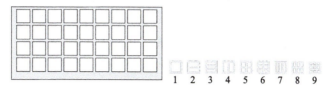

图 13.21　基函数单元：散热器体积分成 36 个面积相等的方块（左），基函数单元填充 36 个空间（右）

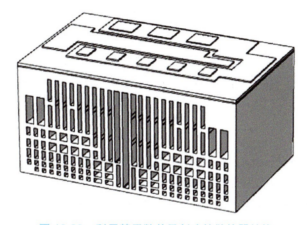

图 13.22　利用基函数单元创建的散热器结构

随机行走法：该方法主要针对液冷散热器[16]。首先，指定入口和出口位置。如图 13.23 所示，入口位于矩形的左下角，出口位于右下角。算法从入口开始创建通道，每一步都会随机选择方向和长度。首先，蓝色通道向上延伸，接近矩形的高度，然后向右延伸，几乎达到矩形宽度的一半。最后，它向下延伸，直到达到出口。随机选择的方向使通道分多步"走向"出口。创建多个通道后，将它们合并在一起，形成从散热器入口到出口的冷却液路径。

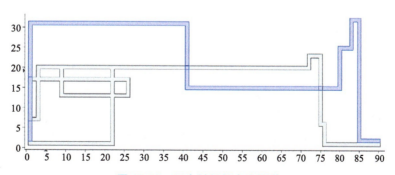

图 13.23　三个随机行走法通道

合并后的解决方案有时会出现封闭的独立回路和冗余部分，必须在合并后删除。随机方向变化会产生 90° 的拐角，可能会导致额外的冷却液压降。因此，可以采用改变方向角或平滑 90° 的拐角。图 13.24 为使用随机行走方法设计的半个散热器结构[16]，该方法利用了功率变换器系统的对称布局来减少计算时间。

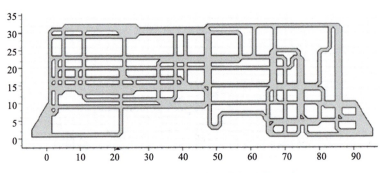

图 13.24　采用随机行走法的散热器设计

使用上述方法创建初始种群后，必须使用代价函数评估每个解决方案的适应度。对于散热器优化，常见的代价函数为散热器上功率模块的最高温度、热阻、冷却液压降、散热器体积的函数，也可以是这些因素的组合。对特定的散热器结构（群体中的一个成员）进行热仿真，可用于计算群体中选定成员的代价函数。有些研究人员使用简单的热阻热容网络进行快速评估，但是精度较低，如图 13.16 所示。也有部分研究人员使用有限元分析进行更精确的评估，但是计算时间较长。

评估完每个种群成员的代价函数后，进化算法会对种群进行处理，产生一个新的种群，该种群由上一代的后代或使用上述方法随机创建的后代组成。进化算法经过多次迭代后，当最终解决方案达到停止条件时，进化过程才会停止。

图 13.25 为两个风冷翅片散热器之间功率模块的温度分布。图 13.26 为使用基函数单元设计的风冷散热器的温度分布，其结构如图 13.22 所示。由于此散热器采用进化算法设计，因此功率模块的温度远低于采用传统散热器设计的温度。

图 13.27 为三个功率模块在带有蛇形管道的液冷散热器上的温度分布[16]，其中，功率模块的温度较高。此外，散热器的热分布也不对称。图 13.28 为相同的三个功率模块在使用随机行走法设计的液冷散热器中的温度分布，结构如图 13.24 所示。安装在该散热器上的三个功率模块的温度分布较为均匀，可以避免散热器上出现热斑。

这些新兴的封装概念和技术提高了功率变换系统的功率密度，同时使热流沿着基板和散热器均匀分布。相对于器件结温更高的功率器件，在该散热器下，功率器件的结温更低、效率更高、可靠性和寿命更高。

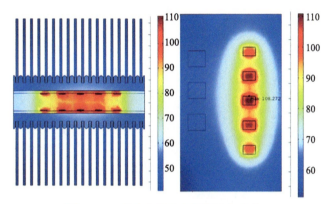

图 13.25　风冷翅片散热器的温度分布

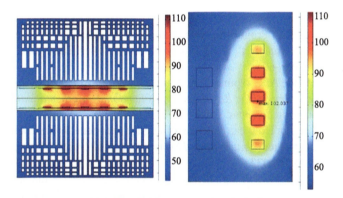

图 13.26　使用基函数单元设计风冷散热器的温度分布

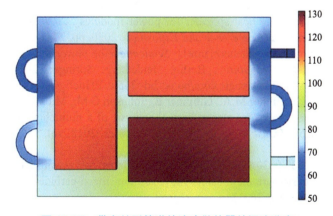

图 13.27　带有蛇形管道的液冷散热器的温度分布

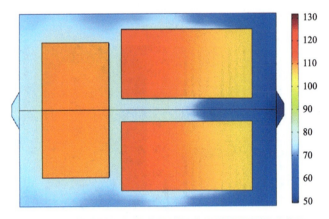

图 13.28 使用随机行走法设计的液冷散热器的温度分布

参 考 文 献

[1] Aliyu A.M., Castellazzi A. 'Prognostic system for power modules in converter systems using structure function'. *IEEE Transactions on Power Electronics*. 2018, vol. 33(1), pp. 595–605.

[2] Moore A.W., Ubbelohde A.R., Young D.A. 'Stress recrystallization of pyrolytic graphite'. *Proceedings of the Royal Society of London A: Mathematical, Physical and Engineering Sciences*. 1964, vol. 280(1381), pp. 153–69.

[3] Fan W., Rape A., Liu X. 'How can millions of aligned graphene layers cool high power microelectronics?' *International Symposium on Microelectronics*. 2014, vol. 2014(1), pp. 000433–7.

[4] Fan W., Liu X. 'Advancement in high thermal conductive graphite for microelectronic packaging' in Kuang K., Sturdivant R. (eds.). *RF and Microwave Microelectronics Packaging II*. Cham: Springer International Publishing; 2017.

[5] Gurpinar E., Spires J.P., Ozpineci B. 'Analysis and evaluation of thermally annealed pyrolytic graphite heat spreader for power modules'. *2020 IEEE Applied Power Electronics Conference and Exposition*; 2020. pp. 2741–7.

[6] Lutz J., Schlangenotto H., Scheuermann U. *Semiconductor power devices: physics, characteristics, reliability*. Berlin, Heidelberg: Springer; 2011. Available from https://books.google.com/books?id=345uBEHneEgC.

[7] Li J., Castellazzi A., Eleffendi M.A., Gurpinar E., Johnson C.M., Mills L. 'A physical RC network model for electrothermal analysis of a multichip SiC power module'. *IEEE Transactions on Power Electronics*. 2018, vol. 33(3), pp. 2494–508.

[8] Wolfspeed CPM3-0900-0030A. 2020. Available from https://www.wolfspeed.com/power/products/sic-bare-die-mosfets/900v-bare-die-silicon-carbide-mosfets-gen3 [Accessed 18 Aug 2021].

[9] US Department of Energy: Office of Energy Efficiency and Renewable Energy. *FY 2016 annual progress report for electric drive technologies program* [online]. 2017. Available from https://energy.gov/eere/vehicles/downloads/electric-drive-technologies-2016-annual-progress-report [Accessed 18 Aug 2021].

[10] Skuriat R. 'Thermal performance of baseplate and direct substrate cooled power modules'. IET Conference Proceedings; 2008. pp. 548–58.

[11] Gurpinar E., Ozpineci B., Chowdhury S. 'Design, analysis and comparison of insulated metal substrates for high power wide-bandgap power modules'. *ASME 2019 International Technical Conference and Exhibition on Packaging and Integration of Electronic and Photonic Microsystems*; 2019.

[12] Gurpinar E., Ozpineci B. 'Loss analysis and mapping of a SiC MOSFET based segmented two-level three-phase inverter for EV traction systems'. *2018 IEEE Transportation Electrification Conference and Expo*; 2018. pp. 1046–53.

[13] Wang X., Wang Y., Castellazzi A. 'Reduced active and passive thermal cycling degradation by dynamic active cooling of power modules'. *2015 IEEE 27th International Symposium on Power Semiconductor Devices IC's*; 2015. pp. 309–12.

[14] Hamburgen W.R. *Optimal finned heat sinks. WRL research report 86/4* [online]. 1986. Available from www.hpl.hp.com/techreports/Compaq-DEC/WRL-86-4.pdf [Accessed 18 Aug 2020].

[15] Wu T., Wang Z., Ozpineci B., Chinthavali M., Campbell S. 'Automated heatsink optimization for air-cooled power semiconductor modules'. *IEEE Transactions on Power Electronics*. 2019, vol. 34(6), pp. 5027–31.

[16] Wu T. Genetic algorithm based design and optimization methodology of a 3D printed power module packaging; PhD diss, University of Tennessee. 2018. Available from https://trace.tennessee.edu/utk_graddiss/5255/.